服务机器人理论设计实践与应用

付 勇　陆 星　郑冬琴　黎晋良　麦文杰　主 编
廖益木　陈明亮　陈志樑　副主编

电子工业出版社
Publishing House of Electronics Industry
北京·BEIJING

内 容 简 介

本书围绕服务机器人技术展开，内容分为 9 章，分别为绪论、服务机器人感知系统、服务机器人运动学、服务机器人开发平台、服务机器人移动系统、服务机器人机械臂控制、服务机器人视觉系统、服务机器人语音系统、服务机器人的应用与发展。书中每个章节不仅有对基本原理的介绍，还有对相关实例的讲解。

本书编写层次分明，由浅入深，使用简洁明快的语言，力求将复杂的概念和原理以通俗易懂的方式呈现，使读者能够轻松理解和消化书中的知识。本书内容全面，重点突出，理论与实践相结合，涵盖当前服务机器人领域的热点和难点问题，通过实际应用和案例分析，帮助读者更好地理解和应用所学知识。

本书适合作为高等学校机器人相关课程的教材，可供机器人领域从业人员阅读。

图书在版编目（ＣＩＰ）数据

服务机器人理论设计实践与应用 / 付勇等主编. --
北京 ：电子工业出版社，2024.5
　　ISBN 978-7-121-48016-4

　　Ⅰ．①服… Ⅱ．①付… Ⅲ．①服务用机器人－系统设
计－高等学校－教材 Ⅳ．①TP242.3

中国国家版本馆 CIP 数据核字(2024)第 111908 号

责任编辑：刘　瑀
印　　　刷：北京天宇星印刷厂
装　　　订：北京天宇星印刷厂
出版发行：电子工业出版社
　　　　　北京市海淀区万寿路 173 信箱　　　邮编：100036
开　　本：787×1092　　1/16　印张：15.5　　字数：417 千字
版　　次：2024 年 5 月第 1 版
印　　次：2024 年 5 月第 1 次印刷
定　　价：59.00 元

凡所购买电子工业出版社图书有缺损问题，请向购买书店调换。若书店售缺，请与本社发行部联系，联系及邮购电话：(010) 88254888，88258888。

质量投诉请发邮件至 zlts@phei.com.cn，盗版侵权举报请发邮件至 dbqq@phei.com.cn。

本书咨询联系方式：liuy01@phei.com.cn。

前　言

　　近些年，随着人工智能、5G、电池等技术的蓬勃发展，机器人技术也获得了飞速的发展，服务于军事、农业、医疗、教育、娱乐等领域，如无人驾驶汽车、手术机器人、扫地机器人已逐渐普及。在一些行业内，用机器人取代人工似乎已得到了共识，激发了众多机器人爱好者的学习热情，越来越多的人开始关注机器人技术，希望学习和了解相关的技术和知识，同时也有一些初涉机器人领域的从业人员，需要有一本兼顾理论和实践的参考书。

　　服务机器人的分类较多，本书抓住共性问题，以信息输入、信息处理、执行机构和机器人开发平台为出发点，内容分为9章，第1章介绍机器人的起源、定义、分类与服务机器人相关知识；第2章介绍服务机器人感知系统，包括当前机器人技术中较为常用的传感器；第3章介绍服务机器人运动学，包括位姿的描述、坐标系变换、移动单元运动学和操作单元运动学；第4章介绍服务机器人开发平台——ROS（全球主流的服务机器人开发平台），包括ROS平台的基本架构及概念、可视化和调试工具、3D建模与仿真；第5章介绍服务机器人移动系统，包括主流的SLAM算法、导航算法；第6章介绍服务机器人机械臂控制，包括运动规划、轨迹控制、力控制、视觉伺服控制；第7章和第8章分别介绍服务机器人视觉系统和服务机器人语音系统，其基础是人工智能技术；第9章介绍当前服务机器人的应用与发展。

　　本书是由广州昂宝电子有限公司（以下简称"昂宝"）的工程技术人员和暨南大学的教师合作完成的，我们希望能够做到理论与实践并重，使读者不仅能够知其然，而且知其所以然。本书的编写团队由昂宝的3位工程师及暨南大学的5位资深教师组成，在编写过程中融入了前沿的行业进展和动手实践环节，力求做到工程与教学并重，产教融合，帮助读者更好地了解服务机器人的内在技术和发展方向，为对机器人开发感兴趣的读者提供通俗易懂的入门教程。

　　由于编者的水平和时间有限，本书难免会存在疏漏，恳请同行专家和广大读者批评指正。

编者

目　　录

第 1 章　绪 论

1.1　机器人的起源与发展

1.1.1　机器人的起源

很久以来，人类一直渴望能有一种像人一样的机器，可以将人类从繁重的劳动中解放出来。虽然"机器人"一词出现的时间比较晚，但是这个概念及人类为之付出的努力在很多年前就已经开始了。古代一些杰出的科学家和能工巧匠便能制造出一些具有人类特点或模拟动物特征的机器，比如我国西周时期，能工巧匠偃师就研制出了能歌善舞的伶人，这是我国最早记载的机器人；东汉时期著名的科学家张衡发明了地动仪、自动记里鼓车及指南车；三国时期，诸葛亮为运送军用物资而发明了木牛流马，相传木牛流马可以"日行三千，夜走八百"。不仅中国，其他国家历史上也出现过类似的发明，比如在欧洲文艺复兴时期，加扎利发明了许多自动机器，包括自动孔雀等；达·芬奇设计的机械骑士，由一系列滑轮和齿轮驱动，不仅胳膊、头部可以转动，还可以坐下和站立，后人根据他绘制的设计手稿，复制出了达·芬奇手术机器人。这些都是具有机器人概念的自动机械装置，可以被看作现代机器人雏形，其中指南车和机械骑士如图 1.1 所示。

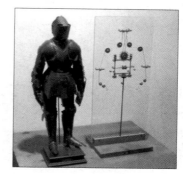

（a）指南车　　　　　　　　　　　　　　　　（b）机械骑士

图 1.1　现代机器人雏形

机器人一词最早出现于 1920 年，由捷克剧作家卡雷尔·卡佩克（Karel Capek）在他的科幻情节剧《罗萨姆的万能机器人》中提出，由斯洛伐克语"Robota"衍生而来，意思是奴隶或苦力。随着该剧在欧洲的成功演出，Robot 一词被欧洲各国语言吸收成为世界性的名词。在该剧中，机器人一开始是罗萨姆公司设计制造出来的一款类人机器，它可以帮助人类完成大量的劳动，却没有思考和感知情感的能力，就像终日劳作的奴隶，机械作业，不知疲倦。后来随着机器人技术的突破，机器人具有了智能和情感，技术的提高使得机器人得到更广泛的应用，同时机器人也逐渐"意识"到人类的自私，慢慢地对自己的地位和处境产生了不满，于是爆发了机器人与人类的战争，机器人利用体能和智力上的优势消灭了将它们制造出来的人类，但是它们不知道如何制造自己，无奈又要向人类幸存者求助。

卡雷尔描述的场景虽然只存在于文学作品中，但是也引发了人类对机器人的安全、智能和自繁殖等问题的思考。如果有朝一日，人工智能发展到一定的程度，那么人类如何约束它们呢？如果它们的智力等同于或超过人类的智力，那么它们是否会伤害和统治人类呢？针对这些问题，1950 年，美国科幻小说家艾萨卡·阿西莫夫（Iassc Asimov）在他的小说《我是机器人》中，提出了著名的"机器人三原则"，即：

（1）机器人不能危害人类，不能眼看人类受害而袖手旁观。

（2）机器人必须服从人类，除非这种服从有害于人类。

（3）机器人应该能够保护自身不受伤害，除非为了保护人类或者人类命令它做出牺牲。

这三条原则给机器人赋予了伦理观，至今，它仍为机器人的研究人员、设计制造厂等提供指导方针。

1.1.2　机器人的发展

世界上第一台可编程的机器人于 1954 年诞生于美国，是由乔治·戴沃尔（George Devol）开发的装有可编程控制器的极坐标机械手，乔治·戴沃尔于 1961 年申请了该机器人的专利。1962 年，美国万能自动化（Unimation）公司制作出 Unimate 机器人，并在美国通用汽车（GM）公司投入使用，标志着第一代工业机器人——示教再现型机器人的诞生。

从 20 世纪 60 年代后期到 20 世纪 70 年代，工业机器人商品化程度逐步提高，应用的范围不断扩大，并且应用在汽车制造业的多个环节中，包括搬运、喷漆、焊接等，这在很大程度上解决了劳动力短缺的问题，并且和人类相比，机器人表现出优越的性能，不会因为疲劳等导致出现产品质量问题。1978 年，Unimation 公司推出了 PUMA 机器人，它是一个全电动驱动、关节式结构的通用工业机器人。次年，适用于装配作业的平面关节型 SCARA 机器人问世，至此，第一代工业机器人形成了完整且成熟的技术体系。Unimate 机器人和 PUMA 机器人如图 1.2 所示。

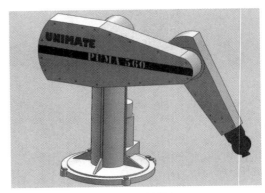

（a）Unimate 机器人　　　　　　　　　　　（b）PUMA 机器人

图 1.2　Unimate 机器人和 PUMA 机器人

20 世纪 60 年代末，日本从美国引进工业机器人技术，引起了制造机器人热潮。虽然日本研制机器人起步比美国晚，但由于政府的扶植及日本青壮年劳动力匮乏导致的对机器人的实际需求，因此日本的机器人产业发展迅速。20 世纪 80 年代中期，日本拥有了完整的工业机器人产业链系统，且规模庞大，成为当时世界上生产和应用机器人最多的国家之一。

示教再现型机器人按照编程者事先编好的程序进行运作，对环境没有感知，无论环境怎么变化，动作都不会改变。例如，抓取物体的机械臂无论有没有抓取到物体，都会按照事先设定的轨迹运动。随着机器人技术应用的不断深入，人们对机器人柔性控制的需求不断增加，这就需要机器人对环境有一定的感知能力。美国麻省理工学院（MIT）率先开始研究感知机器人技术，并于 1965 年开发出可以感知识别方块、不需要人工干预自动堆积方块的早期第二代工业机器人——感知型机器人。20 世纪 80 年代初，美国通用汽车公司为汽车装配生产线上的工业机器人配置了视觉系统，这标志着具有基本感知功能的第二代工业机器人的诞生。与第一代工业机器人相比，第二代工业机器人对环境的适应性更高，在作业效率、保证产品质量等方面的性能更加优异，能完成更加复杂的任务，不局限于完成简单重复的动作。这种机器人配备感觉（视觉、听觉、触觉等）传感器，能够获得环境和作业对象的信息，这些信息由放置在机器人体内的计算机分析、处理，计算机根据处理的结果对机器人进行控制。

　　感知型机器人虽然具有一定的智能，但是停留在比较初级的阶段，还需要在技术人员的协助下进行工作。到了 20 世纪 90 年代，计算机技术、自动控制技术和人工智能技术的发展，让具有逻辑推理和自我学习能力的第三代工业机器人——智能型机器人的相关研究逐步开展起来。智能型机器人具有类似于人类的智能，是人工智能技术与机器人技术的完美结合。它具备更加复杂和灵敏的传感器系统，能对感知的信息进行分析、推理和判断，控制自己的行为。除此之外，智能型机器人还具有归纳、总结、自我学习的能力，能够完成人类交给它的各种复杂、困难的任务。

　　机器人的发展伴随着各领域技术的进步，从应用的角度来看，机器人的发展过程也是向各个领域扩展的过程。传统的机器人主要用于工业制造领域，21 世纪以来，由于机电一体化技术、网络技术、智能技术的迅猛发展，机器人在医疗服务、家庭服务、智能交通、教育娱乐、救援、航天等领域得到迅速扩展，无论是和我们的日常生活密切相关的快递分拣、清洁打扫、楼宇导航，还是在军事、航空领域，都能见到机器人的身影，机器人不再只是一个概念，而是切实走进了人们的生活。

　　2021 年 7 月 4 日，我国神舟十二号航天员刘伯明和汤洪波在执行出舱任务时，配合他们完成任务的"天和号"空间站机械臂引起了大家的关注。这个被人们誉为出舱神器的机械臂，长度为 10 米左右，拥有 7 个关节、2 个执行器，还具有敏锐的视觉和触觉，最大承载能力达 25 吨。它不仅能真实模拟人类手臂的灵活转动，更为神奇的是，它还可以借助安装在肩部和腕部的两个执行器，实现在空间站外部像蠕虫一样爬行。"天和号"空间站机械臂如图 1.3 所示。

（a）机械臂协助航天员出舱

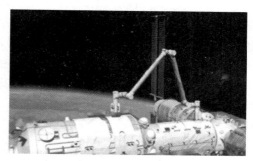

（b）机械臂实现爬行

图 1.3　"天和号"空间站机械臂

1.1.3　机器人智能化和网络化的发展趋势

近年来，机器人呈现明显的智能化和网络化的发展趋势。在 2013 年的汉诺威工业博览会上，德国提出了工业 4.0 的概念，它是指利用信息物理系统（Cyber-Physical System，CPS），综合计算、网络和人工智能等技术，实现系统的实时感知、动态控制和信息服务，是以智能制造为主导的第四次工业革命。针对工业 4.0 的概念，各国提出了相应的策略。2021 年 12 月，工业和信息化部等十五部门联合印发了《"十四五"机器人产业发展规划》，对推动我国机器人产业高质量发展具有重要的指导意义。2023 年 1 月，工业和信息化部等十七部门印发《"机器人+"应用行动实施方案》，提出到 2025 年，制造业机器人密度较 2020 年实现翻番，服务机器人、特种机器人行业应用深度和广度显著提升，机器人促进经济社会高质量发展的能力明显增强。

机器人是工业 4.0 的一个重要组成部分，同时对机器人的智能化和网络化提出了更高的要求。机器人既要有理解工作任务、根据外界环境做出决策并执行的能力，又要具备多机协作、人机协作等能力，还要有不断学习新知识的能力。未来机器人将与物联网进行深度融合，物联网作为机器人的远程触角，使得机器人的能力得以扩展。

2010 年，卡耐基梅隆大学的 James Kuffner 教授在 IEEE/RAS 国际仿人机器人会议上首次将互联网和云计算与机器人相结合，提出了"云机器人"的概念。不同于传统机器人，云机器人的超级大脑在云端，由数据中心、知识库、任务规划器、深度学习、通信支持等组成。云端超强的数据存储、计算、通信资源，赋予了机器人强大的能力，同时降低了机器人成本，有利于打造出轻量级、低成本、高智能的机器人。比如在进行人脸识别时，海量的人脸数据可以存放在云端，识别计算可以由云端来完成，这样可以大大减轻机器人端的存储和计算压力。与传统机器人相比，云机器人在知识共享、多机协作等方面有极大优势。

（1）知识共享：云机器人不仅可以将机器人的功能放在云端，还可以通过云端达到知识共享。例如，一个机器人学会了如何煮饭，将煮饭的程序上传到服务器，其他的机器人便可以通过下载程序增加煮饭功能。

（2）业务协同：云端技术可以使机器人实现多机业务协同。例如，在进行一个小区的巡查工作时，可以在云端对多个巡查机器人进行统一安排。

（3）远程交互：利用云端技术不仅可以实现机器人与机器人之间的协同，还可以实现机器人与人之间的远程交互。智能家居便是一个很好的例子，用户不仅可以远程监视家中的情况，而且可以远程操控家中的电器。

云机器人的发展离不开 5G 技术的支持，因为云机器人要具有人类的智能，就要具有非常聪明的大脑和高速安全的网络控制功能，如人的视觉系统延时大约是几十毫秒，那么网络延时也要降低到几十毫秒量级。纵观目前的移动通信技术，只有 5G 技术才能支持这样的反应速度。我国的移动通信技术起步虽晚，但在 5G 标准研发上正逐渐成为全球的领跑者，华为、中兴、大唐等国内领军通信设备企业在标准制定和产业应用等方面已获得业界认可。5G 作为新基建之首，在我国的建设和应用均处于全球领先水平。截止到 2023 年 9 月，我国累计建成开通 5G 基站 318.9 万个，5G 标准必要专利声明数量全球占比达 42%。5G 的大宽带、低延时、高可靠通信让快速响应的机器人成为可能，也正是由于 5G 赋能，人们因此能够制造出多形态服务机器人。不同的形态之下，服务机器人拥有同样聪明的云端大脑和同样高速安全的 5G 网络，能帮助人们完成一些危险、繁重的工作。图 1.4 所示为 5G 云机器人的工作场景。

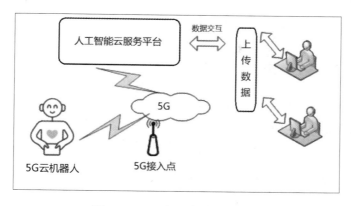

图 1.4　5G 云机器人的工作场景

1.2　机器人的定义与分类

1.2.1　机器人的定义

自从机器人的概念出现，到目前为止，机器人没有一个统一的定义，因为它处于不断发展的过程中，人们对机器人的认识也在不断被刷新，不同的人、不同的组织对机器人的理解也不同。国际标准化组织（ISO）对机器人的定义如下。

（1）机器人的动作机构具有类似于人或其他生物体的某些器官（肢体、感受等）的功能。

（2）机器人具有通用性，工作种类多样，动作程序灵活易变。

（3）机器人具有不同程度的智能性，如记忆、感知、推理、决策、学习等。

（4）机器人具有独立性，完整的机器人系统在工作中可以不依赖于人的干预。

1.2.2　机器人的分类

机器人的分类比较多样化，可以从不同的角度对机器人进行分类。按机器人的发展阶段分类，机器人可以分为示教再现型机器人、感知型机器人和智能型机器人；按应用环境分类，机器人可以分为制造环境下的工业机器人和非制造环境下的服务机器人；按控制方式分类，机器人可以分为非伺服机器人和伺服控制机器人；按移动方式分类，机器人可以分为固定式机器人和移动机器人。其中第一种分类方式已经在 1.1 节中做了介绍，这里主要介绍后面 3 种分类方式。

1. 按应用环境分类

1）工业机器人

工业机器人是指面向工业生产领域的多关节机械臂或多自由度机器人，它能自动执行工作，靠自身动力和控制能力来完成制造过程中的各项操作，如搬运、焊接、装备和喷涂等。它可以按照预先编好的程序运行，也可以接受人类的指挥。工业机器人从运动方式上可以分为直角坐标型机器人、圆柱坐标型机器人、球坐标型机器人、关节型机器人等，一般具有 3～6 个运动自由度。工业机器人是出现最早的一类机器人，市场化程度比较高，目前有向智能化、微型化发展的趋势。

2）服务机器人

相对于工业机器人，服务机器人是机器人家族中的年轻成员，目前市场化程度仍处于起步阶段，但其应用领域十分广泛，发展空间巨大。服务机器人可以分为个人/家庭服务机器人和专业服务机器人两大类，其中，个人/家庭服务机器人包括家政服务机器人、娱乐服务机器人、助老助残机器人等；专业服务机器人包括商业服务机器人、物流机器人、医用服务机器人、场地机器人、防护机器人等。

国际机器人联合会对服务机器人有一个初步的定义：服务机器人是一种半自主或全自主工作的机器人，它能完成有益于人类的服务工作，但不包括从事生产的设备。从广义上说，服务机器人包括除工业机器人之外的各种机器人。服务机器人强调的是"服务"二字，虽然它的种类繁多，但一个完整的服务机器人通常包含 3 个基本部分：运动机构、感知系统和控制系统，与之相对应的自主移动技术、感知技术和人机交互技术成为各类服务机器人的关键性技术。自主移动技术包括地图创建、路径规划、自主导航，其中路径规划和自主导航又包括避障、跟踪等技术；感知技术是指通过各类感知设备获得目标信息的技术，这些信息包括如机器人位姿、运动状态等自身信息以及和机器人相关的周围环境识别与分布等外在信息；人机交互技术是通过键鼠、语音、视觉、力触觉等，为用户提供更为直接和类人化的人机交互的技术，是服务机器人用户体验的重要技术支撑。另外，因为考虑到服务机器人用户的多样性和场景的复杂性，所以安全保护技术也是服务机器人的关键技术之一。

2. 按控制方式分类

1）非伺服机器人

非伺服机器人的工作能力有限。机器人按照预先编好的程序进行工作，使用限位开关、制动器、插销板或定序器来控制自身的运动。插销板用来预先规定机器人的工作顺序，一般是可调的。定序器是一种定序开关或步进装置，能够按照预定的顺序接通驱动装置的能源。驱动装置接通能源后，会带动机器人的手臂、腕部和末端执行器运动，当它们运动到限位开关规定的位置时，限位开关切换工作状态，给定序器送去一个"任务完成"的信号，使终端制动器动作，切断驱动能源，机器人停止运动。

2）伺服控制机器人

所谓伺服控制，是指对物体运动的位置、速度或加速度等变量进行控制，伺服控制系统是指用来精确地跟随或复现某个过程的反馈控制系统。伺服控制机器人比非伺服机器人有更强的工作能力。图 1.5 所示为伺服控制系统框图。

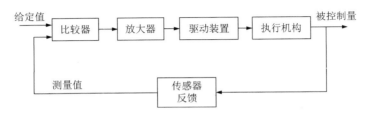

图 1.5 伺服控制系统框图

伺服控制系统的被控制量是机器人执行机构的位置、速度或加速度等。伺服控制系统通过传感器获得机器人当前的状态，将其与设定状态比较得到误差信号，误差信号经放大后激发机器人的驱动装置，进而带动执行机构到达规定的位置或速度等，因此伺服控制系统是一个反馈控制系统。

伺服控制又可以分为点位伺服控制和连续路径伺服控制两种。点位伺服控制只对路径的起点和终点进行控制，而不考虑机器人通过的中间路径，适用于只对终点位置有要求的场合；连续路径伺服控制可以使机器人依照某条预先设定的路径运动，如直线、圆弧或其他曲线路径，适用于喷漆、打磨等对中间路径有明确要求的场合。

3. 按移动方式分类

1）固定式机器人

固定式机器人是指底座固定、不能整体移动、只有关节部位可以运动的机器人，比如底座固定的机械臂就是典型的固定式机器人。

2）移动机器人

移动机器人是指可以整体移动的机器人，可以分为轮式机器人、履带式机器人、步行机器人（单腿式、双腿式和多腿式）、爬行机器人、蠕动式机器人、游动式机器人等。

移动机器人由于有了移动功能，因此可以代替人类在一些危险、恶劣（辐射、有毒等）或人类所不能及的环境（太空、水下等）中进行作业，如我国首辆月球车"玉兔号"就是一个移动机器人，它于 2013 年 12 月 15 日顺利驶抵月球表面，并在月球上服役两年多的时间，在月球上留下了我国第一个足迹。图 1.6 所示为移动机器人示例。

（a）"玉兔号"月球车　　　　　　（b）步行机器人　　　　　　　（c）爬行机器人

图 1.6　移动机器人示例

1.3　服务机器人的应用

1.3.1　服务机器人的特点与分类

与工业机器人相比，服务机器人通常具有如下 4 个特点。

（1）工作在非结构化环境中：工业机器人一般工作在结构化的环境中，即固定布局的场景中，而服务机器人主要工作在非结构化的环境中，该环境会随时间发生变化，甚至会有一些突发情况发生，因此需要机器人有更高的智能化水平和适应变化环境的能力。

（2）轻型化：服务机器人的功能比较多，需要尽量减轻其自重，这样可以减少能量的消耗，增强灵活性。

（3）具有自主移动能力：虽然有少数固定式的服务机器人，但服务机器人的应用场景决定了大部分的服务机器人需要具有自主移动能力。地图构建、自主定位、路径规划等技术都是服务机器人的关键技术。

（4）具有人机交互能力：与工业机器人不同，许多服务机器人工作在人机共处的环境中，机器人的人机交互能力直接影响到人们使用机器人的体验和感受。机器人可以通过屏幕界面进行人机交互，也可以通过看（视觉）、听/说（语音）等更自然的方式和人类进行交流。

如 1.2.2 节所述，服务机器人根据应用场景的不同可以分为个人/家庭服务机器人和专业服务机器人两大类。服务机器人的分类如图 1.7 所示。

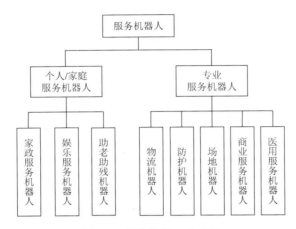

图 1.7　服务机器人的分类

1.3.2　个人/家庭服务机器人

近几年，机器人逐渐走入家庭，在家务、教育、陪护、助老等方面有着越来越多的应用。

1. 家政服务机器人

家政服务机器人可以使人们从家务劳动中解放出来，扫地机器人、自动擦窗机器人、厨师机器人均属于此类。以扫地机器人为例，它集清扫与吸尘功能于一体，能够自主依照房型、家具摆放情况、地面情况进行检测判断，规划合理的清洁路线，进而完成房间的清洁工作。它是服务机器人中发展较为成熟的一个细分产品，也是家政服务机器人的主流品类。

2. 娱乐服务机器人

娱乐服务机器人指的是在人类生活中起到陪伴和保护作用的机器人，常见的有 Paro、Zora、Pepper 等具有安慰、陪伴、沟通等心理陪护功能的宠物机器人、聊天机器人、娱乐机器人等。一个具有代表性的产品是以色列近年开发的陪护机器人——ElliQ，如图 1.8 所示，它可以像 Siri 那样与老年人实现语音对话，也可以帮助老年人通过在线游戏和其他老年人进行视频聊天，帮助其交友沟通。ElliQ 在生活方面可以做一些健康与环境的检测，包括提示老年人避开障碍物；在老年人摔倒的情况下，帮助其及时报警或通知家人；控制老年人看电视的时间；提醒老年人服药与约会时间。

从娱乐服务机器人所实现的功能中不难看出，娱乐服务机器人是科学、技术与工程的融合体，涉及机械、材料、电子、信息、人工智能、生理、心理、认知、社会、伦理、法律和政策等方面的创新与融合。仅就陪护机器人产品而言，为了安全、可靠、高效地服务于体能和心智较弱的老年人，其既需要高精度减速器、伺服电机、高性能传感器等高精尖部件，又需要可以处理自然语言和能实现视觉、触觉、听觉跨模态处理的智能芯片，还需要高效可靠的远程通信与控制界面、语音识别界面、人脸识别追踪系统与运动导航系统等。

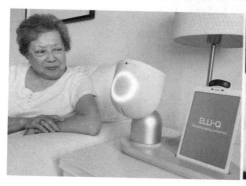

图 1.8　陪护机器人

3. 助老助残机器人

当前社会，随着老龄化的加速和老年人口的增长，人们对助老助残机器人的需求日益凸显。助老助残机器人通过其创新的设计和技术，为老年人提供了外围的支撑，让他们能够自立生活。这些机器人的出现，不仅是技术发展的一个重要里程碑，而且是人类社会进步的一个显著标志。

助老助残机器人的亮点主要表现在其能够提供日常生活便利、健康支持，以及情感和社交互动的能力上。在日常生活方面，助老助残机器人可以帮助老年人清洁房间、做饭，这些助老助残机器人甚至配备多种传感器和人工智能算法，能够理解和预测老年人的需求，从而提供个性化的帮助。健康支持是助老助残机器人的另一个重要功能。例如，康复机器人可以帮助中风患者进行身体康复训练，而可移动机器人能够帮助行动不便的人在家中或室外安全地移动。一些助老助残机器人甚至可以配备力量增强功能，帮助老年人举起重物，或者提供稳定的支持，防止老年人跌倒。在情感和社交互动方面，助老助残机器人的出现为人们提供了陪伴和关怀，尤其是针对那些独自生活或认知障碍（如患有阿尔茨海默病）的人群。这些机器人通过模仿人类语言和情感表达，能够与用户进行有意义的互动，甚至能够习惯用户的喜好并提供定制化的交流。

1.3.3　专业服务机器人

专业服务机器人可用于商业、物流、医疗等领域，下面介绍一些常见的专业服务机器人应用场景。

1. 物流机器人

物流机器人可以解决企业面临的高度依赖人工、业务高峰期仓储作业能力有限等瓶颈问题，是近几年中国市场上使用量领先的机器人。目前，根据不同的应用场景，主要可将物流机器人分为自动引导车（Automatic Guided Vehicle，AGV）、码垛机器人、分拣机器人、自主移动机器人（Autonomous Mobile Robot，AMR）、有轨制导车辆（Rail Guided Vehicle，RGV）、无人配送机器人等。图 1.9 所示的 Kiva 物流机器人是在亚马逊仓库使用较多的物流机器人，它属于自动引导车，需要通过地板上铺设的二维码网格来实现导航。

图 1.9 Kiva 物流机器人

自动引导车是通过特殊地标导航自动将物品运输至指定地点的，较为常见的引导方式为磁条引导、激光引导、RFID 引导等，随着导航技术的不断发展，自主移动机器人几乎只需要通过自身传感器即可实现完全的自主导航，不需要外界标记物的引导。

2. 商业服务机器人

商业服务机器人主要用于酒店、学校、医院等场所，在大楼内部实现迎宾、送餐、物品派送等功能，大大降低了人力成本。商业服务机器人如图 1.10 所示。这些商业服务机器人需要具有室内自主定位导航功能，一般基于激光雷达、IMU、视觉等多传感器融合导航技术，实现室内精准定位和导航。

（a）迎宾机器人　　　　　　　（b）送餐机器人　　　　　　　（c）派送机器人

图 1.10 商业服务机器人

以昂宝 OBP3833 派送机器人为例，它由 SLAM 建图导航底盘、智能大容量储物机身、智能交互头部组成，其中 SLAM 建图导航底盘负责机器人的 SLAM 建图、导航、避障移动等功能，智能大容量储物机身可容纳需要派送的物品，可通过密码、人脸解锁等方式解锁舱门进行隐私安全性任务派送，智能交互头部负责人脸识别、语音识别、智能交互等功能。它可以通过远程呼叫实现上门取件，在配送过程中可自主规划路线、自行搭乘电梯、自主避障，物品送达后呼叫收件人进行取件。

3. 医用服务机器人

医用服务机器人是指用于医院、诊所等医疗环境的机器人，根据用途不同可以分为医院引导机器人、医院配送机器人、护理机器人和临床医疗机器人，其中，医院引导机器人和医院配送机器人与前面讲的商业服务机器人类似，但会增加测温、消毒、药品配送等功能；护理机器人可以帮助护理人员移动行动不便的病人等；临床医疗机器人则相对复杂，分为诊断治疗机器人和手术机器人，美国研制的达·芬奇手术机器人就是一个高级的外科手术机器人平台，达·芬奇手术机器人的 3 个组成部分如图 1.11 所示。

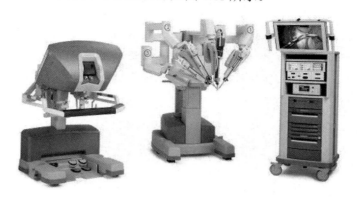

图 1.11　达·芬奇手术机器人的 3 个组成部分

达·芬奇手术机器人的设计理念是通过微创的方法实施复杂的外科手术。它的 3 个部分为：医生控制台、床旁机械臂系统和成像系统。床旁机械臂系统具有 4 个机械臂，机械臂末端可以放置手术器械和摄像设备；成像系统中的内窥镜为高分辨率三维（3D）镜头，为主刀医生提供患者体腔内的高清三维立体影像；主刀医生通过控制台来操作手术器械和成像设备，为患者实施手术。与传统的外科手术相比，达·芬奇手术机器人赋予了医生内窥眼和不知疲倦、精准操作的手臂，它已经获得美国食品药物监督管理局的认证，可用于普通外科、胸外科、泌尿外科、妇产科等手术。

1.4　服务机器人的系统构成

服务机器人主要包括机械结构系统、驱动系统、感知系统、控制系统、交互系统 5 个部分，如图 1.12 所示。如果用人类的身体来类比，机械结构系统相当于关节和骨骼，感知系统相当于神经，驱动系统相当于肌肉，控制系统相当于大脑，交互系统可实现机器人与实际应用场景中设备或人的相互联系和协调。

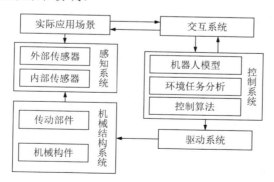

图 1.12　服务机器人的系统构成

1.　机械结构系统

机械结构系统包括机械构件和传动部件。机械构件包括末端执行器、手腕、手臂和基座。

末端执行器也称手部，是直接执行操作的装置，可安装夹拾器、工具、传感器等；手腕连接末端执行器和手臂，用于调整末端执行器的姿态；手臂通常由几个关节和连杆构成，可以控制腕部和末端执行器的位置和姿态（以下简称位姿）；基座是承力部件，是机器人上相对固定的部分，可以分为固定式基座和移动式基座，若基座可以移动，则机器人为移动机器人，其一般在基座下方安装滚轮或履带。传动部件可以将驱动系统的动力传递到机械构件上，实现关节的移动或转动，带动手臂、手腕和机身的运动。

2. 驱动系统

驱动系统是向机械结构系统提供动力的装置，它可以和机械构件直接相连，也可以通过齿轮、链条、减速器等与机械构件相连。常用的驱动方式有电气驱动、液压驱动、气压驱动等。

电气驱动是目前使用较多的一种驱动方式，一般是采用电机驱动，电机包括步进电机、直流伺服电机、交流伺服电机等。电气驱动的特点是响应速度快、驱动力大、信号检测与处理非常方便、控制方式灵活。

液压驱动的特点是传动平稳，结构紧凑，能获得很大的抓取力，动作较灵敏，但对密封性要求高，不适合在高、低温场合使用。

气压驱动的服务机器人结构简单，动作迅速，空气的易获取性使得此驱动方式价格较低，但由于空气的可压缩性使得此驱动方式稳定性较差，抓取力较小。

3. 感知系统

感知系统由内部传感器和外部传感器组成。内部传感器用来获取机器人自身的状态，如机械臂当前的位姿；外部传感器用来获取外部环境的信息，如视觉信息、听觉信息、触觉信息等。这些传感器有些安装在机器人本体上，有些则安装在环境中的某个位置。近些年，智能传感器的使用提高了机器人的机动性、适应性和智能化水平。

4. 控制系统

控制系统是机器人的指挥系统，称为机器人的大脑，包括硬件和软件部分。它对机器人的作业指令和传感器的反馈信息进行处理和分析，产生相应的控制信号，控制驱动系统动作，从而支配机器人的执行机构完成规定的任务和功能。控制系统的控制方式可以分为开环控制和闭环控制。若机器人不具备信息反馈特征，则控制系统的控制方式为开环控制；若机器人具备信息反馈特征，则控制系统的控制方式为闭环控制。按照控制原理分类，控制系统可以分为程序控制系统、适应性控制系统和人工智能控制系统。

5. 交互系统

交互系统是机器人与环境之间的输入输出接口，是机器人与环境交换信息的通道，分为人机交互系统和机器人-环境交互系统。

人机交互系统可以理解为一种使工作人员参与机器人控制并与机器人取得联系的一种装置，它可以在工作人员和机器人之间实现更高效的信息传递、处理和协同工作等功能。

机器人-环境交互系统可以实现机器人与外部环境中设备的相互联系和协调，它可以是单台机器人，独立使用，也可以是由多台机器人与外部设备集成的一个能够执行复杂工作任务的生产单元。

第 2 章　服务机器人感知系统

2.1　服务机器人感知系统简介

服务机器人感知系统是指能够将机器人的各种内部状态信息和外界环境信息转变为机器人自身或者机器人之间能够理解和处理的数据的传感系统，其作用类似于人类的感觉神经系统。服务机器人感知系统感知的主要对象包括位置、位移、速度、加速度、距离、力、力矩及音/视频等，该系统的核心部件是传感器。

2.1.1　传感器的结构

传感器又称感知器，传感器的组成框图如图 2.1 所示。传感器主要由敏感元件和转换元件组成，其中敏感元件是用来感知被测量信息的，敏感元件输出的信号将被转换元件按照一定的精度和映射关系转换为更容易测量的信号（常为电信号）并输出，这也是传感器的基本原理。众所周知，机器人越来越智能，而智能的基础在于信息获取的多元化及其智能算法处理，因此通过传感器获取到信息是智能化发展的第一步。

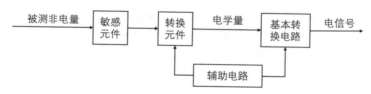

图 2.1　传感器的组成框图

随着新材料和传感器技术的发展，传感器感知的种类在不断扩展，感知的灵敏度和精度在不断提升，这也就促使了机器人的智能化发展。智能化作为机器人发展的重要方向，其更为关键的点在于将多传感器信息进行融合，在一些非稳态下，其融合算法至关重要。

2.1.2　传感器的分类

机器人根据功能定位和具体执行任务的不同，需要配置或使用的传感器类型和规格是不尽相同的。通常机器人传感器的分类是按照测量对象命名的，如测量速度的传感器叫作速度传感器，测量温度的传感器叫作温度传感器。接下来，我们将根据感知领域对机器人传感器进行分类，如表 2.1 所示。

表 2.1　根据感知领域对机器人传感器进行的分类

感 知 领 域	基 本 种 类
运动与姿态感知	IMU 传感器
	光电编码器
	倾角传感器
	轮式里程计

续表

感 知 领 域	基 本 种 类
场景环境感知	激光雷达传感器
	超声波测距传感器
	红外测距传感器
	毫米波雷达传感器
	SLAM 定位传感器
触觉与力觉感知	触觉传感器
	阵列触觉传感器
	六轴力/力矩传感器
空间位置感知	GNSS 定位
	RTK 定位
	UWB 定位
智能感知	视觉智能传感器
	语音智能传感器

2.2　运动与姿态感知

机器人的运动状态包括运动速度和加速度，此处的速度可以是机器人整体的移动速度，也可以是某个执行机构（如机器人关节）的转动速度。而机器人姿态通常是指机器人自身各部件相对于自身的相对空间位置与方位，它的参考系是自身。在常见服务机器人的实际应用中，测量运动状态最为常用的传感器有编码器和 IMU（Inertial Measurement Unit，惯性测量单元），根据物理知识可知，速度或角速度经过时间积分，即可获得位移或角度，即姿态。

2.2.1　IMU 传感器

IMU 传感器通常包括一个三轴陀螺仪和一个三轴加速度计，其直接输出三轴加速度值和三轴角速度值。图 2.2 所示为 IMU 姿态测量原理，是用 IMU 测量位姿、角度及速度的原理，得到的位姿、角度及速度都是间接测量结果，都需要经过一定的信号处理及算法来保障其精准性。

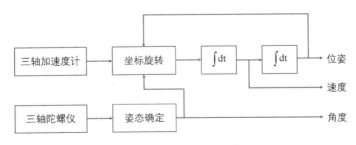

图 2.2　IMU 姿态测量原理

IMU 传感器测量的速度是通过时间积分得到的，但是由于加速度测量的误差也会随时间的增加逐渐积累，这将会导致长时间的速度测量有较大误差，因此 IMU 传感器适用于短时间内的速度测量。在长时间、远距离等场景，IMU 测速常与 GNSS 测速、编码器测速等其他测速方法互补使用。市面上的机器人常用的 IMU 芯片有 ADI 公司的 ADIS16467、BOSCH 公司的 BMI088、ST 公司的 ISM330DLC 及 TDK 公司的 InvenSense 六轴 IMU 系列等。IMU 芯片在向着更高精度的方向不断发展的同时，也在不断地组合其他传感器，如上述 ADI 公司的 iSensor IMU 就集陀螺仪、加速度计、磁力计和压力传感器于一身。下面将简单介绍加速度计和陀螺仪。

1. 加速度计

加速度计又称加速度传感器，是一种测量加速度值的传感器。在结构上，加速度计通常由质量块、阻尼器、弹性元件、敏感元件和处理电路等部分组成。在原理上，加速度计测量的是其质量块所受到的惯性力，然后再利用牛顿第二定律计算得到加速度值。图 2.3 所示为常见加速度计的实物图。

图 2.3　常见加速度计的实物图

随着市场对服务机器人的控制精度和运动要求的不断提高，更多的状态细节需要被监测，如刚性不足引起的机械振动的检测、运动过程中物体姿态的动态控制，以及通过加速度计与其他传感器的融合实现对速度的多参数互补控制等。总之，为了不断改善服务机器人的运动状态性能，加速度计的使用逐渐受到更多重视。

根据加速度测量的基本原理中对惯性力的测量方式的不同（如将力转化为电容、电压、电阻等其他形式的物理量进行测量），可以将加速度计分为不同的类型，如压电式加速度计、压阻式加速度计、电容式加速度计等。在制造工艺方面，随着 MEMS（Micro-Electro-Mechanical System，微电子机械系统）技术的发展，MEMS 类型加速度计因为具有结构简单、稳定可靠、性价比高等优点，所以逐渐替代传统机电工艺制造的传感器，成为市场主流。接下来结合不同类型的加速度计的结构（见图 2.4），对其原理进行简单讲述。

图 2.4（a）所示为压电式加速度计，它的原理是，在加速度计受到振动时，质量块加在压电元件上的力也随之变化，利用压电材料的压电效应，压电元件输出电荷或电压信号并经过放大器输出。值得注意的是，这个力不变化时，即加速度恒定时，压电元件是没有输出的，所以压电式加速度计属于交流响应加速度计，不能测量恒定加速度。图 2.4（b）所示为压阻式加速度计，它的原理是，电阻应变片发生形变或其材料特性发生变化时，其电阻值也会随之改变，该变化会通过特定电路（惠斯通电桥）以电压形式反馈出去，最终可以通过此电压值来计算加速度值。只要有加速度，就会有输出，所以压阻式加速度计属于直流响应型加速度计。图 2.4（c）所示为基于 MEMS 技术的电容式加速度计，其原理是，在有加速度时，质量

块会带动动态手指改变其与静态（多晶硅）手指之间的距离，距离的改变引起电容值的变化，根据这种变化可以计算加速度值。图 2.4（d）所示为伺服加速度计，它是一个闭环的系统，有加速度时，转轴会转动到偏离中心的某个位置，此时平衡电位器会发生相应的变化，此变化将会被反馈网络作为调整转矩线圈电压的依据，最终使转轴回到中心位置。而我们可以通过此时的转矩线圈电压值计算出加速度值。

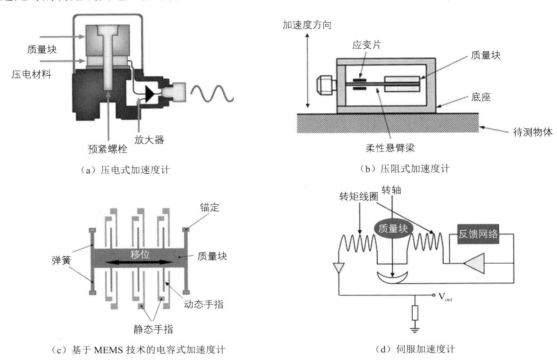

图 2.4　4 种类型的加速度计结构图

2. 陀螺仪

陀螺仪是用来测量角速度值的传感器，还可以间接测量角度，其原理在 IMU 传感器部分已介绍，即基础运动学知识：角度=角速度×时间。陀螺仪的基本结构如图 2.5 所示，它是由旋转轮、旋转轴及两个可自由转动的平衡环构成的，外加一个陀螺仪框架，其通常被固定在待测物体上。其测量角速度的基本原理是角动量守恒，图 2.5 中的旋转轮高速旋转时，根据角动量守恒原理，旋转轮有保持其角动量方向不变的特性，也就是旋转轴的指向不发生变化的特性，而因为陀螺仪是被整体固定在待测物体上的，所以当待测物体发生转动时，两个平衡环与旋转轴的角度会发生变化，进而获得旋转信息。

服务机器人上使用的陀螺仪基本都是 MEMS 类型的传感器，其与传统力学陀螺仪的测量原理是不同的。MEMS 陀螺仪利用的是科里奥利力——旋转物体在有径向运动时所受到的切向力，如图 2.6（a）所示。一个质量为 m 的质量块以角速度 ω 旋转时，沿径向以速度 v 运动，其受到的科里奥利力的大小为 $F=2mv\times\omega$。利用这个公式，我们通过测得的质量块的受力大小、质量、速度，即可推导出角速度的值。

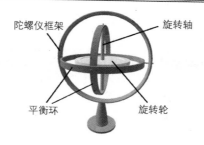

图 2.5　陀螺仪的基本结构

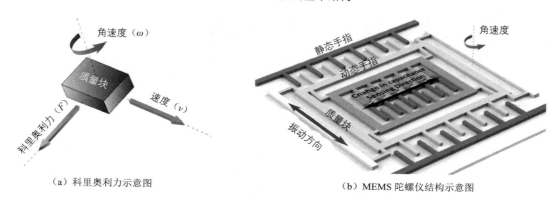

（a）科里奥利力示意图　　　　　　　　　　　（b）MEMS 陀螺仪结构示意图

图 2.6　科里奥利力示意图和 MEMS 陀螺仪结构示意图

　　MEMS 陀螺仪在通电后，质量块会在振动方向上高速振荡，如图 2.6（b）所示。值得指出的是，这种振荡并不会改变质量块动态手指与静态手指整体之间的电容值，而陀螺仪一旦有旋转角速度，质量块就会受到科里奥利力的作用，导致其质量块的动态手指在振荡的垂直方向上产生同频振荡。这时动态手指与静态手指之间的距离会发生改变，动态手指与静态手指之间的电容值会有同频变化，最终据此算得此刻的角速度值。

　　前文已经介绍过 IMU 传感器是通过加速度计、陀螺仪等组成的惯性测量单元，IMU 传感器可以先输出加速度值和角速度值，再进行积分运算，得到线位移和角位移。同样，IMU 传感器测量线位移和角位移都存在误差积累的问题，也就是说，长时间的距离测量或者角度测量是不合适的。IMU 传感器在短时间内的测量具有较高的准确性，长时间测量时，常与其他传感器配合使用，如轮式里程计、视觉 SLAM 等。IMU 传感器与轮式里程计配合实现定位如图 2.7 所示。

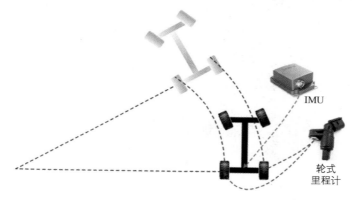

图 2.7　IMU 传感器与轮式里程计配合实现定位

2.2.2　光电编码器

编码器是将信号（如比特流）或数据编制、转换为可用以通信、传输和存储的信号形式的设备。通俗点说，就是人们可记录机器人运动时编码器中某种信号的变化，根据此变化量来测量位移。这个位移包括角位移和线位移，这样就有测量角位移的旋转编码器和测量线位移的直线编码器之分，如图 2.8 所示。

（a）旋转编码器　　　　　　　　　　　　　　　（b）直线编码器

图 2.8　旋转编码器与直线编码器的实物图

根据采用的测量原理不同，编码器有光电式和电磁式之分，光电编码器检测的信号是光电信号，电磁编码器检测的信号是磁信号，两者各有适用范围，前者在精度方面有优势，后者在耐用性方面有优势。编码器还可以分为绝对式编码器和增量式编码器。绝对式编码器的测量结果表示的是一个绝对位置（绝对零点在安装时即确定），是一个状态量；增量式编码器的测量结果表示的是从起始位置到终点位置的相对变化量，是一个过程量。接下来将主要讲解光电式旋转编码器和光电式直线编码器。

1．旋转编码器

旋转编码器的基本结构如图 2.9 所示，它主要由外壳、光源、码盘、光敏装置、脉冲计数电路等构成。

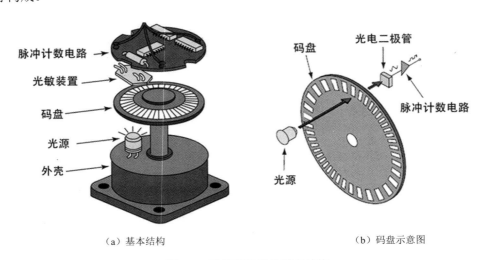

（a）基本结构　　　　　　　　　　　　　　　（b）码盘示意图

图 2.9　旋转编码器的基本结构

旋转编码器的原理可以简述为：当电机带动旋转编码器的转轴转动时，其转轴上的码盘也将随之旋转，光源发出的连续光被码盘［见图 2.9（b）］狭缝切割成断续光，断续光被光电二极管接收并产生电脉冲信号，如图 2.9（b）所示，通过脉冲计数电路统计该脉冲信号的个数和频率，即可计算出转动角度和转动速度。

码盘是编码器的核心部件，其具体结构如图 2.9（a）所示，码盘一般由 A、B、Z 三相环形光栅组成，黑条纹和白条纹（狭缝）分别表示遮光部分和透光部分，且 A、B 两相光栅之间遮光部分和透光部分相互错开，它们在相位上相差 90°，Z 相光栅上还有一个特殊的狭缝，用于产生零位（Zero）信号。通过 A、B 两相之间的相位先后可以判断转轴转向，Z 相脉冲信号可以用来回零或者进行复位操作。

增量式编码器的码盘结构和 A、B、Z 三相信号如图 2.10 所示。

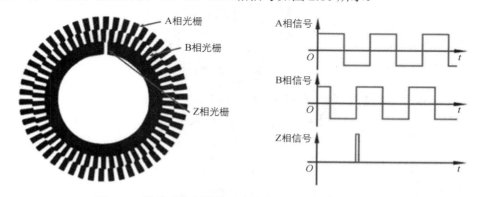

图 2.10　增量式编码器的码盘结构和 A、B、Z 三相信号

编码器的分辨率是指编码器能够检测到的最小位移单位，它反映了编码器的精度。对于旋转编码器，分辨率通常以每转的脉冲数（PPR）来表示，即编码器每旋转一圈可以提供多少个脉冲信号。对应到码盘结构上就是有多少光栅线。若 A 相光栅有 720 条光栅线（A 相光栅线数与 B 相光栅线数相同），则称此编码器为 720 线分辨率编码器。A 相光栅旋转一周可产生 720 个信号周期，即产生 720 个脉冲，1 个脉冲对应 360°/720 = 0.5°，通过统计脉冲数目即可确定相对位置。例如，若在旋转过程中产生了 100 个脉冲，则可确定转轴旋转了 100×0.5°＝50°。通过分析 A、B 相信号的相位先后，可以判断转轴的转动方向。在图 2.10 中，A 相信号滞后 B 相信号 90°，可以判断出码盘转动方向为逆时针方向。

2．直线编码器

直线编码器是用来测量直线位移的编码器，在很多运动控制系统中都会用它来进行闭环控制。直线编码器的主尺上有"刻度"，这种刻度叫作光栅，故直线编码器又称光栅尺。光栅由一系列黑条纹（遮光部分）和狭缝（透光部分）构成。狭缝的宽度称为栅距，常见栅距为 20μm。光栅尺的测量信息必须通过配套的读数头来读取并显示，肉眼是无法直接获取位置信息的，图 2.11 所示为光栅尺的结构示意图。

LED 光源通过凸透镜形成平行光束，经过 5 个指示光栅照射到主尺的光栅上，其中指示光栅和主尺光栅的栅距是相同的，且指示光栅中 A+、B+、A−、B− 依次相差 90°。透过主光栅的光线在对应的 5 个光电探测器元件上产生信号。在这 5 个信号中，A+与 A−信号、B+与 B−信号分别做差，得到呈正弦波变化的电信号，电信号经过电路放大整形后，得到相差 90°

的正弦波或者方波信号 A、B。R 信号则用作参考零位信号。

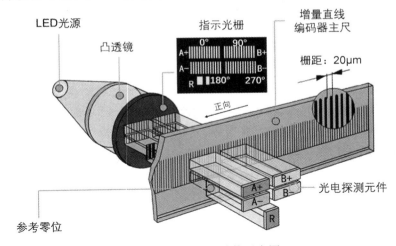

图 2.11　光栅尺的结构示意图

此处的 A、B 信号类似于前面提到的旋转编码器的 A、B 相信号。A、B 信号的周期（脉冲）数与移动距离成正比。主尺正向移动时，A 信号超前 B 信号 90°；主尺反向移动时，A 信号滞后 B 信号 90°。

3．编码器选型

编码器选型需要重点考虑的几个参考因素如下。

（1）根据测量对象的位移是直线位移还是旋转位移，决定选择直线编码器还是旋转编码器。

（2）根据对编码器的可靠性要求，结合使用环境和精度要求，决定选择光电编码器还是电磁编码器。

（3）根据开机是否需要知道绝对位置，决定选择增量式编码器还是绝对式编码器；根据测量的旋转圈数，决定选择单圈编码器还是多圈编码器。

（4）根据测量精度的要求，选择不同分辨率的编码器。

（5）最大速度要求是指在被测电机最大速度的情况下，编码器的输出脉冲频率需要小于脉冲计数器的最大可计数值，另外编码器本身也有最大允许转速要求。

2.2.3　倾角传感器

倾角传感器是用来测量相对某参考线或相对某参考面的倾斜角变化量的装置。在机器人中使用的倾角传感器主要测量的是与重力方向的倾斜角，具体应用于机器人末端执行器或移动机器人姿态控制。倾角传感器从工作原理上可以分为力平衡型、电解液型、电容型等类型。

1．力平衡型倾角传感器

力平衡型倾角传感器是以重力方向为参考的传感器，经常用于测量机器人的倾斜角度。图 2.12 所示为力平衡型倾角传感器的基本结构，其由可自由摆动的钟摆（含旋转中心）、LED 光源和光电探测器组成。钟摆放置于 LED 光源和光电探测器之间，当物体带动该传感器倾斜时，钟摆会因重力而倾斜，致使光电探测器检测到的光强变化，引起光电探测器电流的变化，从而可以根据电流大小计算倾斜角度。

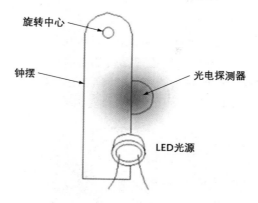

图 2.12　力平衡型倾角传感器的基本结构

2．电解液型倾角传感器

图 2.13 所示为电解液型倾角传感器的原理图。在电解液型倾角传感器的倾斜角度发生变化时，浸入电解液中的电极长度会发生变化，导电离子数随之变化而引发电阻变化，最终反映出电压的变化。电解液型倾角传感器由电解液、正负极及共地组成。当传感器处于水平状态时，两个电极均匀地浸没在电解液中，正负极产生的输出信号是等大的。随着传感器倾斜或旋转，正极与负极之间由于浸入长度的不同，它们的输出电压会产生差异，此差异与倾斜角度或旋转角度成正比。

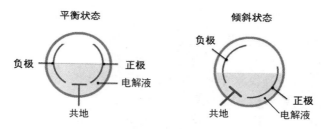

图 2.13　电解液型倾角传感器的原理图

3．电容型倾角传感器

在电容型倾角传感器的倾斜角发生变化时，电容值随之变化，此变化同样可以通过电压形式反映出来。

图 2.14 所示为电容型倾角传感器的原理图，当传感器处于水平状态时，相互独立绝缘的极板 X+、极板 X−与底部极板的电容值相同；当传感器处于倾斜状态时，由于重力影响，气泡因此总是会出现在顶端的水平位置，因此极板 X+、极板 X−与底部极板间的电容值均会发生变化。通过电容值的变化可以计算出倾斜角度。

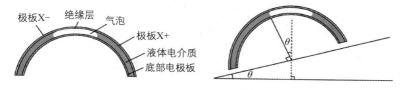

图 2.14　电容型倾角传感器的原理图

2.2.4 轮式里程计

轮式里程计主要依靠安装在驱动轮的电机上的光电编码器来工作。图 2.15 所示为轮式里程计在移动机器人中的应用，它不用依赖外部传感器信息就可以实现移动机器人的室内定位。轮式里程计的基本原理就是根据测量的各轮胎转动的角度值及轮胎直径等信息，直接计算出运行轨迹，结合已知的初始位置推断出移动机器人当前的大概位置。

图 2.15　轮式里程计在移动机器人中的应用

由于在计算移动机器人的位姿时，轮式里程计使用的航迹推算定位方法采用递推累加的过程，这种方法存在因移动机器人左、右轮尺寸不相等及轮间距的不确定而带来的系统误差，以及在运动过程中轮胎打滑等现象带来的随机误差，系统误差和随机误差都会累加到位姿推算过程中，因此不可避免地会造成误差随着移动机器人运行时间的延长而增加，造成位姿估计越来越不准确。在室内小空间中，轮式里程计因提供的位姿信息连续且较为稳定而具有一定优势。

2.3　场景环境感知

场景环境感知主要是指机器人作业时对所处环境的探测感知，其主要感知与周围物体的距离，从而实现避障及自主导航等功能。接下来我们对机器人常用到的测距传感器进行介绍。

2.3.1　激光雷达传感器

在机器人领域，激光雷达传感器是用来进行测距和测速的，它是移动机器人定位导航的核心传感器。在机器人自主定位导航中，激光雷达传感器常与 SLAM（Simultaneous Localization and Mapping，同时定位与地图构建）算法搭配，通过对周围环境的 2D/3D 扫描，获得点云数据，从而确定自身所在位置及构建环境地图。激光雷达传感器具有非接触式测量的特点，具有测量速度快、精度高、识别准确等优点。

图 2.16 所示为机械式激光雷达传感器的结构示意图和基本测量原理图。激光雷达传感器

的工作原理是：传感器的激光发射器发出光，光被被测物体反射后，被光电接收器检测到，根据发射与接收过程的相关信息（时间、相位）即可计算距离。

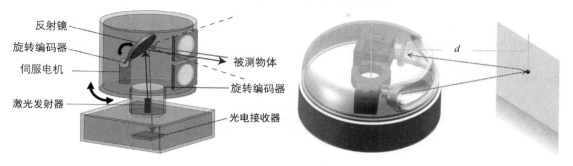

图 2.16　机械式激光雷达传感器的结构示意图和基本测量原理图

激光雷达的分类有很多。按照工作介质分类，激光雷达分为大功率的固体激光雷达和以 CO_2 激光雷达为代表的气体激光雷达，而在服务机器人领域，较为常用的是固体激光雷达中的半导体激光雷达，它的优势在于能以高重复频率方式连续工作，具有寿命长、体积小、成本低和对人眼伤害小等优点。

按照发射光线的线束数量分类，激光雷达分为单线激光雷达和多线激光雷达，前者能够实现 2D 平面测量，在扫地机器人中最为常见；后者利用多线束可以实现 2.5D 甚至 3D 成像，主要应用于汽车雷达成像。

按照扫描方式或结构分类，激光雷达分为机械式激光雷达和纯固态激光雷达。机械式激光雷达是最早发展，也是最为成熟的激光雷达，它的主要特点是通过机械结构的 360° 旋转来实现对周围环境的全面扫描。然而这些机械结构的存在致使机械式激光雷达的稳定性较差、性价比较低，在一定程度上影响了它的推广使用。纯固态激光雷达传感器实现的是在一个方向上的一定角度范围内的扫描，取消了被高频使用的机械结构，耐用性大大增强，体积也缩小了不少，其主要包括 OPA 光相控阵激光雷达和 Flash 激光雷达。处于中间态的激光雷达是混合固态激光雷达，它是前两者的折中。与机械式激光雷达相比，混合固态激光雷达也只对前方一定角度范围内的空间进行扫描，而与纯固态激光雷达相比，混合固态激光雷达也有一些较小的运动部件。混合固态激光雷达在成本和体积上更容易控制。目前混合固态激光雷达有多种解决方案，主要有 MEMS 振镜、旋转镜、转角等。

按激光测距原理分类，测距方法可以分为飞行时间（Time Of Flight，TOF）法激光测距和非飞行时间法激光测距两大类。飞行时间法激光测距主要有脉冲法激光测距和相位法激光测距两种，而非飞行时间法激光测距主要是三角法激光测距。下文将重点就这 3 种测距方法的原理进行讲述。

1. 脉冲法激光测距

脉冲法激光测距是激光技术最早应用于测绘领域中的一种测距方法。由于激光发散角小，激光脉冲持续时间极短，瞬时功率极大（可达兆瓦以上），因此脉冲法激光测距可以实现对极长距离的测量。脉冲法激光测距的原理非常简单，主要是通过计算发射端发射的脉冲串与接收端接收的脉冲串之间的时间间隔来实现距离测量，类似于常用的超声波测速原理。脉冲法激光测距的原理图如图 2.17 所示。

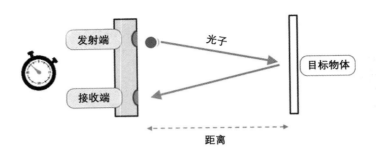

图 2.17　脉冲法激光测距的原理图

2．相位法激光测距

相位法激光测距通常适用于对中短距离的测量，测量精度可达微米级，也是目前测距精度较高的一种方法，大部分短程测距仪都采用这种方法。相位法激光测距利用调制信号对发射信号的强度进行调制，通过测量发射信号与反射信号的相位差来间接测量时间，较直接测量往返时间测距方法的处理难度降低了许多。相位法激光测距的原理图如图 2.18 所示。相位法激光测距的测量距离可表示为：

$$D = \frac{c}{2f} \cdot \frac{\Phi}{2\pi}$$

式中，D 为测量距离；c 为光在空气中传播的速度；f 为调制信号的频率；Φ 为发射信号与反射信号的相位差。

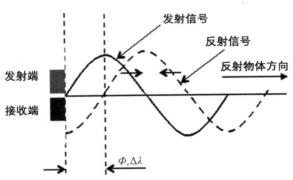

图 2.18　相位法激光测距的原理图

3．三角法激光测距

三角法激光测距主要通过一束激光以一定的入射角度照射目标物体，激光在目标物体表面发生反射和散射，在另一个角度利用透镜将反射激光汇聚成像，使得光斑成像在位置传感器上（PSD/CCD）。当目标物体沿激光方向发生移动时，位置传感器上的光斑将产生位移，其位移大小对应目标物体的移动距离，因此可以通过算法由光斑位移 G 计算出目标物体与基线的距离值 D。由于入射光和反射光构成一个三角形，对光斑位移的计算运用了相似三角形定理，因此该测距方法被称为三角法激光测距。三角法激光测距的原理图如图 2.19 所示，其中 E、F 的值是固定的。

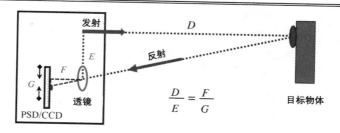

图 2.19　三角法激光测距的原理图

不同激光测距方法的对比如表 2.2 所示，在服务机器人应用中，多数采用三角法激光测距和 TOF 测距传感器。

表 2.2　不同激光测距方法的对比

测量方法	测量精度	测量速度	测量范围	抗环境光干扰	成本
脉冲法激光测距	中	高	大	强	高
相位法激光测距	高	中	中	中	中
三角法激光测距	短距离：高 长距离：低	低	小	差	低

至此，我们已经对激光雷达的原理有所熟悉了，接下来将介绍两个市面上常见的激光测距方面的传感器和模块，一个是 ST（意法半导体）公司的 VL53L0X 激光测距传感器，另一个就是上海思岚科技有限公司的 RPLIDAR A3M1 激光扫描测距雷达（以下简称 RPLIDAR A3M1）。前者是单一的测距传感器，后者能够基于测距并结合 SLAM 算法实现对环境地图的构建。

VL53L0X 激光测距传感器

VL53L0X 激光测距传感器的实物图及应用原理图如图 2.20 所示，其上有两个孔，大孔是 VCSEL 激光发射孔，小孔是 SPAD 激光检测阵列的孔。激光发射孔发射出的 940nm 激光被障碍物反射回来后，经过小孔被接收。测量激光在空气中的传播时间，即可得到传感器与被测物体之间的距离。

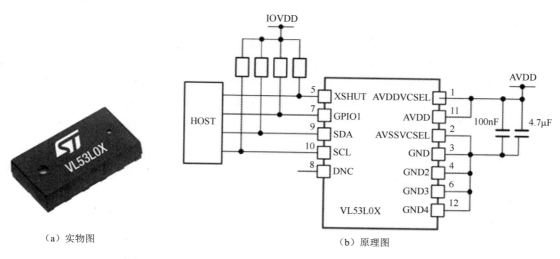

（a）实物图　　　　　　　　　　　　　　（b）原理图

图 2.20　VL53L0X 激光测距传感器的实物图及应用原理图

表 2.3 所示为 VL53L0X 激光测距传感器的电气参数表。

表 2.3　VL53L0X 激光测距传感器的电气参数表

电 气 参 数	描　述
工作电压	DC 2.8～5V
通信方式	IIC
测量距离	30～2000mm
测距精度	±5%（高速模式），±3%（高精度模式）
测距时间间隔	20ms（高速模式），200ms（高精度模式）
测量角度	25°
激光波长	940nm
工作温度	−20～70℃

VL53L0X 激光测距传感器提供了 3 种测量模式：Single ranging（单次测量）、Continuous ranging（连续测量）及 Timed ranging（定时测量）。下面将进行简单的介绍。

（1）Single ranging（单次测量），在该模式下只触发执行一次距离测量，测量结束后，VL53L0X 激光测距传感器会返回待机状态，等待下一次触发。

（2）Continuous ranging（连续测量），在该模式下会以连续的方式执行距离测量。一旦测量结束，下一次测量就会立即启动，用户必须主动停止测量才能返回待机状态，最后一次测量要在停机前完成。

（3）Timed ranging（定时测量），在该模式下会以连续的方式执行距离测量。测量结束后，在用户定义的延迟时间之后，才会启动下一次测量。用户必须主动停止测量才能返回待机状态，最后一次测量要在停机前完成。

根据以上的测量模式，ST 官方提供了 4 种不同的精度模式，如表 2.4 所示。

表 2.4　VL53L0X 激光测距传感器的不同精度模式

精 度 模 式	数据更新时间	测 量 距 离	典 型 应 用
默认	30 ms	1.2m	标准
高精度	200 ms	1.2m 精度<±3%	精准测量
长距离	33 ms	2m	只适用于黑暗条件（无红外线）
高速	20 ms	1.2m 精度<±5%	精度不优先

其他更多相关参数信息，请读者自行查看其 DataSheet。

RPLIDAR A3M1

RPLIDAR A3M1 主要包括激光测距核心、供电与机械部分、通信与供电接口。RPLIDAR A3M1 系统构成示意图如图 2.21 所示。RPLIDAR A3M1 正常工作时，测距核心将开始顺时针旋转扫描。用户可以通过 RPLIDAR A3M1 的通信接口获取 RPLIDAR A3M1 的扫描测距数据，并通过 PWM（脉冲宽度调制）对旋转电机的启动、停止及旋转速度进行控制。其主要应用领域有：通用的 SLAM，环境扫描与 3D 重建，需要进行长时间连续工作的服务机器人领域，家用看护/清洁机器人的导航与定位，通用的机器人导航与定位，智能玩具的定位与障碍物检测等。

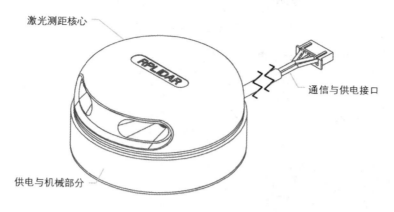

图 2.21　RPLIDAR A3M1 系统构成示意图

　　RPLIDAR A3M1 采用了三角法激光测距技术，配合高速视觉采集处理机构，可以进行每秒高达 16000 次的测距动作。每次测距过程中，RPLIDAR A3M1 将发射经过调制的红外激光信号，该激光信号在照射到目标物体后产生的反射光将被 RPLIDAR A3M1 的视觉采集系统接收，经过嵌入在 RPLIDAR A3M1 内部的 DSP 处理器实时解算，被照射到的目标物体与 RPLIDAR A3M1 的距离值及当前的夹角信息将从通信接口中输出。RPLIDAR A3M1 的性能参数如表 2.5 所示。

表 2.5　RPLIDAR A3M1 的性能参数

项　　目	增　强　模　式	室　外　模　式
适用场景	极致性能，适合室内环境，最大测量距离和采样频率	极致可靠性，适合室内外环境，可靠的抗日光能力
测量距离	白色物体：25m	白色物体：20m
	黑色物体：10m	黑色物体：TBD
测量盲区	0.2m	0.2m
采样频率	16kHz	16kHz 或 10kHz
扫描频率	典型值：10Hz（5～15Hz 可调）	
角度分辨率	0.225°	0.225° 或 0.36°
通信接口	TTL UART	
俯仰角	±1.5°	
通信速率	256000bit/s	
兼容模式	支持以往 SDK 协议	

　　至此，激光雷达传感器就基本介绍完了。值得注意的是，激光测距对目标物体的光学特性有要求，对高光散射、透射、吸收的物体如透明玻璃、黑色物体等目标物体的距离检测，因为接收到的反射光太弱会影响测量结果，所以很多情况下，针对距离的测量都是多传感器数据融合互补得到的最终结果。

2.3.2　超声波测距传感器

　　超声波测距传感器是利用超声波来进行距离测量的一种传感器，通常是由超声波发射器、超声波接收器及相关电路构成的。超声波测距传感器的测距原理是，超声波发射器向某个方向发射超声波，在发射的同时开始计时，超声波在空气中传播，途中碰到障碍物就立即反射回来，超声波接收器收到反射信号就立即停止计时。超声波在空气中传播的速度为 $v_{声}$，通常为 340m/s，根据记录的时间 t 可以计算出发射点到目标物体反射点的距离：$D = v_{声} t / 2$。

图 2.22（a）所示为 HC-SR04 超声波测距模块，该模块有 4 个引脚，其中 Vcc、GND 接 5V 直流电源，Trig 是超声波发射的触发信号的输入端，Echo 则是反射的回声信号的输出端，HC-SR04 超声波测距模块的核心电气参数如表 2.6 所示。

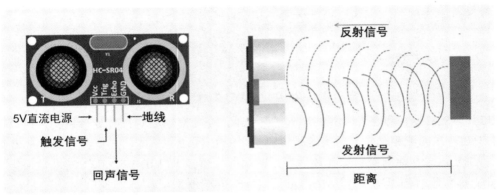

（a）HC-SR04 超声波测距模块 　　　　　　　　　（b）测距原理图

图 2.22　HC-SR04 超声波测距模块与测距原理图

表 2.6　HC-SR04 超声波测距模块的核心电气参数

项　　目	参　　数
工作电压	DC 5V
工作频率	40kHz
工作电流	15mA
测量距离	2cm～4m
测量角度	<15°
测量精度	3mm
规格尺寸	45cm×20cm×15cm

HC-SR04 超声波测距模块的基本测量原理是：在 Trig 端输入触发信号（至少 10μs 的高电平），HC-SR04 超声波测距模块将自动发射 8 个 40kHz 的超声波脉冲，在发送 8 个周期的超声波脉冲后，Echo 端立即置高电平，并开始监听，等待该超声波脉冲从目标物体处反射回来。如果没有超声波脉冲反射回来，那么 Echo 端将在 38ms 后超时，并返回低电平状态。如果 HC-SR04 超声波测距模块接收到回声信号，根据 Echo 端处于高电平的持续时间（飞行时间），那么可以确定超声波脉冲传播的距离，从而确定从传感器到目标物体的距离。超声波时序图如图 2.23 所示。

值得指出的是，在超声波测距方法中，可根据反射回来的超声波强度来估计距离，虽然我们知道距离与接收到的反射超声波的强度之间负相关，但是用这种方法来测量距离，其误差是较大的，在早期的汽车超声波倒车雷达中较为常见。还有根据接收到的超声波与发射超声波之间的相位差来计算距离的方法，此方法的原理类似于激光雷达传感器的相位法激光测距原理，感兴趣的读者可以自行查阅资料。

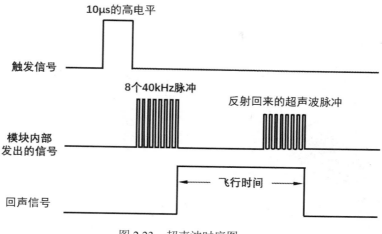

图 2.23　超声波时序图

　　在实际应用中，超声波测距传感器的测量精度较低，适用于对近距离障碍物的监测，这也是避障功能实现时最常用的传感器模块。

2.3.3　红外测距传感器

　　红外测距传感器是利用红外线（简称红外）进行距离测量的传感器，与激光雷达传感器相比，红外测距传感器的优点在于便宜、安全，缺点是精度低、测量距离近、方向性差，其主要是由红外发射器、红外接收器、处理电路构成的。红外测距的基本流程如图 2.24 所示，红外发射器发射的红外线遇到障碍物发生反射，产生反射光，反射光被红外接收器接收后，经过后续电路处理，通过数字传感器接口返回机器人主机，从而识别周围环境的变化。红外测距的常用方法和原理与上文提到的激光测距的原理基本相似，包含脉冲法、相位法、三角法、反射能量法等。前三者就不再赘述了，此处着重讲解反射能量法。

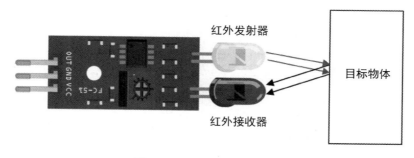

图 2.24　红外测距的基本流程

　　反射能量法是指由发射控制电路控制发光元件发出信号（通常为红外信号），该信号射向目标物体，经目标物体反射传回系统的接收端。根据光线的强度衰减遵循与距离平方成反比的规律，可以得到：

$$I = K \cdot \frac{P}{d^2}$$

式中，I 为接收端接收到的光强；K 为常数，其大小由发光元件转换效率和其在传输介质中的各种损耗决定；P 为发射电路的输出功率、d 为光源到目标物体的距离。

最为知名的红外测距传感器是 Sharp 的 GP 系列，在此我们介绍一款适用于近距离测量、避障等场合的传感器——GP2Y0A41SK0F。GP2Y0A41SK0F 的实物图及侧视结构图如图 2.25 所示。它由 PSD（Position Sensitive Detector，位置敏感探测器）和 IRED（Infrared Emitting Diode，红外发光二极管）及信号处理电路 3 部分组成。

（a）实物图

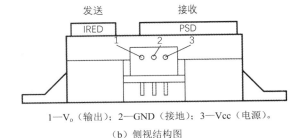

1—V。（输出）；2—GND（接地）；3—Vcc（电源）。

（b）侧视结构图

图 2.25　GP2Y0A41SK0F 的实物图及侧视结构图

GP2Y0A41SK0F 的技术规格如表 2.7 所示。

表 2.7　GP2Y0A41SK0F 的技术规格

信 号 类 型	模 拟 输 出
探测距离	4～30cm
工作电压	4.5～5.5V
标准电流	33mA
接口类型	PH2.0-3P
最大尺寸	40mm×20mm×13.5mm

该模块采用三角法测量距离，通电后，IRED 发射出的红外信号经障碍物反射后被 PSD 接收，红外信号经过信号处理后，V。端输出相应的电压，测量该电压即可得出与目标物体的距离，GP2Y0A41SK0F 的距离与输出电压的对应关系如图 2.26 所示。

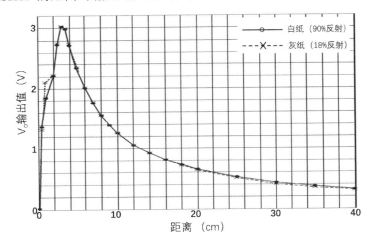

图 2.26　GP2Y0A41SK0F 的距离与输出电压的对应关系

2.3.4　毫米波雷达传感器

毫米波雷达传感器是利用微波段的电磁波进行目标探测、距离测量、速度测量的传感器，其应用领域越来越广泛，无人驾驶、人工智能、军事、VR/AR 等众多场景都可以看到它的身影。毫米波雷达传感器主要包括电磁波发射器、电磁波接收器、处理电路。电磁波发射器用来进行电磁波发射，电磁波可分为脉冲电磁波和连续电磁波；电磁波接收器用来感应反射回来的电磁波，需要较高的灵敏度；处理电路可以根据测量到的电磁波特性进行特定的分析，如飞行时间、幅值、频率等。图 2.27 所示为常见毫米波雷达传感器的实物图及其在汽车上的应用场景。

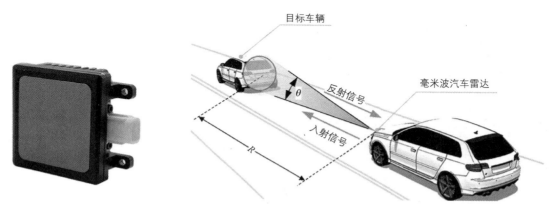

图 2.27　常见毫米波雷达传感器的实物图及其在汽车上的应用场景

毫米波雷达传感器通过雷达发射机向目标物体发射电磁波，电磁波遇到目标物体后有一部分反射回到传感器，我们利用反射回来的电磁波可以分析计算出目标距离。根据雷达发射信号的类型分类，毫米波雷达传感器的原理不尽相同。雷达按照发射信号种类可分为脉冲雷达和连续波雷达两大类，常规脉冲雷达发射的是周期性的高频脉冲，连续波雷达发射的是连续波信号。脉冲雷达测距原理是根据电磁波飞行时间来计算距离，如同脉冲激光测距原理。

连续波雷达发射的信号可以是单频连续波（CW）雷达信号或者调频连续波（FMCW）雷达信号，调频方式也有多种，常见的有三角波、锯齿波、编码调制或者噪声调频等。其中，CW 雷达仅可用于测速，无法测距；而 FMCW 雷达既可测距又可测速，并且在近距离测量上的优势日益明显。下面将重点讲述 FMCW 雷达测距的基本原理。我们以三角波调制的 24GHz FMCW 雷达为例进行讲述，其测距的基本原理图如图 2.28 所示。

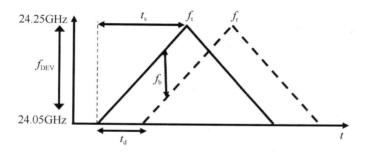

图 2.28　FMCW 雷达测距的基本原理图

其中，实线表示的信号为发射的电磁波信号，虚线表示的信号为反射信号，调频范围为 24.05～24.25 GHz，即扫频带宽 f_{DEV} 为 0.2GHz，若目标静止，不存在多普勒频移，则发射与接收电磁波同在上升阶段或下降阶段的任意时刻的频率差均为 f_b，t_d 为电磁波飞行时间，t_s 为频率生成器产生的调频波的周期的一半。根据相似三角形定理有公式：

$$\frac{f_b}{t_d} = \frac{f_{DEV}}{t_s}$$

由上式可得到：$t_d = f_b \cdot t_s / f_{DEV}$，根据 $D = c \cdot t_d / 2$，其中 c 为电磁波传播速度，即可得到：

$$D = \frac{c \cdot t_s \cdot f_b}{2 \cdot f_{DEV}}$$

若目标是移动的，则接收频率将存在多普勒频移，假设发射电磁波与接收电磁波同在上升阶段的频率差为 f_{bu}，同在下降阶段的频率差为 f_{bd}，根据相关计算最终得到距离：

$$D = \frac{c \cdot t_s}{2 \cdot f_{DEV}}(f_{bu} + f_{bd})$$

多普勒频移测距示意图如图 2.29 所示。

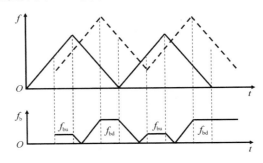

图 2.29　多普勒频移测距示意图

2.3.5　SLAM 定位传感器

定位技术是机器人实现自主定位导航的最基本环节，用于确定机器人在二维工作环境中相对于全局坐标的位置及其本身的姿态。目前 SLAM 技术是业内主流的定位技术，有激光 SLAM 和视觉 SLAM（也称 VSLAM）之分。

1. 激光 SLAM

激光 SLAM 起源于前期单点的测距方法（超声波测距和红外测距），而激光雷达的出现使得测距更快、更准。激光雷达采集到的信息呈现出一系列分散的、具有准确角度和距离信息的点，这些点被称为点云。通常，激光 SLAM 系统通过对不同时刻两片点云的匹配与比对，计算激光雷达相对运动的距离和姿态的改变，也就完成了对机器人自身的定位。激光雷达测量距离比较准确，误差模型简单，在强光直射以外的环境中运行稳定，对点云的处理也比较容易。同时，点云信息本身包含直接的几何关系，使得机器人的路径规划和导航变得直观。激光 SLAM 的理论研究相对成熟，落地产品丰富，图 2.30 所示为激光 SLAM 在智能汽车上的使用场景。

图 2.30 激光 SLAM 在智能汽车上的使用场景

2. 视觉 SLAM

视觉 SLAM 是一种利用相机（单目、双目、RGB-D）作为传感器的 SLAM 技术，它的目标是在没有先验知识的情况下，根据相机拍摄的图像，实时地估计相机的位姿，同时构建周围环境的三维地图。视觉 SLAM 的主要挑战是如何从图像中提取有效的信息，如何处理噪声和不确定性，如何保证实时性和健壮性等。视觉 SLAM 的主要应用领域包括无人驾驶、无人机、机器人、增强现实等。

视觉 SLAM 的一般框架如图 2.31 所示，包括以下几个模块：相机传感器数据输入、前端视觉里程计、后端非线性优化、闭环检测和建图。相机传感器数据输入是指从相机中读取和预处理图像信息。前端视觉里程计是指根据相邻图像的信息，估计出相机的运动和位置。后端非线性优化是指根据前端视觉里程计和闭环检测的信息，对相机的轨迹和地图进行全局的优化和修正。闭环检测是指判断相机是否回到了之前的位置，从而消除累积误差。建图是指根据相机的轨迹和图像信息，生成与任务要求对应的地图，如稀疏的特征点地图、稠密的深度图，或者带有语义信息的地图等。

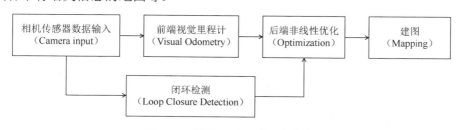

图 2.31 视觉 SLAM 的一般框架

2.4 触觉与力觉感知

触觉传感器通常模拟的是生物学意义上的皮肤受体，其能够检测机械刺激、温度、湿度、压力等物理量及目标物体材质的软硬程度、物体形状和结构大小等。触觉传感器被定义为一种测量其本体与环境之间的物理交互信息的设备。应用于机器人中的触觉传感器如图 2.32 所示，这些触觉传感器能够赋予机器人的手以触觉，能够让仿生机器人在更加严苛的环境中作业（如理疗、按摩）等，同样随着柔性材料的发展，柔性穿戴式触觉传感器可以实现人与外界环境直接接触时的触觉功能，实现对力信号、热信号的探测。

图 2.32　应用于机器人中的触觉传感器

2.4.1　触觉传感器

触觉传感器从原理上可以分为压阻式、电容式、压电式等。表 2.8 所示为不同触觉传感器的对比，表中总结了基于各种原理的触觉传感器的优点和缺点。在机器人领域中，这些基于不同的技术构建的传感系统提供了对触觉信息的传导，触觉传感器的类型主要取决于传感器传递信号的方式，下文将对触觉传感器的一些类型进行简要介绍。

表 2.8　不同触觉传感器的对比

传感器类型	优　点	缺　点
压阻式触觉传感器	较高的灵敏度；过载承受能力强	压敏电阻漏电流稳定性差；体积大，不易实现微型化；功耗高；易受噪声影响；接触表面易碎
电容式触觉传感器	测量量程大；线性度好；制造成本低；实时性高	物理尺寸大，不易集成化；易受噪声影响，稳定性差
压电式触觉传感器	动态范围宽；有较好的耐用性	易受热效应影响

1.　压阻式触觉传感器

压阻式触觉传感器是利用柔性材料的电阻率随压力大小的变化而变化的性质制成的，它将接触面上的压力信号转换为电信号。其主要分为两类：一类是基于半导体材料的压阻效应制成的器件，其基片可直接作为测量传感元件，扩散电阻在基片内组成惠斯通电桥。当基片受到外力作用时，电阻率发生显著变化导致各电阻值发生变化，电桥就会产生相应的电压信号 Δv 输出。基于压阻效应的压阻式触觉传感器原理示意图如图 2.33 所示。另一类则是基于导电柔性材料制成的器件，这些导电柔性材料通常将一些导电粒子均匀分布在柔性材料中，当材料受到压力时，导电颗粒发生接触，导致电阻率发生变化。

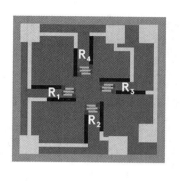
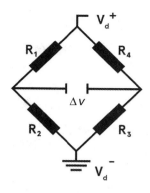

图 2.33　基于压阻效应的压阻式触觉传感器原理示意图

2．电容式触觉传感器

电容式触觉传感器的工作原理基于电场的变化。在电容式触觉传感器中通常有一组导体，它们可以与电场相互作用。当人的手指接近这些导体时，人体是一个电导体，会改变电场，从而改变这组导体间的电容。这种电容的变化可以被传感器检测到，并被转化为触觉信息，如物体的位置、形状或压力大小。这种传感器因其高灵敏度、低功耗和良好的空间分辨率而在机器人技术、医疗设备、虚拟现实等领域得到广泛应用。

电容式触觉感应的方法又可以分为自电容感应和互电容感应。自电容感应与互电容感应的原理示意图如图 2.34 所示。

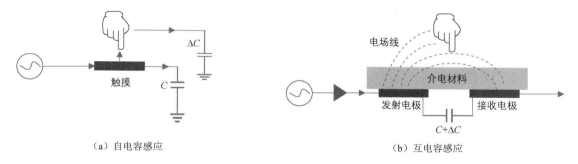

（a）自电容感应　　　　　　　　　　　　　（b）互电容感应

图 2.34　自电容感应与互电容感应的原理示意图

自电容触觉传感器：自电容触觉传感器通常用于检测单一点的触摸或手指的接触。从图 2.34（a）中可以看出，当手触摸到传感器时，人体作为导体接入而引入 ΔC，传感器则通过测量一个引脚和电源地之间的电容来实现触摸判断。自电容触觉传感器对于简单的触摸检测、按钮操作或滑动手势等场景很有效。由于其结构较为简单，因此适用于需要低成本、低功耗且不需要高分辨率的应用。

互电容触觉传感器：互电容触觉传感器使用两个电极，其中一个为发射电极，另一个为接收电极。当手指靠近或接触介电材料时，极板间的电场分布将受到影响，从而改变极板间的互电容，互电容的变化会导致接收电极上的电荷发生变化，通过测量接收电极上所接收到的电荷，互电容触觉传感器可以提供更多复杂的信息，如多点触摸、手势识别等。互电容触觉传感器通常在需要更高精度和灵敏度的应用中使用，比如机器人需要进行精准操作或对多点触摸进行感知的情况。

3. 压电式触觉传感器

压电式触觉传感器是一种利用压电效应来感知和测量外部压力或触摸的传感器。压电效应是指某些材料在受到机械应力时会产生电荷（正压电效应），或者当施加电场时发生形变（逆压电效应）。这种性质使得压电材料在触觉传感器中能够将机械压力或应变转换为电信号，压电式触觉传感器具有体积小、质量轻、结构简单、工作频率高、灵敏度高、性能稳定等优点，但也存在噪声大、易受到外界电磁干扰、难以检测静态力的缺点。聚偏二氟乙烯（PVDF）薄膜是常见的用于触觉传感器制作的压电材料。

图 2.35 所示为基于压电效应的 PVDF 薄膜触觉传感器的结构。它具有两层 PVDF 层，中间被一层软膜隔开，该软膜传递振动。交流电被施加到下层 PVDF 层，反向压电效应使该层产生振动。这些振动通过软膜传递到上层 PVDF 层，这些振动会在上层 PVDF 层上产生交流电压。当在上层 PVDF 层上施加一定压力时，振动会受到影响，输出电压也会发生变化，这会触发机器人或触摸屏中的开关或动作。

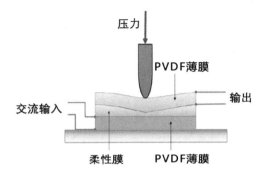

图 2.35　基于压电效应的 PVDF 薄膜触觉传感器的结构

2.4.2　阵列触觉传感器

阵列触觉传感器，顾名思义，即将多个触觉传感器进行阵列排布，从而实现对触觉的面阵感知，扩大感知范围和分辨率，现阶段的主要发展方向为基于柔性材料的传感器制作。如图 2.36 所示，协作机器人的机械臂装有柔性探测器阵列，当出现人手触碰机械臂时，机械臂将通过感知此次触碰的位置、力道分布等信息来做出相应的决策。

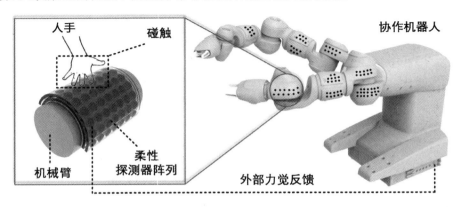

图 2.36　协作机器人上的阵列触觉传感器

2.4.3　六轴力/力矩传感器

对于机器人的力控制，目前主流的方案是在机械臂末端安装多轴力矩传感器，常见的是六轴力矩传感器，它可以同时测量出 3 个方向的力与扭矩。图 2.37 所示为力矩传感器的实物图及三轴力/力矩示意图，常用于打磨、抛光、装配、拖动示教、碰撞检测等，是实现机器人智能化力觉感知的重要工具。

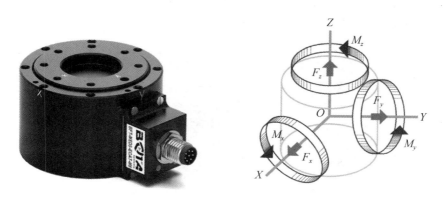

图 2.37　力矩传感器的实物图及三轴力/力矩示意图

从轴数上区分，力矩传感器一般有单轴和多轴两种，单轴力矩传感器检测一个轴上的力或者力矩，多轴力矩传感器检测多个轴上的力或者力矩。从原理上说，常见的力矩传感器有应变式力矩传感器、压电式力矩传感器、压阻式力矩传感器等。应变式力矩传感器通过弹性形变带来阻值的变化，常见的有膜片式、应变管式、应变梁式、组合式；压电式力矩传感器根据压电材料的压电效应把受力的变化转换成电压或电流信号；压阻式力矩传感器利用硅材料的压阻效应，把受力的变化转换成在受到机械应力下电阻的变化。尤其在机器人的机械臂的各个关节处，力矩传感器的使用较为常见，如图 2.38 所示。

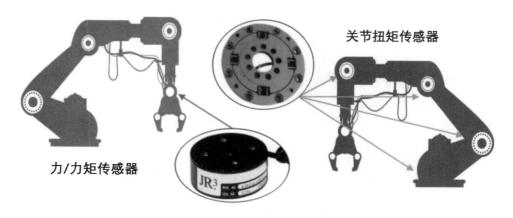

图 2.38　力矩传感器在机械臂中的应用场景

市面上，机器人使用的力矩传感器的所属公司有美国 ATI 工业自动化有限公司、德国 ME 公司、德国 SCHUNK 公司、德国 HBM 公司、瑞士 BOTA 系统公司、丹麦 Nordbo Robotics 公司、丹麦 OnRobot 公司、中国宇立仪器有限公司等。

2.5 空间位置感知

空间位置感知即获取机器人所处位置信息，也就是所谓的定位。目前，在服务机器人领域，自主移动机器人是发展的热点和重点，因其所涉及的场景较为复杂，所以需要机器人拥有自主定位导航技术，而定位是移动机器人自主导航的基本环节，也是机器人完成任务必须解决的问题。机器人的定位方式主要取决于其所采用的传感器，常见的移动机器人定位传感器有激光雷达、轮式里程计（编码器）、IMU、GPS 等，这些传感器常被融合起来实现定位，如图 2.39 所示。

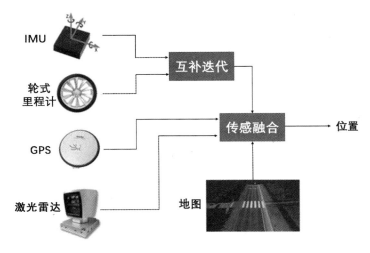

图 2.39　某移动机器人的定位感知示意图

本节我们将讲述 GNSS 定位、RTK 定位及 UWB 定位，其他不赘述。

2.5.1　GNSS 定位

GNSS（Global Navigation Satellite System，全球卫星导航系统）是为用户提供三维坐标、速度及时间信息的空间无线电导航定位系统，泛指美国 GPS（Global Positioning System，全球定位系统）、俄罗斯 GLONASS、欧盟 Galileo、中国北斗等卫星定位系统。其中，GPS 是目前应用最广、最主要的系统之一，且已经被广泛应用于日常生活和各个应用中，不管是手机还是定位器等，基本都以 GPS 作为主要定位系统。下面将简单介绍一下 GPS 的定位原理，其他不做阐述。

定位是指获得当前位置在固定坐标系下的坐标值，GPS 卫星定位的基本原理是利用交会法（Resection Method）来确定点位，理论上，我们只需要 3 颗已知位置的卫星，就可以交会出地面未知点的位置信息，其公式为：

$$\sqrt{(x-x_1)^2 + (y-y_1)^2 + (z-z_1)^2} = c\tau_1$$

$$\sqrt{(x-x_2)^2 + (y-y_2)^2 + (z-z_2)^2} = c\tau_2$$

$$\sqrt{(x-x_3)^2 + (y-y_3)^2 + (z-z_3)^2} = c\tau_3$$

其中，GPS 接收机的位置坐标为 (x,y,z)，已知 3 颗卫星的坐标为 (x_1,y_1,z_1)，(x_2,y_2,z_2)，

(x_3, y_3, z_3)，3 颗卫星的电磁波从发送时刻开始计时，至电磁波到达 GPS 接收机时结束计时，这个阶段的时间被分别记为：τ_1、τ_2、τ_3。

　　然而事实并非如此，我们至少需要 4 颗卫星，如图 2.40（a）所示，即利用 4 颗已知空间位置的卫星，交会出地面未知点的位置，完成 GPS 卫星定位。

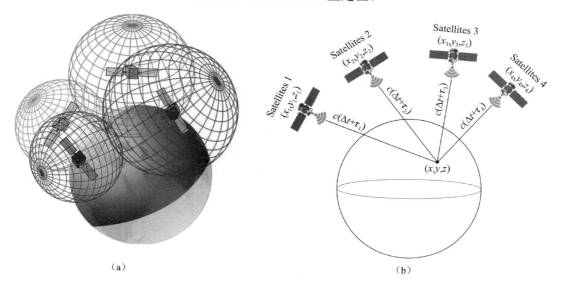

图 2.40　GPS 卫星定位原理示意图

　　在实际应用中，GPS 接收机和卫星的时间不是同步的，有一定的时间偏移量 Δt，如图 2.40（b）所示，于是修正后的方程组为：

$$\sqrt{(x-x_i)^2 + (y-y_i)^2 + (z-z_i)^2} = c(\Delta t + \tau_i), \quad i \in 1,2,3,4$$

　　由此可知，有 4 个变量，就需要 4 颗卫星来建立 4 个等式，即需要至少 4 颗卫星的信号来实现 GPS 定位。

　　我们使用的 GPS 模块虽然根据实际应用场景有所不同，但是它们的 GPS 定位信息多数采用 NMEA-0183 通信标准格式，其输出的数据采用 ASCII 码，包含经度、纬度、高度、速度、日期、时间、航向及卫星状况等信息，其中包含的常用消息有 6 种，即 GGA、GLL、GSV、GSA、RMC 和 VTG。NMEA-0183 的消息类型说明如表 2.9 所示。

表 2.9　NMEA-0183 的消息类型说明

消息类型	内　　容	最 大 帧 长
GGA	时间、位置、全球定位数据	72
GLL	大地坐标信息	—
GSV	卫星状态信息	210
GSA	接收机模式和卫星 PRN 数据	65
RMC	速度、运输定位数据	70
VTG	方位角与对地速度信息	34

　　下面我们对比较常用的 GGA 协议进行说明。

　　一般在与计算机上位机通信时，使用 NMEA 格式会比较方便，使用 ASCII 码输出，其中

GGA 协议的形式如下所示。

$GPGGA,[1],[2],[3],[4],[5],[6],[7],[8],[9],M,[10],M,[11],[12]*xx[CR][LF]

GPGGA 表明了使用的协议是 GGA 协议，M 代表单位是 m；*是校验和前缀，可以被理解为一条消息正文内容的结束标志；[CR][LF]是换行符。下面我们就一组真实的 GGA 数据说明协议中的各个信息量。GGA 协议说明如表 2.10 所示。

$GPGGA, 155211, 6325.8000,S, 15626.4081,E,1,08,12.9,91.1,M,20.1,M,,*5A

表 2.10　GGA 协议说明

序　号	说　　明	格　　式	示　　例	意　　义
[1]	UTC 时间	hhmmss.sss	155211	15:52:21+00:00
[2]	纬度	ddmm.mmmm	6325.8000	63°25.8000′
[3]	纬度半球	N/S	S	南纬
[4]	经度	dddmm.mmmm	15626.4081	156°26.4081′
[5]	经度半球	E/W	E	东经
[6]	定位质量	0/1	1	定位有效
[7]	卫星数量	00～12	08	使用 8 颗卫星
[8]	水平精度	0.5～99.9	12.9	水平精度 12.9m
[9]	海拔高度	−9999.9～9999.9	91.1	海拔 91.1m
[10]	离地高度	−9999.9～9999.9	20.1	离地 20.1m
[11]	差分 GPS 数据期限			
[12]	差分参考基站标号			
xx	校验和	2 位十六进制数	5A	校验和 5A

注：不使用差分定位，因此[11]和[12]都为空。

本节讲解了 GPS 定位最为基础的方法，包括为什么需要至少 4 颗卫星实现定位，以及 GPS 接收机输出格式协议的相关知识。在实际应用中，较为常见的是 u-blox 公司的产品，如面向大众市场的 NEO-M8P 系列和面向移动通信市场的 SARA-N3 系列等。

2.5.2　RTK 定位

RTK（Real-Time Kinematic，实时动态）差分技术又称载波相位差分技术，是 GPS 技术和数据传输技术的一个组合，是一种精度较高的 GNSS 定位技术。RTK 定位系统一般由一个基准站和至少一个流动站组成。基准站通过对 GNSS 信号的接收、解算和广播，提供高精度的位置参考信号。流动站通过接收基准站的信号实现对自身位置的高精度定位。

传统的 GPS 如果要达到厘米级的精度，那么通常需要经过事后的解算，而不能做到实时性。RTK 定位技术就是基于载波相位观测值的实时动态定位技术，它能够实时地提供测站点在指定坐标系中的三维定位结果，并达到厘米级精度。

但由于各种原因，通过 GPS 得到的定位和实际位置存在误差，RTK 定位是通过减少误差来提高定位精度的。在移动机器人上，基准站被放置在地面上，流动站被放置在移动机器人上。RTK 模式的数据链示意图如图 2.41 所示。高质量的 GPS 接收机被放置在已知坐标的基准站上。基准站根据自己获得的 GPS 定位与已知真实坐标进行差分，以获得校准值，并将该校准值通过数据链实时发送给流动站，流动站用该校准值对接收到的 GPS 信号进行校正，即可得到更加准确的地理坐标。

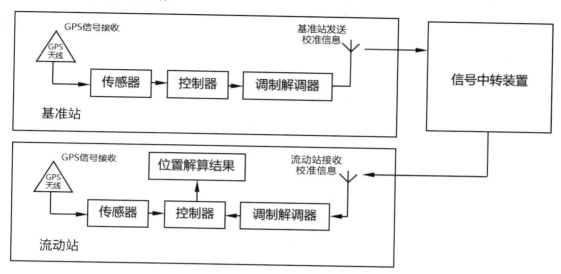

图 2.41　RTK 模式的数据链示意图

2.5.3　UWB 定位

前面介绍的 RTK 定位技术是基于 GPS 信号的，不适用于室内定位。UWB（Ultra Wide Band，超宽带）定位是指采用超宽带技术进行定位的一种技术。UWB 技术是一种通过发送极短脉冲信号实现高速数据传输和定位的无线通信技术。由于 UWB 技术具有高精度定位和距离测量能力，并且不会受到信号干扰的影响，因此被广泛应用于无线室内定位、智能家居、智能交通等领域。

UWB 的定位原理与卫星定位原理相似，UWB 定位系统需要布置 4 个已知坐标的定位基站。待定位的设备携带 UWB 标签（接收器）后，配以无线传输装置和显示设备，即可构成一个 UWB 定位系统。UWB 定位系统的构成如图 2.42 所示。

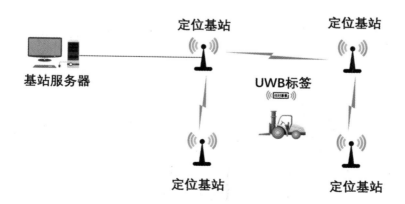

图 2.42　UWB 定位系统的构成

定位标签和各个基站之间的距离测量方法有单边双向测距和双边双向测距等。图 2.43 所示为单边双向测距示意图。

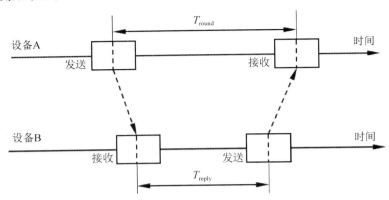

图 2.43　单边双向测距示意图

设备 A 给设备 B 发送数据，并记录发送时间戳，设备 B 接收到数据之后记录接收时间戳，经过一个延时后，设备 B 给设备 A 发送回应，同时记录发送时间戳，设备 A 接收回应后记录接收时间戳。这样，根据 4 个时间戳可以计算出两个时间差，分别是 T_{round} 和 T_{reply}，最终得到无线信号在两台设备之间的单程飞行时间是：

$$T_f = \frac{T_{round} - T_{reply}}{2}$$

两个时间差都是基于本地时钟计算的，本地时钟误差可以抵消，但是两台设备之间的时钟偏移会给飞行时间的计算带来误差，从而给最终的距离测量带来误差，在精度要求比较高时，应采用双边双向测距方法。双边双向测距示意图如图 2.44 所示。

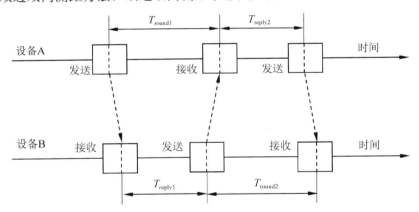

图 2.44　双边双向测距示意图

可以看出双边双向测距方法多了一个设备 A 向设备 B 发送数据的过程，这样可以得到 4 个时间差：T_{round1}、T_{round2}、T_{reply1} 和 T_{reply2}，而信号的单程飞行时间可通过下式进行计算：

$$T_f = \frac{T_{round1} \times T_{round2} - T_{reply1} \times T_{reply2}}{T_{round1} + T_{round2} + T_{reply1} + T_{reply2}}$$

双边双向测距虽然增加了响应的时间，但是会降低测距误差，提高测量精度。若获得了标签和各个定位基站之间的距离，则可以通过解算得到标签所处的位置坐标。

2.6　智能感知

智能感知的硬件基础在于智能传感器（Intelligent Sensor），它指的是具有一定"智能"的传感器，相对于传统传感器，其智能主要体现在如下 5 个方面。

（1）数据处理能力：智能传感器内置的处理器可以对传感器采集到的原始数据进行实时处理和分析，提取有用的信息和特征，从而实现更加精准的数据采集和应用。通过机器学习和人工智能（AI）等技术，智能传感器还可以进行更加复杂的数据处理和分析，如数据挖掘、预测分析等。

（2）自我学习和自适应能力：智能传感器可以通过自我学习和自适应能力不断地优化自身的性能和功能，适应不同的应用场景和需求。例如，智能传感器可以根据环境变化自动调整采样频率、数据传输速率等参数，提高能源利用效率和数据采集效率。

（3）通信能力：智能传感器内置的无线模块或其他通信模块可以与其他设备进行通信，实现设备之间的数据共享和互联互通。通过互联网或其他通信技术，智能传感器还可以将采集到的数据上传到云端或其他设备，以实现更加智能化和联网化的功能。

（4）多功能性：智能传感器可以集成多种传感器和处理器，实现多种功能，如集成温度、湿度、压力、光照、加速度、陀螺仪、磁力计等多种传感器。多功能性使得智能传感器可以满足更加复杂和高端的应用需求。

（5）管理能力：智能传感器可以通过管理平台或应用程序进行管理，包括数据采集、数据分析、设备控制等方面的管理。管理能力使得用户可以通过智能传感器快速了解设备的状态和运行情况，及时进行管理和调整。

综上所述，智能传感器的智能主要体现在其数据处理能力、自我学习和自适应能力、通信能力、多功能性和管理能力等方面，这些特点使得智能传感器能够满足更加复杂和高端的应用需求。在后面的小节中，我们将简单介绍视觉和语音方面的智能传感器。

2.6.1　视觉智能传感器

视觉智能传感器不仅是一个用于图像采集的相机，还可以将图像处理和通信功能集成在一起，甚至能够直接输出图像处理结果。视觉智能传感器与普通视觉传感器之间的主要区别在于内置的计算能力和数据处理能力。普通视觉传感器通常只能采集到图像或视频数据，需要将这些数据传输到外部设备进行处理和分析。而视觉智能传感器则拥有内置的计算能力和数据处理能力，能够对图像或视频数据进行实时分析和处理。视觉智能传感器通常采用深度学习和机器学习等人工智能技术，能够识别和分析图像中的目标、场景和情境，从而实现智能决策和自主控制。与普通视觉传感器相比，视觉智能传感器具有更高的精度、更快的响应速度和更强的实时性，能够更好地适应各种复杂环境和应用场景。

机器人领域有 Intel RealSense D435i、Sony DepthSense D455 等功能强大的深度相机，这种智能视觉传感器可以实现障碍物检测与避障、3D 建模等。无人驾驶领域的 Velodyne Puck LITE、Waymo Vision Sensor 等可以提供高精度的三维环境信息，辅助无人驾驶车辆可以实现精准导航和决策。工业自动化领域的 Cognex In-Sight 7000 系列、Keyence IV2 系列可以在制造环境中完成自动检查、测量和识别任务，帮助改善质量控制和提高效率。安防交通监控有海康威视、大华等公司提供高分辨率、高精度的图像信息，并对信息进行智能化分析和识别，如人脸识别、机动车车牌识别、违章取证、交通事件检测等。

1. 智能型轮廓传感器

OXM200 智能型轮廓传感器是 Baumer 公司研发的一款基于视觉的轮廓传感器（见图 2.45），它集成了智能测量功能和图像处理功能；能够连接测量工具，以完成各项分析任务；可在直观 Web 界面中自由配置多达 7 个测量值，并进行实时分析和监测；支持多种接口和协议（PROFINET、Ethernet/IP、OPC UA 等）。

图 2.45　Baumer 公司研发的轮廓传感器——OXM200

2. 二哈识图（HuskyLens）AI 视觉传感器

HuskyLens 是一款由 DFRobot 公司推出的智能视觉传感器，也被称为"二哈识图"（见图 2.46）。它采用了深度学习算法和视觉传感技术，可以实现图像识别、目标追踪、颜色识别、形状识别、人脸识别等多种智能化视觉处理功能。HuskyLens 可以方便地集成到各种机器人、无人机、智能家居等应用中，为用户提供智能化的视觉识别和控制方案。HuskyLens 内置了 7 种功能：人脸识别、物体追踪、物体识别、循线追踪、颜色识别、标签识别、物体分类。它只需一个按键即可完成 AI 训练，摆脱烦琐的训练和复杂的视觉算法，让用户更加专注于项目的构思和实现。

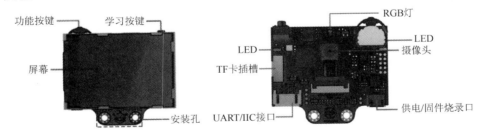

图 2.46　AI 视觉传感器——HuskyLens

HuskyLens 的技术规格如下。

（1）处理器：Kendryte K210。

（2）图像传感器：

　　SEN0305 HuskyLens：OV2640（200W 像素）。

　　SEN0336 HuskyLens PRO：OV5640（500W 像素）。

（3）供电电压：3.3～5.0V。

（4）电流消耗：320mA@3.3V，230mA@5.0V（电流值为典型值；人脸识别模式；80%背光亮度；补光灯关闭）。

（5）连线接口：UART，IIC。

（6）屏幕：2.0 寸 IPS，分辨率为 320 像素×240 像素。

（7）内置功能：人脸识别、物体追踪、物体识别、循线追踪、颜色识别、标签识别、物体分类。

（8）尺寸：52mm×44.5mm。

2.6.2　语音智能传感器

语音智能传感器的"智能"主要是指其具备语音识别和自然语言处理的能力，能够通过对用户的语音指令进行智能化处理，实现自动化的控制和服务。通过 AI 技术的支持，语音智能传感器能够实现自然语言理解、自然语言生成、对话管理、意图识别、语义理解等功能，能够识别用户的意图并做出相应的响应和反馈。同时，语音智能传感器能够学习用户的行为和偏好，从而不断提升自身的智能化程度，为用户提供更加智能化、个性化的服务和控制体验。

较为常见的语音智能传感器应用就是智能音箱，如小米 AI 音箱、天猫精灵、亚马逊 Echo、谷歌 Home 等，它们通常配备了多个麦克风和语音识别技术，可以通过语音指令控制家庭设备、查询天气、播放音乐等。因为其需要通过连接网络来完成语音识别等后续处理，所以我们常称之为联网语音识别。当然，与之对应的是将语音识别模块嵌入硬件中的模块，叫作离线语音识别模块。接下来将介绍这两类语音识别模块。

1. 联网语音识别模块

联网语音识别模块的核心在于其接入了提供互联网语音识别服务的服务商，如百度、科大讯飞、阿里巴巴等。联网语音识别模块是需要接入互联网才能工作的模块，首先通过拾音器拾取声音，经过一些简单的音频处理，然后通过网络将语音信号上传到云端的"大脑"，这里所谓的大脑就是在服务器上运行的各种语音算法，利用高效的计算资源实现对语音的快速"响应"。联网语音识别模块较为常用的场景是智能音箱，图 2.47 所示为基于联网语音识别模块的智能音箱。

图 2.47　基于联网语音识别模块的智能音箱

2. IIC 离线语音识别模块

IIC 离线语音识别模块是一款以 Gravity IIC 作为连接接口的、针对中文进行识别的模块。图 2.48 所示为 IIC 离线语音识别模块示意图，该模块采用由 ICRoute 公司设计的 LD3320 "语音识别"专用芯片，只需要在程序中设定好要识别的关键词语列表并将其下载到主控的 MCU

中，语音识别模块就可以对用户说出的关键词语进行识别，并根据程序进行相应的处理。本模块不需要用户事先训练和录音就可以完成非特定人语音识别，识别准确率高达95%。

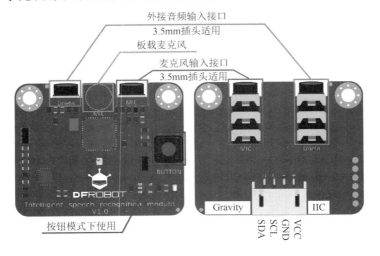

图 2.48　IIC 离线语音识别模块示意图

IIC 离线语音识别模块的核心技术规格如下。

（1）工作电压：3.3～5V。

（2）工作电流：25～40mA。

（3）通信接口：IIC。

（4）IIC 地址：0x50。

（5）芯片可设置词条数：50，每个词条长度不超过 10 个汉字或者 79 个字节的拼音串。

（6）板载麦克风灵敏度：-38dB。

（7）模块尺寸：37mm×30mm。

总的来说，联网语音识别模块和离线语音识别模块采用两种不同的语音识别方案。联网语音识别模块需要连接互联网，将用户的语音传输到远程服务器进行识别和处理。联网语音识别模块能够支持更多的命令词，能够进行语义理解和自然语言处理等高级功能，但是由于需要网络连接，因此受到网络环境的限制，具有一定的延迟，并且存在安全隐患，用户的语音数据可能会被上传到云端进行存储和处理。离线语音识别模块则是在本地进行语音识别和处理的，不需要连接互联网，能够保护用户隐私，但是由于硬件的限制，因此通常只能支持固定的命令词，对命令词数量和长度也有一定的限制。此外，由于需要对模块进行本地训练，因此开发周期相对较长。由于联网语音识别模块需要依赖云端服务器，因此成本较高；而离线语音模块则由于其独立的语音识别能力和低成本，更适合一些对成本和安全性要求较高的场景，如智能家居、智能门锁等。

第3章　服务机器人运动学

服务机器人的运动机构主要包括两部分，即操作单元和移动单元。操作单元对应人类的手臂，俗称机械臂，可以实现按压、抓取、移动物品等功能；移动单元对应人类的腿脚，可以实现机器人的整体移动。本章首先介绍运动学基础知识，包括姿态描述和坐标变换等，然后，分别介绍移动单元和操作单元的运动学知识。

3.1　服务机器人位姿的描述

机器人运动学关注的是如何描述和得到机器人或机器人的某个组件所处的位姿。对于不同的机器人，使用者的关注点也不同。对于机械臂，使用者关注的是末端执行器的位姿；对于移动机器人，使用者关注的是机器人质心的位置和机器人的朝向；对于空中机器人（无人机），使用者关注的是机体的位姿，但无论使用者的关注点是什么，都需要对位姿进行描述，这是运动学的基础。

3.1.1　平移向量和旋转矩阵

位置是指机器人或部件上的某个点在三维空间中的位置，姿态是指它的朝向。机器人的运动包括平移和旋转两种，平移改变的是位置，旋转改变的是姿态。无论是位置还是姿态，均需要一个参考系才能够进行准确的描述，为此，我们建立了两个坐标系，如图 3.1 所示。坐标系{A}为参考坐标系，参考坐标系并不是静止不动的，只是在讨论两个坐标系的相对运动时认为它是"静止"的；坐标系{B}为运动坐标系，与运动物体绑定。在本书中，如无特殊说明，采用的坐标系均为右手坐标系，且描述的运动均为刚体运动。所谓刚体运动，是指在运动的过程中，物体上任意两点的距离不随物体的运动而改变，同时不发生类似镜面反射的翻转（右手坐标系变成左手坐标系）。

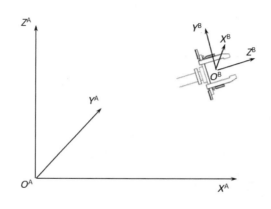

图 3.1　坐标系的建立

坐标系建立之后，运动物体的位置可以用坐标系{B}的原点 O^B 来表示，而它的姿态可以用坐标系{B}的 3 个轴的朝向来表示。

O^B 在坐标系{A}中的位置可以用其在坐标系{A}中的 3 个坐标来表示：

$$P_{OB}^A = \begin{bmatrix} p_x \\ p_y \\ p_z \end{bmatrix} \tag{3.1}$$

因为向量 P_{OB}^A 代表了两个坐标系之间的平移关系，所以被称为平移向量，其中，上标 A 代表的是某位置在坐标系{A}中的坐标值。

对于姿态的描述，我们关心的是坐标系{B}的 3 个坐标轴在坐标系{A}中的方向。设 i^B、j^B、k^B 为坐标系{B}的 3 个坐标轴方向上的单位向量，这 3 个单位向量在坐标系{A}中的方向可以用该向量在坐标系{A}的 3 个坐标轴上的投影来表示，而投影值可以通过两个向量的点积运算来得到，比如 i^B 在坐标系{A}的 3 个坐标轴上的投影分别为 $i^B \cdot i^A$、$i^B \cdot j^A$、$i^B \cdot k^A$，其中，i^A、j^A、k^A 为坐标系{A}的 3 个坐标轴方向上的单位向量。用同样的方法，j^B、k^B 也可以得到 3 个投影值。将这 9 个投影值排列成一个矩阵，可用来表示坐标系{B}在坐标系{A}中的姿态：

$$R_B^A = \begin{bmatrix} i^B \cdot i^A & j^B \cdot i^A & k^B \cdot i^A \\ i^B \cdot j^A & j^B \cdot j^A & k^B \cdot j^A \\ i^B \cdot k^A & j^B \cdot k^A & k^B \cdot k^A \end{bmatrix} \tag{3.2}$$

该矩阵称为旋转矩阵。矩阵中的每个元素都是两个单位向量的点积，即两个单位向量之间夹角的余弦值，因此该矩阵也被称为方向余弦矩阵。

R_B^A 中的 3 个列向量为坐标系{B}的 3 个坐标轴方向上的单位向量在坐标系{A}的坐标轴上的投影。进一步分析可以发现，R_B^A 中的 3 个行向量为坐标系{A}的 3 个坐标轴方向上的单位向量在坐标系{B}的坐标轴上的投影，因此有：

$$R_B^A = \left(R_A^B \right)^T \tag{3.3}$$

由于 $R_B^A R_A^B = I$，其中，I 为单位矩阵，因此有：

$$R_B^A = \left(R_A^B \right)^{-1} \tag{3.4}$$

即：

$$\left(R_A^B \right)^T = \left(R_A^B \right)^{-1} \tag{3.5}$$

说明旋转矩阵为正交矩阵，即旋转矩阵的转置等于它的逆矩阵。

3.1.2　轴角表示的旋转矩阵

式（3.2）给出的旋转矩阵 R_B^A 用了 9 个元素来描述一个旋转运动，但由于 R_B^A 是一个正交矩阵，组成矩阵的 9 个元素间存在 6 个约束，因此将矩阵 R_B^A 写成列向量的形式，即 $R_B^A = \begin{bmatrix} r_i & r_j & r_k \end{bmatrix}$，则 6 个约束为：

$$r_i \cdot r_i = 1，r_j \cdot r_j = 1，r_k \cdot r_k = 1，r_i \cdot r_j = 0，r_i \cdot r_k = 0，r_j \cdot r_k = 0$$

因此，旋转矩阵中独立元素的个数为 3，也就是说，旋转运动是一个 3 自由度的运动，用 9 个元素来描述它是一种冗余的方式，我们希望能有更紧凑的方式来表示旋转运动。

事实上，任何旋转运动都可以用一个旋转轴和围绕该轴旋转的角度来刻画，即所谓轴角的方式，因此可以用一个单位向量 $\boldsymbol{n}$ 和一个角度 θ 来表示一个旋转。单位向量的方向是旋转轴的方向，θ 是绕这个旋转轴转过的角度。θ 的正方向和旋转轴之间满足右手定则，即用右手握住旋转轴，大拇指指向旋转轴的方向，则四指所环绕的方向就是 θ 的正方向。轴角的含义如图 3.2 所示。

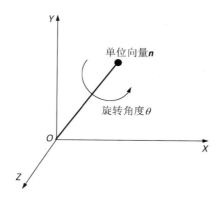

图 3.2　轴角的含义

我们可以用不同的方式来表示旋转运动，但是它的自由度是不会变的，即无论用什么样的方式，其自由度都是 3。轴角对应 4 个变量，包括 $\boldsymbol{n}$ 的 3 个分量和角度 θ，但由于 $\boldsymbol{n}$ 是单位向量，因此只有两个独立变量，一个轴角的独立变量个数也是 3。

在已知轴角的情况下，可以得到相应的旋转矩阵，推导过程比较复杂，此处直接给出结果：

$$_{n}\boldsymbol{R}(\theta)=\cos\theta\boldsymbol{I}+(1-\cos\theta)\boldsymbol{n}\boldsymbol{n}^{\mathrm{T}}+\sin\theta\boldsymbol{n}^{\hat{}} \tag{3.6}$$

式（3.6）中，$\boldsymbol{n}^{\hat{}}$ 是一个由向量 $\boldsymbol{n}$ 的 3 个元素 n_x、n_y、n_z 构成的反对称矩阵，又称向量 $\boldsymbol{n}$ 的叉乘矩阵：

$$\boldsymbol{n}^{\hat{}}=\begin{bmatrix} 0 & -n_z & n_y \\ n_z & 0 & -n_x \\ -n_y & n_x & 0 \end{bmatrix} \tag{3.7}$$

即：

$$_{n}\boldsymbol{R}(\theta)=\begin{bmatrix} n_xn_x(1-\cos\theta)+\cos\theta & n_xn_y(1-\cos\theta)-n_z\sin\theta & n_xn_z(1-\cos\theta)+n_y\sin\theta \\ n_xn_y(1-\cos\theta)+n_z\sin\theta & n_yn_y(1-\cos\theta)+\cos\theta & n_yn_z(1-\cos\theta)-n_x\sin\theta \\ n_xn_z(1-\cos\theta)-n_y\sin\theta & n_yn_z(1-\cos\theta)+n_x\sin\theta & n_zn_z(1-\cos\theta)+\cos\theta \end{bmatrix} \tag{3.8}$$

需要指出的是，对于任意一个轴角 $(\boldsymbol{n},\theta)$，都存在另外一个轴角 $(-\boldsymbol{n},-\theta)$，它们代表的是相同的姿态，对应的旋转矩阵是相同的。

当旋转轴为坐标系的主轴时，用轴角表示的旋转矩阵就成了平面旋转矩阵。比如，当旋转轴为 X 轴时，$\boldsymbol{n}=\begin{bmatrix} 1 & 0 & 0 \end{bmatrix}$，旋转在 Y-Z 平面进行，式（3.8）的旋转矩阵变为：

$$_x\boldsymbol{R}(\alpha) = \begin{bmatrix} 1 & 0 & 0 \\ 0 & \cos\alpha & -\sin\alpha \\ 0 & \sin\alpha & \cos\alpha \end{bmatrix} \quad\quad (3.9)$$

当旋转轴为 Y 轴或 Z 轴时，相应的旋转矩阵为：

$$_y\boldsymbol{R}(\varphi) = \begin{bmatrix} \cos\varphi & 0 & \sin\varphi \\ 0 & 1 & 0 \\ -\sin\varphi & 0 & \cos\varphi \end{bmatrix} \quad\quad (3.10)$$

$$_z\boldsymbol{R}(\theta) = \begin{bmatrix} \cos\theta & -\sin\theta & 0 \\ \sin\theta & \cos\theta & 0 \\ 0 & 0 & 1 \end{bmatrix} \quad\quad (3.11)$$

需要特别指出的是，用轴角的方式给出的旋转矩阵是在旋转轴过坐标系原点的情形下给出的，如果旋转轴不过原点，那么需要再定义一个与参考坐标系平行的中间坐标系，该坐标系的原点位于旋转轴上，而旋转是针对这个中间坐标系进行的。

3.2 坐标系变换

在机器人系统中，会遇到某个位姿信息需要在不同的坐标系中表示的情况，这就需要将位姿信息在不同坐标系中进行变换，即已知机器人在一个坐标系下的位姿，确定其在另一个坐标系下的位姿。

3.2.1 平移变换

设坐标系{A}与坐标系{B}初始时完全重合，P 为固定在坐标系{B}中的一个点，其坐标为 $\boldsymbol{P}^{\mathrm{B}}$。坐标系{B}做平移运动，3 个坐标轴的方向不发生改变，如图 3.3 所示。经过平移后坐标系{B}的原点 O^{B} 在坐标系{A}中的坐标为 $\boldsymbol{P}_{O\mathrm{B}}^{\mathrm{A}}$。由于坐标系没有发生旋转，因此两个坐标系的主轴方向完全相同，根据向量运算的关系，可以得到 P 点在坐标系{A}中的坐标为：

$$\boldsymbol{P}^{\mathrm{A}} = \boldsymbol{P}^{\mathrm{B}} + \boldsymbol{P}_{O\mathrm{B}}^{\mathrm{A}} \quad\quad (3.12)$$

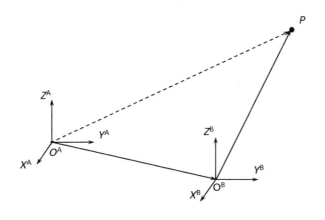

图 3.3　平移变换

3.2.2　旋转变换

设坐标系{A}与坐标系{B}初始时完全重合，P 为固定在坐标系{B}中的一个点，其坐标为 $\boldsymbol{P}^{\mathrm{B}}$。坐标系{B}围绕着原点旋转一定的角度，此时两个坐标系的原点仍然重合，如图 3.4 所示。

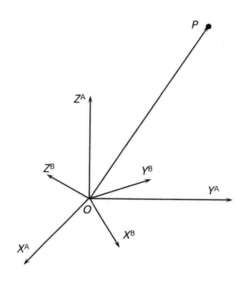

图 3.4　旋转变换

经过旋转以后，X^{A} 轴方向上的单位向量 $\boldsymbol{i}^{\mathrm{A}}$ 在坐标系{B}的 3 个主轴上的投影分别为 $\boldsymbol{i}^{\mathrm{B}} \cdot \boldsymbol{i}^{\mathrm{A}}$、$\boldsymbol{j}^{\mathrm{B}} \cdot \boldsymbol{i}^{\mathrm{A}}$、$\boldsymbol{k}^{\mathrm{B}} \cdot \boldsymbol{i}^{\mathrm{A}}$，因此在坐标系{B}中，向量 $\boldsymbol{i}^{\mathrm{A}}$ 可以表示为：

$$\boldsymbol{P}_{i\mathrm{A}}^{\mathrm{B}} = \begin{bmatrix} \boldsymbol{i}^{\mathrm{B}} \cdot \boldsymbol{i}^{\mathrm{A}} \\ \boldsymbol{j}^{\mathrm{B}} \cdot \boldsymbol{i}^{\mathrm{A}} \\ \boldsymbol{k}^{\mathrm{B}} \cdot \boldsymbol{i}^{\mathrm{A}} \end{bmatrix} \tag{3.13}$$

同样，坐标系{A}的另外两个主轴的单位向量 $\boldsymbol{j}^{\mathrm{A}}$ 和 $\boldsymbol{k}^{\mathrm{A}}$ 在坐标系{B}中可以表示为：

$$\boldsymbol{P}_{j\mathrm{A}}^{\mathrm{B}} = \begin{bmatrix} \boldsymbol{i}^{\mathrm{B}} \cdot \boldsymbol{j}^{\mathrm{A}} \\ \boldsymbol{j}^{\mathrm{B}} \cdot \boldsymbol{j}^{\mathrm{A}} \\ \boldsymbol{k}^{\mathrm{B}} \cdot \boldsymbol{j}^{\mathrm{A}} \end{bmatrix} \qquad \boldsymbol{P}_{k\mathrm{A}}^{\mathrm{B}} = \begin{bmatrix} \boldsymbol{i}^{\mathrm{B}} \cdot \boldsymbol{k}^{\mathrm{A}} \\ \boldsymbol{j}^{\mathrm{B}} \cdot \boldsymbol{k}^{\mathrm{A}} \\ \boldsymbol{k}^{\mathrm{B}} \cdot \boldsymbol{k}^{\mathrm{A}} \end{bmatrix} \tag{3.14}$$

由于两个向量的点积与在哪个坐标系中表示无关，只要参与点积运算的两个向量在同一个坐标系中表示即可，因此 P 点在坐标系{A}中的坐标可以通过用向量 $\boldsymbol{P}^{\mathrm{B}}$ 分别与向量 $\boldsymbol{P}_{i\mathrm{A}}^{\mathrm{B}}$、$\boldsymbol{P}_{j\mathrm{A}}^{\mathrm{B}}$、$\boldsymbol{P}_{k\mathrm{A}}^{\mathrm{B}}$ 进行点积运算得到，即：

$$\boldsymbol{P}^{\mathrm{A}} = \begin{bmatrix} \left(\boldsymbol{P}_{i\mathrm{A}}^{\mathrm{B}}\right)^{\mathrm{T}} \\ \left(\boldsymbol{P}_{j\mathrm{A}}^{\mathrm{B}}\right)^{\mathrm{T}} \\ \left(\boldsymbol{P}_{k\mathrm{A}}^{\mathrm{B}}\right)^{\mathrm{T}} \end{bmatrix} \boldsymbol{P}^{\mathrm{B}} = \begin{bmatrix} \boldsymbol{i}^{\mathrm{B}} \cdot \boldsymbol{i}^{\mathrm{A}} & \boldsymbol{j}^{\mathrm{B}} \cdot \boldsymbol{i}^{\mathrm{A}} & \boldsymbol{k}^{\mathrm{B}} \cdot \boldsymbol{i}^{\mathrm{A}} \\ \boldsymbol{i}^{\mathrm{B}} \cdot \boldsymbol{j}^{\mathrm{A}} & \boldsymbol{j}^{\mathrm{B}} \cdot \boldsymbol{j}^{\mathrm{A}} & \boldsymbol{k}^{\mathrm{B}} \cdot \boldsymbol{j}^{\mathrm{A}} \\ \boldsymbol{i}^{\mathrm{B}} \cdot \boldsymbol{k}^{\mathrm{A}} & \boldsymbol{j}^{\mathrm{B}} \cdot \boldsymbol{k}^{\mathrm{A}} & \boldsymbol{k}^{\mathrm{B}} \cdot \boldsymbol{k}^{\mathrm{A}} \end{bmatrix} \boldsymbol{P}^{\mathrm{B}} \tag{3.15}$$

注意，此处参与点积运算的向量均在坐标系{B}中表示。

结合式（3.2），可将式（3.15）写成：

$$P^A = R_B^A P^B \qquad (3.16)$$

我们发现式（3.16）中的 R_B^A 与式（3.2）中定义的方向余弦矩阵相同，在此，R_B^A 所起的作用是实现两个坐标系的旋转坐标变换，因此它也被称为旋转矩阵。P 点在坐标系{B}中的坐标经旋转矩阵 R_B^A 作用后，我们可以得到 P 点在坐标系{A}中的坐标。

旋转矩阵还可以表示在同一个坐标系下某个向量的旋转运动，这只需要假设有一个和向量相对固定的坐标系在随着向量一同旋转即可。

综上所述，旋转矩阵 R 具有如下 3 个等价的几何学意义。

（1）它描述了两个坐标系之间的相对指向。其列向量为运动坐标系的轴关于参考坐标系的轴的方向余弦。

（2）它表示两个原点重合但指向不同的坐标系的坐标之间的变换，即由一个坐标系的坐标变换成另一个坐标系的坐标。

（3）它是将向量在同一个坐标系下进行旋转的算子，即用旋转矩阵左乘向量，可得到旋转后的向量。

3.2.3 平移+旋转变换

更一般的情形是，坐标系{B}的运动包括平移和旋转两种运动，此时可以引入第三个坐标系——坐标系{C}，如图 3.5 所示。

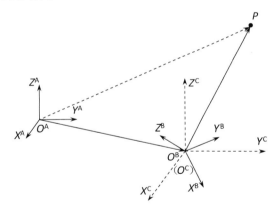

图 3.5 平移+旋转变换

坐标系{C}相对于坐标系{A}只有平移运动，坐标系{B}相对于坐标系{C}只有旋转运动。由于坐标系{C}的朝向与坐标系{A}的朝向相同，因此坐标系{B}相对于坐标系{A}的旋转矩阵 R_B^A 等同于坐标系{B}相对于坐标系{C}的旋转矩阵 R_B^C。

首先，通过旋转变换将 P 点在坐标系{B}中的坐标转换为坐标系{C}中的坐标：

$$P^C = R_B^C P^B = R_B^A P^B \qquad (3.17)$$

然后，通过平移变换将 P 点在坐标系{C}中的坐标转换为坐标系{A}中的坐标：

$$P^A = P_{OB}^A + P^C = P_{OB}^A + R_B^A P^B \qquad (3.18)$$

可以看出，我们用一个旋转矩阵和一个平移向量完成了两个坐标系之间的坐标变换。

3.2.4　齐次坐标

式（3.18）所描述的坐标变换不是一个线性关系。假设我们进行了两次连续的变换（坐标系{C}到坐标系{B}，坐标系{B}到坐标系{A}），两次变换的关系是：

$$\boldsymbol{P}^{\text{B}} = \boldsymbol{P}_{OC}^{\text{B}} + \boldsymbol{R}_{\text{C}}^{\text{B}}\text{P}^{\text{C}}, \quad \boldsymbol{P}^{\text{A}} = \boldsymbol{P}_{OB}^{\text{A}} + \boldsymbol{R}_{\text{B}}^{\text{A}}\boldsymbol{P}^{\text{B}} \tag{3.19}$$

那么，从坐标系{C}到坐标系{A}的变换为：

$$\boldsymbol{P}^{\text{A}} = \boldsymbol{P}_{OB}^{\text{A}} + \boldsymbol{R}_{\text{B}}^{\text{A}}\left(\boldsymbol{P}_{OC}^{\text{B}} + \boldsymbol{R}_{\text{C}}^{\text{B}}\boldsymbol{P}^{\text{C}}\right) \tag{3.20}$$

可以看出，如果再进行多次变换，形式会变得非常复杂，为此，我们引入齐次坐标，将式（3.18）变换成线性的形式：

$$\begin{bmatrix} \boldsymbol{P}^{\text{A}} \\ 1 \end{bmatrix} = \begin{bmatrix} \boldsymbol{R}_{\text{B}}^{\text{A}} & \boldsymbol{P}_{OB}^{\text{A}} \\ 0\,0\,0 & 1 \end{bmatrix} \begin{bmatrix} \boldsymbol{P}^{\text{B}} \\ 1 \end{bmatrix} = \boldsymbol{T}_{\text{B}}^{\text{A}} \begin{bmatrix} \boldsymbol{P}^{\text{B}} \\ 1 \end{bmatrix} \tag{3.21}$$

齐次坐标就是在原本的三维坐标后面添加一个 1，将三维向量变成一个四维向量，后面添加的 1 是尺度因子，代表尺度不变。这只是一个形式上的改变，或者说是一个数学技巧，并没有改变 $\boldsymbol{P}^{\text{B}}$ 和 $\boldsymbol{P}^{\text{A}}$ 之间的运算关系，但经过这样处理以后，我们把平移和旋转写在一个矩阵 $\boldsymbol{T}_{\text{B}}^{\text{A}}$ 中，使得转换变成一个线性转换。矩阵 $\boldsymbol{T}_{\text{B}}^{\text{A}}$ 称为从坐标系{B}到坐标系{A}的转换矩阵，它是一个 4×4 的矩阵，左上角是旋转矩阵，右上角是平移向量，左下角的 3 个元素是 0，右下角是 1。

为了区分于非齐次坐标，我们将齐次坐标记为 $\tilde{\boldsymbol{P}}$，则采用齐次坐标的变换方程为：

$$\tilde{\boldsymbol{P}}^{\text{A}} = \boldsymbol{T}_{\text{B}}^{\text{A}} \tilde{\boldsymbol{P}}^{\text{B}} \tag{3.22}$$

采用齐次坐标后，连续变换的形式变得比较简单。如果已知 P 点在坐标系{C}中的坐标 $\tilde{\boldsymbol{P}}^{\text{C}}$，坐标系{C}在坐标系{B}中的位姿为 $\boldsymbol{T}_{\text{C}}^{\text{B}}$，坐标系{B}在坐标系{A}中的位姿为 $\boldsymbol{T}_{B}^{\text{A}}$，那么 P 点在坐标系{A}中的坐标为：

$$\tilde{\boldsymbol{P}}^{\text{A}} = \boldsymbol{T}_{\text{B}}^{\text{A}} \boldsymbol{T}_{\text{C}}^{\text{B}} \tilde{\boldsymbol{P}}^{\text{C}} \tag{3.23}$$

即坐标系{C}在坐标系{A}中的位姿为 $\boldsymbol{T}_{\text{C}}^{\text{A}} = \boldsymbol{T}_{\text{B}}^{\text{A}}\boldsymbol{T}_{\text{C}}^{\text{B}}$。

3.3　服务机器人移动单元运动学

服务机器人多数采用轮式移动机构，在平坦的地面上，轮式移动的方式是较为优越的，能保证较高的移动效率。轮式机构根据底盘设计的不同可以分为两轮差速移动机器人、阿克曼移动机器人、麦克纳姆轮移动机器人和四轮驱动移动机器人，本节将分别予以介绍。

3.3.1　两轮差速移动机器人

两轮差速移动机器人的底盘由两个独立驱动的驱动轮和一个万向轮构成，如图 3.6（a）所示。万向轮起支撑作用，驱动轮差速可实现转弯。

图 3.6（b）所示为两轮差速移动机器人的模型。它可被看作一个可以在水平面上平移和转动的刚体，P 点为两轮连线的中心点。这里定义了两个平面坐标系，X_{I}-Y_{I} 为参考坐标系，X_{R}-Y_{R} 为运动坐标系，运动坐标系和移动机器人相对固定，其中，X_{R} 为机器人前进的方向。移动机器人的运动维度为 3 个，其中，2 个维度为机器人在水平面上的位置，用 P 点在 X_{I}-Y_{I} 坐标系中的

坐标(x, y)来表示，1 个维度为机器人的朝向，用 X_R 轴与 X_I 轴的夹角 θ 来表示，这个夹角也称为机器人的姿势角。综合起来，移动机器人的位姿可用向量 $\boldsymbol{\xi}_I = \begin{bmatrix} x & y & \theta \end{bmatrix}^T$ 来表示，它对时间的导数 $\dot{\boldsymbol{\xi}}_I = \begin{bmatrix} \dot{x} & \dot{y} & \dot{\theta} \end{bmatrix}^T$ 包含了机器人在 X_R-Y_R 坐标系中的运动速度和转动角速度。

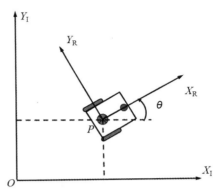

（a）两轮差速移动机器人的实物图　　　（b）两轮差速移动机器人的模型

图 3.6　两轮差速移动机器人的实物图和模型

假设机器人沿 X_R 方向前进的速度为 v，转动角速度为 ω，那么 $\dot{\boldsymbol{\xi}}_I$ 可表示为：

$$\dot{\boldsymbol{\xi}}_I = \begin{bmatrix} \dot{x} \\ \dot{y} \\ \dot{\theta} \end{bmatrix} = \begin{bmatrix} \cos\theta & 0 \\ \sin\theta & 0 \\ 0 & 1 \end{bmatrix} \begin{bmatrix} v \\ \omega \end{bmatrix} \tag{3.24}$$

无论是平移速度 v 还是转动角速度 ω，都是通过两个独立的驱动轮的转动来产生的。假设左轮和右轮的转动角速度分别为 $\dot{\varphi}_L$ 和 $\dot{\varphi}_R$，轮子的半径为 R，轮子与地面之间只有一个单独的接触点且轮子没有滑行，也没有侧向滑移，那么左轮和右轮移动的速度分别为：

$$v_L = R\dot{\varphi}_L, \quad v_R = R\dot{\varphi}_R \tag{3.25}$$

假设两个轮子之间的距离为 $2L$，中心点为 P。当 v_L 和 v_R 的大小和方向均相同，即 $v_L = v_R = v_c$ 时，机器人将沿着 X_R 轴的方向做平移运动，方向不发生改变，此时角速度为 0，速度为 v_c。当 v_L 和 v_R 大小相等但方向相反，即 $v_L = -v_d$、$v_R = v_d$ 时，机器人将原地旋转，P 点静止，平移速度为 0，角速度为 $\frac{v_d}{L}$。对于一般的情况，可以将 v_L 和 v_R 看作 v_c 和 v_d 的叠加：

$$v_L = \frac{v_L + v_R}{2} - \frac{v_R - v_L}{2}$$
$$v_R = \frac{v_L + v_R}{2} + \frac{v_R - v_L}{2} \tag{3.26}$$

式（3.26）中，$\frac{v_L + v_R}{2} = v_c$，为机器人的平移运动的速度；$\frac{v_R - v_L}{2} = v_d$，为机器人的转动速度，因此有：

$$v = \frac{v_L + v_R}{2} = \frac{R}{2}\left(\dot{\varphi}_L + \dot{\varphi}_R\right)$$
$$\omega = \frac{v_R - v_L}{2L} = \frac{R}{2L}\left(\dot{\varphi}_R - \dot{\varphi}_L\right) \tag{3.27}$$

将式（3.27）写成矩阵的形式：

$$
\begin{bmatrix} v \\ \omega \end{bmatrix} = \frac{R}{2} \begin{bmatrix} 1 & 1 \\ -\dfrac{1}{L} & \dfrac{1}{L} \end{bmatrix} \begin{bmatrix} \dot{\varphi}_{\mathrm{L}} \\ \dot{\varphi}_{\mathrm{R}} \end{bmatrix} \tag{3.28}
$$

将式（3.28）代入式（3.24），可得：

$$
\dot{\boldsymbol{\xi}}_{\mathrm{I}} = \begin{bmatrix} \dot{x} \\ \dot{y} \\ \dot{\theta} \end{bmatrix} = \frac{R}{2} \begin{bmatrix} \cos\theta & 0 \\ \sin\theta & 0 \\ 0 & 1 \end{bmatrix} \begin{bmatrix} 1 & 1 \\ -\dfrac{1}{L} & \dfrac{1}{L} \end{bmatrix} \begin{bmatrix} \dot{\varphi}_{\mathrm{L}} \\ \dot{\varphi}_{\mathrm{R}} \end{bmatrix} = \frac{R}{2} \begin{bmatrix} \cos\theta & \cos\theta \\ \sin\theta & \sin\theta \\ -\dfrac{1}{L} & \dfrac{1}{L} \end{bmatrix} \begin{bmatrix} \dot{\varphi}_{\mathrm{L}} \\ \dot{\varphi}_{\mathrm{R}} \end{bmatrix} \tag{3.29}
$$

此式描述了在左右轮转速及 θ 已知的情况下，底盘在 X_{I}-Y_{I} 坐标系下的运动状态，包括平移速度和转动速度，称为两轮差速移动机器人的状态方程。在初始位姿已知的情况下，可根据左右轮的速度解出任意时刻机器人所处的位姿和运动状态。

3.3.2　阿克曼移动机器人

阿克曼底盘与汽车底盘相似，如图 3.7 所示。阿克曼转向是一种车辆的转向方式，1817 年由德国的马车工程师 Georg Lankensperger 提出，他的代理商 Rudolph Ackerman 于 1818 年在英国申请专利，因此这种转向原理就被称为阿克曼转向。阿克曼转向的提出最初是为了改善马车的转向问题，后来被应用到汽车、移动机器人等领域。

我们先来讨论一个三轮转向模型，包括一个前轮和两个后轮。三轮转向模型如图 3.8 所示，前轮负责转向，后轮负责驱动，P 点为两个后轮的中心位置，l 为前轮与 P 点之间的距离，α 为前轮的转向角。参考坐标系 X_{I}-Y_{I} 和运动坐标系 X_{R}-Y_{R} 的含义与图 3.6 相同，X_{R} 轴与 X_{I} 轴的夹角为 θ。

图 3.7　阿克曼底盘

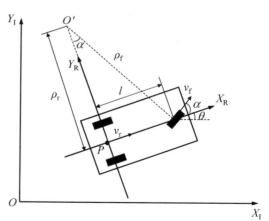

图 3.8　三轮转向模型

在 α 保持不变的情况下，底盘将会绕 O' 做圆周运动，前轮的轨迹半径为 ρ_{f}，后轮中心的轨迹半径为 ρ_{r}，v_{f} 和 v_{r} 分别为前轮和后轮的瞬时速度。在做圆周运动时，前轮和后轮的转动角速度相同，为底盘的转动角速度 ω。与式（3.24）相似，前轮和后轮在参考坐标系中的 $\dot{\boldsymbol{\xi}}_{\mathrm{I}}$ 可由下式得到：

$$\dot{\xi}_{\text{Ir}} = \begin{bmatrix} v_{\text{rx}} \\ v_{\text{ry}} \\ \dot{\theta} \end{bmatrix} = \begin{bmatrix} \cos\theta & 0 \\ \sin\theta & 0 \\ 0 & 1 \end{bmatrix} \begin{bmatrix} v_{\text{r}} \\ \omega \end{bmatrix}$$

（3.30）

$$\dot{\xi}_{\text{If}} = \begin{bmatrix} v_{\text{fx}} \\ v_{\text{fy}} \\ \dot{\theta} \end{bmatrix} = \begin{bmatrix} \cos(\theta+\alpha) & 0 \\ \sin(\theta+\alpha) & 0 \\ 0 & 1 \end{bmatrix} \begin{bmatrix} v_{\text{f}} \\ \omega \end{bmatrix}$$

式（3.30）中，v_{rx} 和 v_{ry} 分别为 v_{r} 在 X_{I} 和 Y_{I} 方向的分量；v_{fx} 和 v_{fy} 分别为 v_{f} 在 X_{I} 和 Y_{I} 方向的分量。

由图 3.8 中的几何关系可知：

$$\rho_{\text{f}} = \frac{\rho_{\text{r}}}{\cos\alpha}$$
$$\rho_{\text{f}} = \frac{l}{\sin\alpha}$$
$$\rho_{\text{r}} = \frac{l}{\tan\alpha}$$

（3.31）

利用速度和角速度的关系 $v = \rho\omega$，可以推导出角速度 ω、前轮速度 v_{f} 与 v_{r}、α、l 的关系：

$$v_{\text{f}} = \frac{v_{\text{r}}}{\cos\alpha}$$
$$\omega = \frac{v_{\text{r}}}{\rho_{\text{r}}} = \frac{v_{\text{r}}}{l}\tan\alpha$$

（3.32）

将式（3.32）代入式（3.30）可得：

$$\dot{\xi}_{\text{Ir}} = \begin{bmatrix} \cos\theta & 0 \\ \sin\theta & 0 \\ 0 & 1 \end{bmatrix} \begin{bmatrix} v_{\text{r}} \\ \dfrac{v_{\text{r}}}{l}\tan\alpha \end{bmatrix} = \begin{bmatrix} v_{\text{r}}\cos\theta \\ v_{\text{r}}\sin\theta \\ \dfrac{v_{\text{r}}}{l}\tan\alpha \end{bmatrix}$$

（3.33）

$$\dot{\xi}_{\text{If}} = \begin{bmatrix} \cos(\theta+\alpha) & 0 \\ \sin(\theta+\alpha) & 0 \\ 0 & 1 \end{bmatrix} \begin{bmatrix} \dfrac{v_{\text{r}}}{\cos\alpha} \\ \dfrac{v_{\text{r}}}{l}\tan\alpha \end{bmatrix} = \begin{bmatrix} \dfrac{\cos(\theta+\alpha)}{\cos\alpha}v_{\text{r}} \\ \dfrac{\sin(\theta+\alpha)}{\cos\alpha}v_{\text{r}} \\ \dfrac{v_{\text{r}}}{l}\tan\alpha \end{bmatrix}$$

（3.34）

式（3.33）和式（3.34）分别是后轮和前轮在 X_{I}-Y_{I} 坐标系下的运动状态方程，该方程的控制输入量为底盘的朝向角 θ、前轮的转向角 α 和后轮的速度 v_{r}，输出量为前轮和后轮的 $\dot{\xi}_{\text{I}}$，包括在 X_{I} 轴和 Y_{I} 轴上的平移速度分量及转动角速度 ω。

常见的阿克曼底盘由 4 个轮子组成，2 个前轮可以分别围绕各自的转向轴进行转动，2 个后轮则不能进行转动。转向时为了保证所有轮子都处于纯滚动而无滑动的状态，要求内轮转向角 α_1 和外轮转向角 α_2 不相等。阿克曼转向原理如图 3.9 所示。

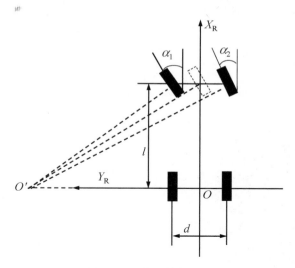

图 3.9　阿克曼转向原理

根据阿克曼转向原理，内轮转向角 α_1 和外轮转向角 α_2 应满足如下关系式：

$$\cot\alpha_1 - \cot\alpha_2 = \frac{d}{l} \tag{3.35}$$

式（3.35）中，d 为左轮和右轮之间的距离。根据图 3.9 给出的几何关系，α_1、α_2 与三轮转向模型中的 α 有如下对应关系：

$$\begin{cases} \cot\alpha_1 = \cot\alpha + \dfrac{d}{2l} \\ \cot\alpha_2 = \cot\alpha - \dfrac{d}{2l} \end{cases} \tag{3.36}$$

在运动过程中，满足此方程的模型为阿克曼机器人运动模型。

3.3.3　麦克纳姆轮移动机器人

　　麦克纳姆轮是一种特殊的可实现全向运动的轮子，可以在狭小的空间内做出全方位的移动。它由两大部分组成：轮毂和辊子。轮毂构成轮子的主体支架，辊子则是安装在轮毂上的鼓状物。轮毂和辊子都可以绕轴转动，它们的不同点是，轮毂是在动力的带动下进行转动的，而辊子是一种没有动力的从动小滚轮。轮毂的轴线和辊子的轴线呈一定的夹角，常见的夹角为 45°，这相当于在普通轮子的圆周上安装了一圈呈 45° 角排列的小轮。麦克纳姆轮根据其辊子的旋转方向不同分为左旋轮和右旋轮，或称 A 轮和 B 轮，二者呈手性对称。麦克纳姆轮如图 3.10 所示。为了更好地展示二者的不同，图 3.10 还给出了左旋轮和右旋轮的俯视图。

　　图 3.11 所示为麦克纳姆轮辊子的受力分析。需要注意的是，图 3.11 中的辊子是与地面接触的辊子，其轴线方向与图 3.10 中的不同。以左旋轮为例，当轮子向前滚动时，由于与地面接触的辊子会有一个向后运动的趋势，因此会受到地面给它的向前的摩擦力。该摩擦力可以分解为垂直于辊子转轴方向的力 f_1 和平行于辊子转轴方向的力 f_2。由于辊子在垂直于转轴的方向上可以进行滚动，因此 f_1 为滚动摩擦力，而在平行于转轴的方向不可以滚动，因此 f_2 为静摩擦力或滑动摩擦力。相比于静摩擦力或滑动摩擦力，滚动摩擦力要小得多，因此 f_2 远大

于 f_1，造成辊子受到的合力方向近似为 f_2 的方向，即右前方，也就是说，如果轮子向前滚动，那么地面施加到轮子上的摩擦力的方向为右前方。右旋轮的受力与左旋轮相似，不同的是，f_2 指向左前方，如果轮子向前滚动，那么地面施加到轮子上的摩擦力的方向为左前方。相应地，如果轮子向后滚动，那么无论是左旋轮还是右旋轮，其受力方向均变为与图 3.11 中所示方向相反的方向，即左旋轮的受力方向为左后方，右旋轮的受力方向为右后方。麦克纳姆轮的受力方向如表 3.1 所示。

（a）左旋轮 　　　　　　　　　　　　（b）右旋轮

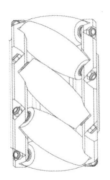

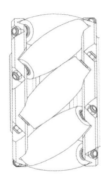

（c）左旋轮俯视图 　　　　　　　　　　（d）右旋轮俯视图

图 3.10　麦克纳姆轮

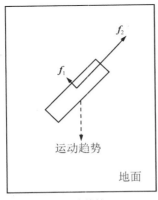

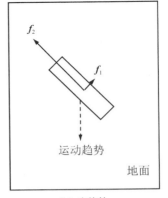

（a）左旋轮 　　　　　　　　　　　　（b）右旋轮

图 3.11　麦克纳姆轮辊子的受力分析

表 3.1　麦克纳姆轮的受力方向

轮子滚动方向	左旋轮受力方向	右旋轮受力方向
前进	右前方	左前方
后退	左后方	右后方

由以上受力分析可知，一个麦克纳姆轮移动机器人的底盘应该由左旋轮和右旋轮组合而成，这样当每个轮子均向前滚动时，可以抵消左右方向的力，使得底盘向正前方运动。比较常见的组合是使用 4 个轮子：2 个左旋轮和 2 个右旋轮。4 个轮子有不同的摆放形式，最常见的是 O-长方形，O 表示的是与地面接触的辊子所形成的图形，长方形是指 4 个轮子与地面接触点所围成的形状。图 3.12 所示为 O-长方形麦克纳姆轮底盘 4 个轮子的布局，图中给出的是与地面接触的部分。我们定义 y 轴方向为前进的方向，x 轴方向为右侧方向。

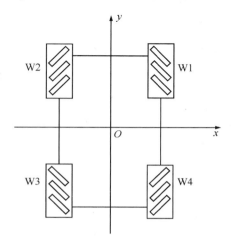

图 3.12　O-长方形麦克纳姆轮底盘 4 个轮子的布局

为方便描述，我们对 4 个轮子进行编号，从右上角沿逆时针方向到右下角依次为 W1～W4。从图 3.12 中可以看出，W1 和 W3 为右旋轮，W2 和 W4 为左旋轮。

麦克纳姆轮可以实现底盘的全向运动，即可以在 xOy 平面内进行任意方向的平移，以及绕几何中心的转动。我们知道，刚体在平面上的任意运动均可以看成 3 个独立运动的合成，即 x 轴方向的平移、y 轴方向的平移和绕几何中心的转动。在此，我们来看一下麦克纳姆轮底盘如何实现这 3 种独立运动。图 3.13 所示为麦克纳姆轮底盘实现不同运动的受力情况。将 4 个轮子的滚动速度和受力分别记为 v_{wi} 和 F_i，其中，$i=1,2,3,4$。如果要实现底盘向 x 轴和 y 轴负方向的平移及绕几何中心的逆时针转动，那么只需要将图 3.13 中轮子的滚动方向全部反向即可。

当 4 个轮子同时向前滚动时，可以实现底盘沿 y 轴方向的平移运动，如图 3.13（a）所示，此时，W1～W4 受到的力的方向依次是左前、右前、左前、右前，F_1 和 F_2、F_3 和 F_4 在 x 轴方向上会相互抵消，只剩下 y 轴方向的力，使得底盘朝着 y 轴的正方向，即前方进行平移运动。

当 W1 和 W3 向后滚动、W2 和 W4 向前滚动时，可实现底盘沿 x 轴方向的平移运动，如图 3.13（b）所示，此时，W1～W4 受到的力的方向依次是右后、右前、右后、右前，因此 F_1 和 F_4、F_2 和 F_3 在 y 轴方向上会相互抵消，只剩下 x 轴方向的力，使得底盘朝着 x 轴的正方向，即右方进行平移运动。

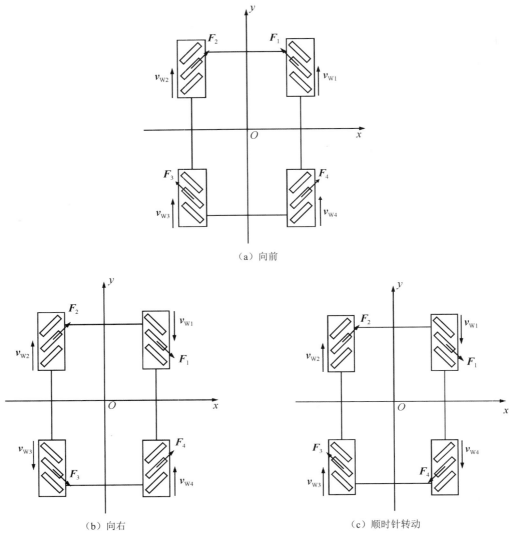

图 3.13 麦克纳姆轮底盘实现不同运动的受力情况

如果想实现底盘绕几何中心的顺时针转动，那么需要 W1 和 W4 向后滚动，W2 和 W3 向前滚动，如图 3.13（c）所示，此时 4 个力的合力为 0，但是合力矩不为 0，底盘会顺着力矩的方向进行转动，以图 3.13 中所示的情形为例，底盘将会绕几何中心进行顺时针转动。

可以看出，麦克纳姆轮是通过控制每个轮子的转速和转动方向来实现底盘在平面上的全向运动的。麦克纳姆轮底盘的运动学方程可以体现每个轮子的转速和底盘运动之间的关系。相较于普通的轮子，麦克纳姆轮的运动学模型比较复杂，推导其运动学方程需要经过如下 3 个步骤。

（1）根据底盘当前的平移速度和转动速度，确定每个轮子轴心的速度。

不考虑轮子的转动，只考虑轮子轴心的位置变化与底盘运动之间的关系。底盘在平面上的平移和绕几何中心的转动均会造成轮子轴心位置的变化，因此轮子轴心的速度由两部分组成，一是来自底盘的平移，二是来自底盘的转动。图 3.14 所示为轮子轴心速度的构成示意图，其中，a 和 b 是底盘的尺寸（宽度和长度的一半），$r_1 \sim r_4$ 为几何中心指向每个轮子轴心的向量，v_t 为底盘的平移速度，ω 为底盘绕几何中心转动的角速度。

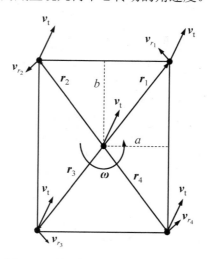

图 3.14　轮子轴心速度的构成示意图

可以看出，每一个轮子的速度都由两部分组成，即 v_t 和 v_{r_i}，其中，v_t 为底盘的平移速度，v_{r_i} 为底盘绕几何中心转动带来的轮子的速度，它的大小为 ω 和 r_i 大小的乘积，方向为圆形轨道的切线方向，可以表示为 ω 与 r_i 的叉乘，即 $v_{r_i} = \omega \times r_i$。轮子轴心的速度 v_i 即 v_t 与 v_{r_i} 的向量和：

$$v_i = v_t + \omega \times r_i, \quad i = 1, 2, 3, 4 \tag{3.37}$$

具体到每一个轮子，可以写出 r_i 的具体表达式：

$$r_1 = +ai + bj$$
$$r_2 = -ai + bj$$
$$r_3 = -ai - bj \tag{3.38}$$
$$r_4 = +ai - bj$$

式（3.38）中，i 和 j 为 x 轴方向和 y 轴方向的单位向量。将式（3.38）代入式（3.37）可得：

$$v_1 = (v_{tx} - \omega b)i + (v_{ty} + \omega a)j$$
$$v_2 = (v_{tx} - \omega b)i + (v_{ty} - \omega a)j$$
$$v_3 = (v_{tx} + \omega b)i + (v_{ty} - \omega a)j \tag{3.39}$$
$$v_4 = (v_{tx} + \omega b)i + (v_{ty} + \omega a)j$$

其中，v_{tx} 和 v_{ty} 分别为 v_t 在 x 和 y 轴上的分量。至此，我们根据底盘的运动状态得到了每个轮子的轴心运动速度。

（2）计算轮子轴心速度在辊子轴线方向上的分量。

轮子轴心速度可以被分解为两个分量，一个是垂直于辊子轴线方向的分量，另一个是平行于辊子轴线方向的分量，将它们分别记为 $v_\perp$ 和 $v_\parallel$，如图 3.15 所示。此处所说的辊子，是指与地面接触的辊子。由于辊子可以绕轴滚动，因此垂直于辊子轴线方向的速度不需要通过轮子的转动来实现，也就是说，$v_\perp$ 的大小与轮子的转速无关；而平行于辊子轴线方向的分量 $v_\parallel$ 与轮子的转速之间有直接的关系，因此，求出 $v_\parallel$ 便可计算出轮子的转速。

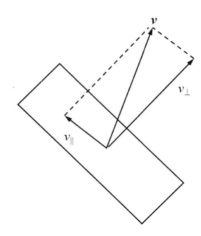

图 3.15　轮子轴心速度在垂直于辊子轴线方向和平行于辊子轴线方向的分量

假设 $\boldsymbol{u}$ 为平行于辊子轴线方向的单位向量，那么对于图 3.15 给出的右旋轮，$\boldsymbol{u} = \frac{1}{\sqrt{2}}(-\boldsymbol{i} + \boldsymbol{j})$。同样可知，对于左旋轮，$\boldsymbol{u} = \frac{1}{\sqrt{2}}(\boldsymbol{i} + \boldsymbol{j})$。每个轮子的 $v_\parallel$ 都可以通过计算 $\boldsymbol{v}$ 与 $\boldsymbol{u}$ 的点乘来得到：

$$v_{\parallel 1} = \boldsymbol{v}_1 \cdot \frac{1}{\sqrt{2}}(-\boldsymbol{i} + \boldsymbol{j}) = \frac{v_{ty} - v_{tx} + \omega(a + b)}{\sqrt{2}}$$

$$v_{\parallel 2} = \boldsymbol{v}_2 \cdot \frac{1}{\sqrt{2}}(\boldsymbol{i} + \boldsymbol{j}) = \frac{v_{ty} + v_{tx} - \omega(a + b)}{\sqrt{2}}$$

$$v_{\parallel 3} = \boldsymbol{v}_3 \cdot \frac{1}{\sqrt{2}}(-\boldsymbol{i} + \boldsymbol{j}) = \frac{v_{ty} - v_{tx} - \omega(a + b)}{\sqrt{2}} \tag{3.40}$$

$$v_{\parallel 4} = \boldsymbol{v}_4 \cdot \frac{1}{\sqrt{2}}(\boldsymbol{i} + \boldsymbol{j}) = \frac{v_{ty} + v_{tx} + \omega(a + b)}{\sqrt{2}}$$

（3）计算轮子的转速。

轮子的转速与 $v_\parallel$ 的关系比较简单。由于辊子在平行于轴线的方向不能发生滚动，因此这个方向上的速度只能通过轮子的转动来实现。假设轮子转动的速度为 v_W，那么 v_W 与 $v_\parallel$ 之间有如下关系：

$$v_W = \frac{v_\parallel}{\cos 45°} \tag{3.41}$$

式（3.41）中，45° 为轮毂轴线和辊子轴线之间的夹角。将式（3.40）代入式（3.41），可得到每个轮子的转速：

$$v_{W1} = v_{ty} - v_{tx} + \omega(a + b)$$

$$v_{W2} = v_{ty} + v_{tx} - \omega(a + b)$$

$$v_{W3} = v_{ty} - v_{tx} - \omega(a + b) \tag{3.42}$$

$$v_{W4} = v_{ty} + v_{tx} + \omega(a + b)$$

式（3.42）为麦克纳姆轮的逆运动学方程，即通过底盘在平面上的平移和转动速度得到每个轮子的转速。通过该式不难推导出麦克纳姆轮的正运动学方程，此处不再赘述。由上式可以看出，每个轮子的转速均由 3 部分组成：一是与 v_{ty} 有关的对应底盘向前运动的速度；二是与 v_{tx} 有关的对应底盘向右运动的速度；三是与 $\omega(a+b)$ 有关的对应底盘绕几何中心的转动。当底盘沿着 y 轴方向向前运动时，v_{tx} 和 ω 为 0，此时各个轮子的转速均为 v_{ty}；当底盘沿着 x 轴方向向右运动时，v_{ty} 和 ω 为 0，此时 W1 和 W3 的转速为 $-v_{tx}$，W2 和 W4 的转速为 $+v_{tx}$；当底盘绕几何中心旋转时，v_{tx} 和 v_{ty} 为 0，此时 W1 和 W4 的转速为 $\omega(a+b)$，W2 和 W3 的转速为 $-\omega(a+b)$。此结果与图 3.13 相吻合。任何一个运动均可表示为这 3 种独立运动的叠加。

3.3.4　四轮驱动移动机器人

四轮驱动移动机器人的底盘有 4 个轮子，每个轮子都可以单独驱动。前面讲述的麦克纳姆轮也属于四轮驱动型，但此处所讲的四轮驱动模型的 4 个轮子均为普通轮胎。图 3.16 所示为四轮驱动模型图，A～D 为 4 个轮子，M1～M4 为 4 个驱动电机，可以分别控制 4 个轮子的转速。4 个轮子的方向均是固定的，轮子滚动只能产生前后方向的速度（我们称之为纵向速度），而不能产生左右方向的横向速度。

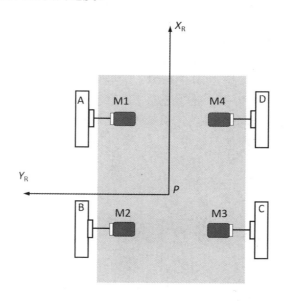

图 3.16　四轮驱动模型图

假设质心 P 位于底盘的纵向中心线上，以 P 点为原点建立坐标系，X_R 轴指向底盘的前方，Y_R 轴指向左方。该坐标系为运动坐标系，与底盘绑定。4 个轮子在转动时，地面通过摩擦力对底盘施加力和力矩的作用。当 4 个轮子转速相同时，它们作用在底盘的合力矩为 0，底盘不会转动，会沿着 X_R 轴做直线运动；当 4 个轮子转速不同时，会造成合力矩不为 0 的情况，底盘发生转向，如图 3.17 所示，此时底盘的运动轨迹为弧线，O' 为弧线圆心，v_A、v_B、v_C、v_D 和 v_P 分别为 4 个轮子和质心的运动速度。

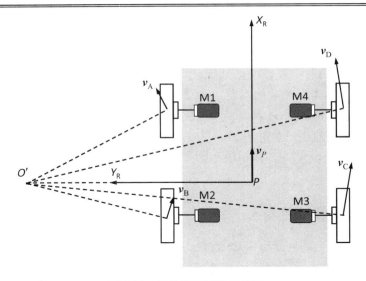

图 3.17　四轮驱动转向示意图

当底盘绕 O' 转动时，4 个轮子的速度方向均垂直于各自转动半径的径向方向，可以看出，它们的速度并不是指向正前方的，也就是说，它们的横向速度并不为 0。上文中讲过，由于轮子方向固定，轮子滚动只能产生前后方向的分速度，因此横向速度只能靠轮子在地面的滑动来产生。这也是四轮驱动底盘和上文所述的几种底盘不同的地方，即它的转向一定伴随着轮胎在地面上的滑动，因此轮胎的磨损非常大，尤其在水泥等硬质路面上更是如此。在实际应用中，四轮驱动移动机器人常用于野外的环境，因为野外地面比较松软，轮胎的磨损较小，而且 4 个轮子单独驱动，抓地力强，能轻松越过障碍。

虽然 4 个轮子的速度可以独立控制，但是它们之间也存在一些约束关系，我们可以通过图 3.18 来分析 A 轮和 B 轮的速度关系。

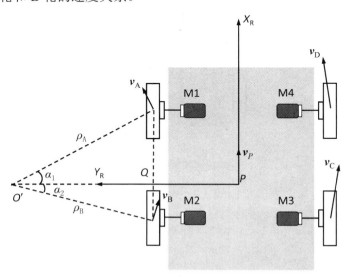

图 3.18　A 轮与 B 轮的速度关系

底盘上各点绕 O' 转动的角速度相同，设质点 P 的角速度为 ω_P，那么 A 轮和 B 轮的角速度也为 ω_P，即：

$$\omega_P = \frac{v_A}{\rho_A} = \frac{v_B}{\rho_B} \tag{3.43}$$

v_A 和 v_B 在 X_R 方向上的分量为：

$$
\begin{aligned}
v_{Ax} &= v_A \cos\alpha_1 = \omega_P \rho_A \cos\alpha_1 \\
v_{Bx} &= v_B \cos\alpha_2 = \omega_P \rho_B \cos\alpha_2
\end{aligned} \tag{3.44}
$$

由图 3.18 中的几何关系可知：

$$\rho_A \cos\alpha_1 = \rho_B \cos\alpha_2 = \|O'Q\| \tag{3.45}$$

结合式（3.44）和式（3.45）可得 $v_{Ax} = v_{Bx}$，也就是说，左侧两个轮的纵向速度相同，记为 v_l。同理，可以推导出右侧两个轮子的纵向速度相同（记为 v_r），前面两个轮子的横向速度相同（记为 v_f），后面两个轮子的横向速度相同（记为 v_b），用方程表示为：

$$
\begin{aligned}
v_{Ax} &= v_{Bx} = v_l \\
v_{Cx} &= v_{Dx} = v_r \\
v_{Ay} &= v_{Dy} = v_f \\
v_{By} &= v_{Cy} = v_b
\end{aligned} \tag{3.46}
$$

在实际操作中，应尽量满足此约束，即左侧两个轮子的转速相同，右侧两个轮子的转速相同，否则会出现轮子纵向滑动的现象，加重轮胎的磨损。

轮子的纵向速度可以通过轮子的转速得到，但是横向速度是一个不太容易得到的量，因为它与很多因素有关，如机器人的负载、地面与轮胎的摩擦系数等，这也是建立四轮驱动模型的难点所在。同样的一个四轮驱动移动机器人，在 v_l 和 v_r 固定的情况下，在不同的路面会走出不同的轨迹。通常，将四轮驱动模型简化为等效的两轮差动模型来处理，如图 3.19 所示。

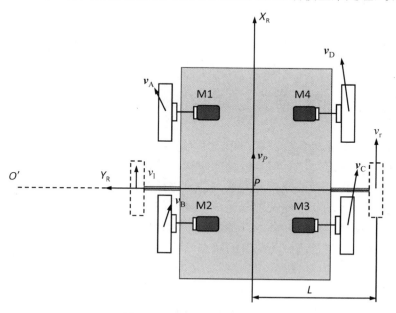

图 3.19　四轮驱动简化模型

图 3.19 中的两个虚线框即两个虚拟轮，它们位于 Y_R 轴上，转向时它们只有纵向速度，这与前面讲的两轮差速模型相同。L 为 P 点到虚拟轮之间的距离，因此两个虚拟轮的间距为 $2L$。值得注意的是，这个间距不等于实际左右轮之间的距离，它甚至不是一个固定值，而会随着

实际场景的不同动态变化。这个动态变化的间距值体现在不同的场景中横向滑动速度的变化。根据两轮差速模型可知，如果左轮的速度为 v_l，右轮的速度为 v_r，那么 P 点的速度 v_P 和转动角速度 ω_P 为：

$$v_P = \frac{v_r + v_l}{2}$$
$$\omega_P = \frac{v_r - v_l}{2L}$$

$$\tag{3.47}$$

我们可以进一步得到四轮驱动正运动学和逆运动学方程。正运动学是指已知 v_r 和 v_l，计算质心的速度和角速度：

$$\begin{bmatrix} v_P \\ \omega_P \end{bmatrix} = \begin{bmatrix} \dfrac{1}{2} & \dfrac{1}{2} \\ \dfrac{1}{2L} & -\dfrac{1}{2L} \end{bmatrix} \begin{bmatrix} v_r \\ v_l \end{bmatrix} \tag{3.48}$$

逆运动学是指已知质心的速度和角速度，计算 v_r 和 v_l：

$$\begin{bmatrix} v_r \\ v_l \end{bmatrix} = \begin{bmatrix} 1 & L \\ 1 & -L \end{bmatrix} \begin{bmatrix} v_P \\ \omega_P \end{bmatrix} \tag{3.49}$$

L 通常是通过实验的方法获得的。根据式（3.47）可以得到质心的轨迹半径 r_P 与 L 之间的关系：

$$r_P = \frac{v_P}{\omega_P} = \frac{v_r + v_l}{v_r - v_l} L \tag{3.50}$$

在某个特定的场景中，固定的 v_r 和 v_l 使机器人做差速转向运动，测量其轨迹半径，采集多组数据，通过拟合可以得到 L。

由此得到的运动学方程是以质心来建模的，要想得到几何中心的运动学模型，还需要经过坐标变换。

3.4　服务机器人操作单元运动学

服务机器人操作单元也称机械臂，相当于服务机器人的手臂，它可以被看作一系列刚体通过关节连接而形成的运动链。运动链的末端即末端执行器，也称手部，可以完成搬运、抓取等动作。刚体是连杆，相邻连杆之间通过关节进行连接，关节的运动会带动连杆及末端执行器的运动。机械臂运动学描述关节与组成机械臂的各连杆之间的运动关系，分为正运动学和逆运动学。正运动学是指已知各关节的状态，确定机械臂末端执行器的位姿；逆运动学是指已知末端执行器的位姿，确定各关节的状态。

3.4.1　关节

在机械臂中，关节用来连接相邻的连杆，并传递和约束相邻连杆之间的运动。关节根据运动模式的不同分为转动关节和移动关节。转动关节连接的两个连杆能够围绕一个公共的轴线产生相对旋转运动，而移动关节连接的两个连杆之间不能产生相对旋转运动，只能沿着一个方向做平移运动。图 3.20 所示为转动关节和移动关节的示意图。连杆 1 与底座之间连接的是一个转动关节，可以绕 y 轴方向进行旋转运动；连杆 2 与连杆 1 之间及连杆 3 与连杆 2 之间均为移动关节，分别可以在 y 轴方向和 x 轴方向上做平移运动。

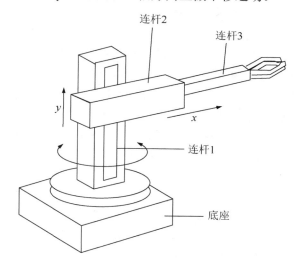

图 3.20　转动关节和移动关节的示意图

3.4.2　D-H 参数和连杆坐标系

一个机械臂是由若干个连杆通过关节连接而成的。图 3.21 所示为连杆和关节参数的示意图，连杆 i-1 的前端和末端分别有一个关节，记为关节 i-1 和关节 i。连杆 i-1 和连杆 i 有一个共同的关节 i。关节 i-1 和关节 i 各自有一个轴线，记为轴 i-1 和轴 i。

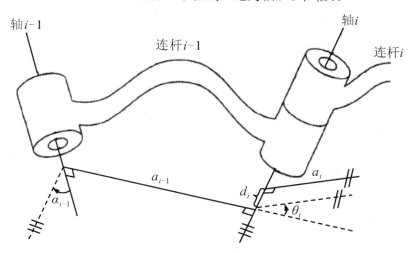

图 3.21　连杆和关节参数的示意图

轴 i-1 和轴 i 为三维空间中的两条直线，它们之间的位置关系可以由这两条轴线之间的公垂线长度（直线间距离）及它们之间的夹角来表示，一旦距离和夹角确定，两条轴线的相对位置即可确定，因此我们使用这两个参数来描述连杆 i-1，在图 3.21 中，这两个参数分别对应的是 a_{i-1} 和 α_{i-1}，称为连杆的长度和扭转角。

两个相邻连杆的相对位姿是由关节来控制的。由图 3.21 可以看出，每个连杆都有一个公

垂线 a，那么 a_{i-1} 和 a_i 之间的相对位姿关系可以用来描述关节的状态。这两条公垂线也有一个空间距离和空间夹角，即图 3.21 中的 d_i 和 θ_i，改变这两个参数将会改变两个相邻连杆的相对位姿，如果关节是移动关节，那么改变的是 d 值；如果关节是转动关节，那么改变的是 θ 值，因此我们使用这两个参数来描述关节的状态，这两个参数称为连杆偏距和关节角。

以上定义的连杆参数（a 和 α）和关节参数（d 和 θ）合称为 Denavit-Hartenberg（D-H）参数。在关节运动的过程中，d 和 θ 会产生相应的变化，但 a 和 α 维持不变。

为了更清晰地描述连杆之间的位置关系，我们针对每个连杆定义一个坐标系。在本书中，每个连杆的坐标系被定义在其前端的关节轴上，即连杆 $i-1$ 的坐标系 $\{i-1\}$ 的 Z 轴为轴 $i-1$ 的方向，轴 $i-1$ 和轴 i 之间公垂线的方向为 X_{i-1} 轴，Y_{i-1} 轴可以根据右手定则来确定。图 3.22 所示为建立连杆坐标系的示意图，图中给出了坐标系 $\{i-1\}$ 和坐标系 $\{i\}$ 的定义。

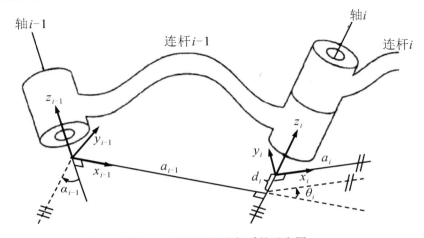

图 3.22 建立连杆坐标系的示意图

连杆 0 一般是基座，其坐标系 $\{0\}$ 作为参考坐标系。连杆 0 前端没有关节，通常选择将关节 1 的轴线设为 z_0 轴，这样 z_0 轴和 z_1 轴重合，可使得 $a_0=0$，$\alpha_0=0°$，同时，可以选择坐标系 $\{0\}$ 的原点与坐标系 $\{1\}$ 的原点重合，使得 $d_0=0$。对于连杆 n，因为它是最后一个连杆，所以其后端没有关节。x_n 轴的方向选择有任意性，只要保证与 z_n 轴垂直就可以。

定义连杆坐标系之后，我们会发现在 D-H 参数中，两个连杆参数（a 和 α）描述的是两个相邻连杆坐标系 z 轴之间的距离和角度，而两个关节参数（d 和 θ）描述的是两个相邻连杆坐标系 x 轴之间的距离和角度，具体描述如下。

（1）a_{i-1} 为沿 x_{i-1} 轴从 z_{i-1} 到 z_i 的距离。

（2）α_{i-1} 为绕 x_{i-1} 轴从 z_{i-1} 旋转到 z_i 的角度。

（3）d_i 为沿 z_i 轴从 x_{i-1} 到 x_i 的距离。

（4）θ_i 为绕 z_i 轴从 x_{i-1} 旋转到 x_i 的角度。

下面以一个具体的例子来说明。图 3.23 所示为六轴机械臂，它模拟了人类的手臂功能，包含 1 个腰关节（旋转轴垂直于地面）、1 个肩关节（带动大臂）、1 个肘关节（带动小臂）和 3 个腕关节，一共有 6 个关节，这 6 个关节均为转动关节。

根据图 3.23 中的结构，我们给出该机械臂的连杆坐标系，如图 3.24 所示。底座为连杆 0，对应坐标系 $\{0\}$。腰关节为关节 1，肩关节为关节 2，以此类推。

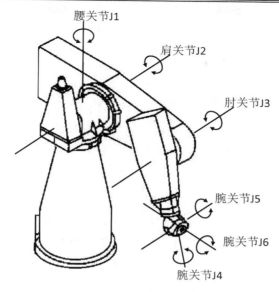

图 3.23　六轴机械臂

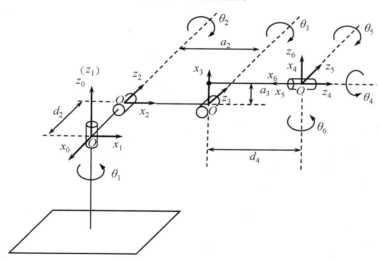

图 3.24　六轴机械臂的连杆坐标系

根据对 D-H 参数的定义，我们可以给出 D-H 参数表（见表 3.2）。由于每个关节都是转动关节，因此只有 θ 为变量，其他 3 个参数均为常量。表中 θ_i 后面括号中的值对应图 3.24 所示状态下 θ_i 的值。

表 3.2　D-H 参数表

i	θ_i	α_{i-1}	a_{i-1}	d_i
1	θ_1（90°）	0°	0	0
2	θ_2（0°）	−90°	0	d_2
3	θ_3（−90°）	0°	a_2	0
4	θ_4（0°）	−90°	a_3	d_4
5	θ_5（−90°）	90°	0	0
6	θ_6（0°）	−90°	0	0

3.4.3 机械臂运动学方程

首先，讨论相邻连杆坐标系间的转换矩阵。

在图 3.22 中，假设关节 i 为旋转关节，我们讨论坐标系 $\{i-1\}$ 到坐标系 $\{i\}$ 的转换矩阵 T_i^{i-1}。

假设坐标系 $\{i\}$ 与坐标系 $\{i-1\}$ 的初始状态重合，那么坐标系 $\{i\}$ 经过 4 次连续运动，可达到当前的状态，这 4 次运动包括：

（1）绕 x_{i-1} 轴旋转 α_{i-1} 角。

（2）沿 x_{i-1} 方向平移 a_{i-1} 的距离。

（3）绕 z_i 轴旋转 θ_i 角。

（4）沿 z_i 轴平移 d_i 的距离。

根据前面关于转换矩阵的定义，运动（1）和（2）可以用一个转换矩阵 T' 来表示，运动（3）和（4）可以用一个转换矩阵 T'' 来表示：

$$T' = \begin{bmatrix} 1 & 0 & 0 & a_{i-1} \\ 0 & \cos\alpha_{i-1} & -\sin\alpha_{i-1} & 0 \\ 0 & \sin\alpha_{i-1} & \cos\alpha_{i-1} & 0 \\ 0 & 0 & 0 & 1 \end{bmatrix} \tag{3.51}$$

$$T'' = \begin{bmatrix} \cos\theta_i & -\sin\theta_i & 0 & 0 \\ \sin\theta_i & \cos\theta_i & 0 & 0 \\ 0 & 0 & 1 & d_i \\ 0 & 0 & 0 & 1 \end{bmatrix} \tag{3.52}$$

因此，从坐标系 $\{i-1\}$ 到坐标系 $\{i\}$ 的转换矩阵为：

$$T_i^{i-1} = T'T'' = \begin{bmatrix} \cos\theta_i & -\sin\theta_i & 0 & a_{i-1} \\ \sin\theta_i\cos\alpha_{i-1} & \cos\theta_i\cos\alpha_{i-1} & -\sin\alpha_{i-1} & -\sin\alpha_{i-1}d_i \\ \sin\theta_i\sin\alpha_{i-1} & \cos\theta_i\sin\alpha_{i-1} & \cos\alpha_{i-1} & \cos\alpha_{i-1}d_i \\ 0 & 0 & 0 & 1 \end{bmatrix} \tag{3.53}$$

假设一个机械臂由 $n+1$ 个连杆和 n 个关节构成，连杆的编号为 $0\sim n$，固定基座的编号为 0，末端执行器固定在编号为 n 的连杆上。关节的编号为 $1\sim n$，关节 i 连接连杆 $i-1$ 和连杆 i。在每个连杆上固定有一个坐标系，那么连杆 n 的坐标系 $\{n\}$ 和连杆 0（基座）的坐标系 $\{0\}$ 之间的转换矩阵为：

$$T_n^0 = T_1^0 T_2^1 T_3^2 \cdots T_n^{n-1} \tag{3.54}$$

式（3.54）即机械臂的运动学方程。解运动学方程分正向和逆向两种，如果机械臂的关节位置已知，即 θ 和 d 确定，那么可以通过运动学方程得到转换矩阵 T_n^0，从而确定末端执行器的位姿，这是正运动学方程求解；反过来，如果末端执行器的位姿已知（T_n^0 已知），那么可以通过运动学方程得到关节参数，这是逆运动学方程求解。

3.4.4 机械臂正运动学

机械臂正运动学是对运动学方程的正向求解，即已知关节参数，求解末端执行器（连杆 n）相对于基座的位姿，即从坐标系 $\{0\}$ 到坐标系 $\{n\}$ 的转换矩阵 T_n^0。在此，我们以 3.4.2 节中的六轴机械臂（见图 3.23）为例，介绍运动学方程正向求解的方法。

在该六轴机械臂中，所有的关节均为转动关节，因此关节变量为 θ_i，式（3.54）可写成：

$$\boldsymbol{T}_n^0 = \boldsymbol{T}_1^0(\theta_1)\boldsymbol{T}_2^1(\theta_2)\boldsymbol{T}_3^2(\theta_3)\cdots\boldsymbol{T}_n^{n-1}(\theta_n) \tag{3.55}$$

在已知 θ_i 的情况下，通过式（3.53）计算出从坐标系 $\{i-1\}$ 到坐标系 $\{i\}$ 的转换矩阵 $\boldsymbol{T}_i^{i-1}$。根据表 3.2 列出的 D-H 参数，可以得到如下结果：

$$
\boldsymbol{T}_1^0 = \begin{bmatrix} \cos\theta_1 & -\sin\theta_1 & 0 & 0 \\ \sin\theta_1 & \cos\theta_1 & 0 & 0 \\ 0 & 0 & 1 & 0 \\ 0 & 0 & 0 & 1 \end{bmatrix} \quad
\boldsymbol{T}_2^1 = \begin{bmatrix} \cos\theta_2 & -\sin\theta_2 & 0 & 0 \\ 0 & 0 & 1 & d_2 \\ -\sin\theta_2 & -\cos\theta_2 & 0 & 0 \\ 0 & 0 & 0 & 1 \end{bmatrix}
$$

$$
\boldsymbol{T}_3^2 = \begin{bmatrix} \cos\theta_3 & -\sin\theta_3 & 0 & a_2 \\ \sin\theta_3 & \cos\theta_3 & 0 & 0 \\ 0 & 0 & 1 & 0 \\ 0 & 0 & 0 & 1 \end{bmatrix} \quad
\boldsymbol{T}_4^3 = \begin{bmatrix} \cos\theta_4 & -\sin\theta_4 & 0 & a_3 \\ 0 & 0 & 1 & d_4 \\ -\sin\theta_4 & -\cos\theta_4 & 0 & 0 \\ 0 & 0 & 0 & 1 \end{bmatrix} \tag{3.56}
$$

$$
\boldsymbol{T}_5^4 = \begin{bmatrix} \cos\theta_5 & -\sin\theta_5 & 0 & 0 \\ 0 & 0 & -1 & 0 \\ \sin\theta_5 & \cos\theta_5 & 0 & 0 \\ 0 & 0 & 0 & 1 \end{bmatrix} \quad
\boldsymbol{T}_6^5 = \begin{bmatrix} \cos\theta_6 & -\sin\theta_6 & 0 & 0 \\ 0 & 0 & 1 & 0 \\ -\sin\theta_6 & -\cos\theta_6 & 0 & 0 \\ 0 & 0 & 0 & 1 \end{bmatrix}
$$

由此，将式（3.56）中的 6 个转换矩阵相乘，可得到 $\boldsymbol{T}_6^0$：

$$\boldsymbol{T}_6^0 = \boldsymbol{T}_1^0\boldsymbol{T}_2^1\boldsymbol{T}_3^2\boldsymbol{T}_4^3\boldsymbol{T}_5^4\boldsymbol{T}_6^5 = \begin{bmatrix} n_x & o_x & a_x & p_x \\ n_y & o_y & a_y & p_y \\ n_z & o_z & a_z & p_z \\ 0 & 0 & 0 & 1 \end{bmatrix} \tag{3.57}$$

其中，

$$
\begin{aligned}
n_x &= c_1\left[c_{23}(c_4c_5c_6 - s_4s_6) - s_{23}s_5c_6\right] + s_1(s_4c_5c_6 + c_4s_6) \\
n_y &= s_1\left[c_{23}(c_4c_5c_6 - s_4s_6) - s_{23}s_5c_6\right] - c_1(s_4c_5c_6 + c_4s_6) \\
n_z &= -s_{23}(c_4c_5c_6 - s_4s_6) - c_{23}s_5c_6 \\
o_x &= c_1\left[c_{23}(-c_4c_5s_6 - s_4c_6) + s_{23}s_5s_6\right] + s_1(c_4c_6 - s_4c_5s_6) \\
o_y &= s_1\left[c_{23}(-c_4c_5s_6 - s_4c_6) + s_{23}s_5s_6\right] - c_1(c_4c_6 - s_4c_5s_6) \\
o_z &= s_{23}(c_4c_5s_6 + s_4c_6) + c_{23}s_5s_6 \\
a_x &= -c_1(c_{23}c_4s_5 + s_{23}c_5) - s_1s_4s_5 \\
a_y &= -s_1(c_{23}c_4s_5 + s_{23}c_5) + c_1s_4s_5 \\
a_z &= s_{23}c_4s_5 - c_{23}c_5 \\
p_x &= c_1[a_2c_2 + a_3c_{23} - d_4s_{23}] - d_2s_1 \\
p_y &= s_1[a_2c_2 + a_3c_{23} - d_4s_{23}] + d_2c_1 \\
p_z &= -a_3s_{23} - a_2s_2 - d_4c_{23}
\end{aligned} \tag{3.58}
$$

式（3.58）中，c_i、s_i 分别代表 $\cos\theta_i$、$\sin\theta_i$；c_{ij}、s_{ij} 分别代表 $\cos(\theta_i+\theta_j)$、$\sin(\theta_i+\theta_j)$。

在矩阵 $\boldsymbol{T}_n^0$ 中，左上角的 3×3 矩阵代表旋转矩阵，影响末端执行器的姿态，右上角的 $\begin{bmatrix} p_x & p_y & p_z \end{bmatrix}^{\mathrm{T}}$ 为平移向量，影响末端执行器的位置。

3.4.5 机械臂逆运动学

逆运动学要解决这样的问题：已知末端执行器相对于基座的期望位姿，要求计算出能达到期望位姿的关节状态，对应到运动学方程，即已知转换矩阵 $\boldsymbol{T}_n^0$，要求计算出关节变量 $\theta_1,\theta_2,\cdots,\theta_n$（转动关节）或 $d_1,d_2,\cdots,d_n$（移动关节）。相比于正运动学方程求解，逆运动学方程求解更加复杂，因为逆运动学方程是非线性超越方程，不一定能获得封闭解（可解性问题），有可能出现多组解（多解性问题）。

1. 逆运动学的多解性

逆运动学的多解性是指对于同一个末端执行器的期望位姿，有多个关节状态与之对应。图 3.25 所示为二连杆机械臂，有两组解对应同一个末端执行器的位姿。

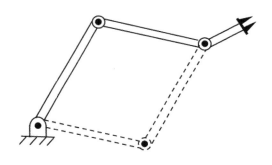

图 3.25　二连杆机械臂

当出现多个解时，为实现对机器人的控制，需要在多个解中选择一个解作为最终的控制方案，在选择时通常依据如下原则。

（1）根据关节运动限制来选择：关节运动会受到一定的范围限制，比如转动关节的转动范围为±120°，那些不在该范围内的解就会被剔除。

（2）选择最近解：选择最近解是为了使运动量达到最小，比如当前关节角为60°，如果得到的两个解分别为10°和80°，那么显然从当前状态运动到80°会比运动到10°产生的运动量更小，此时应舍去10°而选择80°。

（3）根据避障要求来选择：前面说的选择最近解是指在没有障碍物的情况下选择，如果有障碍物，那么还需要考虑到避障的要求。如图 3.26 所示，末端执行器目前所在的位置为 A，目标位置为 B，虚线给出的是从当前位置到目标位置的两个解，如果没有障碍物，那么按照最近原则，应该选择上面的虚线所示的解，但是当有障碍物时，应该选择下面的虚线所示的解。

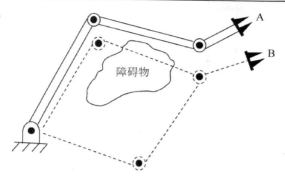

图 3.26　满足避障要求的解

2. 运动学方程逆向求解

逆向求解的方法大致可以分为解析法（几何法、代数法）和数值法。这里以图 3.23 所示的六轴机械臂为例来介绍解析法中的代数法。

1）求 θ_1

下面来看一下如何得到 θ_1。将矩阵方程（3.57）两边左乘 T_1^0 的逆矩阵，得到：

$$\left(T_1^0\right)^{-1} T_6^0 = T_2^1 T_3^2 T_4^3 T_5^4 T_6^5 = T_6^1 \tag{3.59}$$

由于 T_6^0 是已知量，$\left(T_1^0\right)^{-1}$ 是 θ_1 的函数，因此方程左边只有一个变量 θ_1。方程右边虽然是 $\theta_1 \sim \theta_6$ 的函数，但是可以在矩阵中找到不包含 $\theta_1 \sim \theta_6$ 的元素，依此元素列方程，求得 θ_1；或者虽然元素中包含变量 $\theta_1 \sim \theta_6$，但可以通过列方程组的方式将某变量消去，也可以得到某个变量值。

利用逆运动学的原理，将 T_1^0 中的 θ_1 变为 $-\theta_1$，即可得到 T_1^0 的逆矩阵，这样可以计算方程左边的矩阵：

$$\left(T_1^0\right)^{-1} T_6^0 = \begin{bmatrix} c_1 & s_1 & 0 & 0 \\ -s_1 & c_1 & 0 & 0 \\ 0 & 0 & 1 & 0 \\ 0 & 0 & 0 & 1 \end{bmatrix} \begin{bmatrix} n_x & o_x & a_x & p_x \\ n_y & o_y & a_y & p_y \\ n_z & o_z & a_z & p_z \\ 0 & 0 & 0 & 1 \end{bmatrix} =$$

$$\begin{bmatrix} c_1 n_x + s_1 n_y & c_1 o_x + s_1 o_y & c_1 a_x + s_1 a_y & c_1 p_x + s_1 p_y \\ -s_1 n_x + c_1 n_y & -s_1 o_x + c_1 o_y & -s_1 a_x + c_1 a_y & -s_1 p_x + c_1 p_y \\ n_z & o_z & a_z & p_z \\ 0 & 0 & 0 & 1 \end{bmatrix} \tag{3.60}$$

方程右边的 T_6^1 可以通过 5 个矩阵相乘得到，最终结果是：

$$T_6^1 = T_2^1 T_3^2 T_4^3 T_5^4 T_6^5 = \begin{bmatrix} {}^1 n_x & {}^1 o_x & {}^1 a_x & {}^1 p_x \\ {}^1 n_y & {}^1 o_y & {}^1 a_y & {}^1 p_y \\ {}^1 n_z & {}^1 o_z & {}^1 a_z & {}^1 p_z \\ 0 & 0 & 0 & 1 \end{bmatrix} \tag{3.61}$$

其中，

$$^1n_x = c_{23}\left(c_4c_5c_6 - s_4s_6\right) - s_{23}s_5c_6$$

$$^1n_y = -s_4c_5c_6 - c_4s_6$$

$$^1n_z = -s_{23}\left(c_4c_5c_6 - s_4s_6\right) - c_{23}s_5c_6$$

$$^1o_x = -c_{23}\left(c_4c_5s_6 + s_4c_6\right) + s_{23}s_5s_6$$

$$^1o_y = s_4c_5s_6 - c_4c_6$$

$$^1o_z = s_{23}\left(c_4c_5s_6 + s_4c_6\right) + c_{23}s_5s_6$$

$$^1a_x = -c_{23}c_4s_5 - s_{23}c_5$$

$$^1a_y = s_4s_5$$

$$^1a_z = s_{23}c_4s_5 - c_{23}c_5$$

$$^1p_x = a_2c_2 + a_3c_{23} - d_4s_{23}$$

$$^1p_y = d_2$$

$$^1p_z = -a_3s_{23} - a_2s_2 - d_4c_{23}$$

$$(3.62)$$

可看出元素(2,4)为常数 d_2，根据方程两边的元素(2,4)对应相等可得到方程：

$$-s_1p_x + c_1p_y = d_2 \tag{3.63}$$

利用三角代换可得：

$$p_x = \rho\cos\phi, \ \ p_y = \rho\sin\phi \tag{3.64}$$

其中，$\rho = \sqrt{p_x^2 + p_y^2}$。将式（3.64）代入式（3.63）中，得到：

$$-\rho\cos\phi\sin\theta_1 + \rho\sin\phi\cos\theta_1 = \rho\sin\left(\phi - \theta_1\right) = d_2 \tag{3.65}$$

进一步算出 θ_1：

$$\sin\left(\phi - \theta_1\right) = d_2 / \rho, \cos\left(\phi - \theta_1\right) = \pm\sqrt{1 - \left(d_2 / \rho\right)^2}$$

$$\phi - \theta_1 = \arctan2\left(d_2 / \rho, \pm\sqrt{1 - \left(d_2 / \rho\right)^2}\right) \tag{3.66}$$

$$\theta_1 = \arctan2\left(p_y, p_x\right) - \arctan2\left(d_2, \pm\sqrt{p_x^2 + p_y^2 - d_2^2}\right)$$

式（3.66）中的正、负号代表 θ_1 的两个可能解，$\arctan2(x, y)$ 为双变量反正切函数。之所以用双变量反正切函数而不用反正弦函数，是因为反正弦函数在$[-\pi, \pi]$区间不能得到唯一值，而用 $\arctan2(x, y)$ 函数可以解决这个问题。在给定 (x, y) 的情况下，可以通过考察 x、y 的符号确定 θ 所在的象限，因此 $\arctan2(x, y)$ 可在区间$[-\pi, \pi]$上给出唯一的角度值。

2）求 θ_3

令式（3.59）等号两边矩阵的元素(1,4)和(3,4)分别对应相等，可得到以下两个方程：

$$c_1p_x + s_1p_y = a_3c_{23} - d_4s_{23} + a_2c_2 \tag{3.67}$$

$$-p_z = a_3s_{23} + d_4c_{23} + a_2s_2 \tag{3.68}$$

将式（3.63）、式（3.67）和式（3.68）求平方和，可消去 θ_2，得到关于 θ_3 的方程：

$$a_3c_3 - d_4s_3 = k \tag{3.69}$$

式（3.69）中，$k = \dfrac{p_x^2 + p_y^2 + p_z^2 - a_2^2 - a_3^2 - d_2^2 - d_4^2}{2a_2}$。该方程具有与式（3.63）相似的形式，因此可以用相同的方法得到：

$$\theta_3 = \arctan 2\left(a_3, d_4\right) - \arctan 2\left(k, \pm\sqrt{a_3^2 + d_4^2 - k^2}\right) \tag{3.70}$$

式中，正、负号对应 θ_3 的两个可能解。

3）求 θ_2

为求 θ_2，将式（3.57）两边左乘 $\boldsymbol{T}_3^0$ 的逆矩阵，得到：

$$\left(\boldsymbol{T}_3^0\right)^{-1}\boldsymbol{T}_6^0 = \boldsymbol{T}_4^3 \boldsymbol{T}_5^4 \boldsymbol{T}_6^5 = \boldsymbol{T}_6^3 \tag{3.71}$$

即：

$$\begin{bmatrix} c_1 c_{23} & s_1 c_{23} & -s_{23} & -a_2 c_3 \\ -c_1 s_{23} & -s_1 s_{23} & -c_{23} & a_2 s_3 \\ -s_1 & c_1 & 0 & -d_2 \\ 0 & 0 & 0 & 1 \end{bmatrix}\begin{bmatrix} n_x & o_x & a_x & p_x \\ n_y & o_y & a_y & p_y \\ n_z & o_z & a_z & p_z \\ 0 & 0 & 0 & 1 \end{bmatrix} = \boldsymbol{T}_6^3 \tag{3.72}$$

式（3.72）中，$\boldsymbol{T}_6^3 = \boldsymbol{T}_4^3 \boldsymbol{T}_5^4 \boldsymbol{T}_6^5$，它的计算结果为：

$$\boldsymbol{T}_6^3 = \begin{bmatrix} c_4 c_5 c_6 - s_4 s_6 & -c_4 c_5 s_6 - s_4 c_6 & -c_4 s_5 & a_3 \\ s_5 c_6 & -s_5 s_6 & c_5 & d_4 \\ -s_4 c_5 c_6 - c_4 s_6 & s_4 c_5 s_6 - c_4 c_6 & s_4 s_5 & 0 \\ 0 & 0 & 0 & 1 \end{bmatrix} \tag{3.73}$$

可看出，元素(1,4)和(2,4)分别为常数 a_3 和 d_4，令式（3.71）等号两边矩阵的元素(1,4)和(2,4)对应相等，可得到如下方程组：

$$\begin{aligned} c_1 c_{23} p_x + s_1 c_{23} p_y - s_{23} p_z - a_2 c_3 &= a_3 \\ -c_1 s_{23} p_x - s_1 s_{23} p_y - c_{23} p_z + a_2 s_3 &= d_4 \end{aligned} \tag{3.74}$$

将方程组中的 c_{23} 和 s_{23} 当作未知量，解方程组可得到这两个未知量的值：

$$s_{23} = \frac{-\left(a_3 + a_2 c_3\right) p_z + \left(a_2 s_3 - d_4\right)\left(c_1 p_x + s_1 p_y\right)}{p_z^2\left(c_1 p_x + s_1 p_y\right)^2}$$

$$c_{23} = \frac{\left(a_3 + a_2 c_3\right)\left(c_1 p_x + s_1 p_y\right) + \left(a_2 s_3 - d_4\right) p_z}{p_z^2\left(c_1 p_x + s_1 p_y\right)^2} \tag{3.75}$$

s_{23} 和 c_{23} 的分母相同且为正，因此在用双变量反正切函数求 $\theta_2 + \theta_3$ 时可将分母去掉：

$$\begin{aligned} \theta_2 + \theta_3 = \arctan 2\Big[&-\left(a_3 + a_2 c_3\right) p_z + \left(a_2 s_3 - d_4\right)\left(c_1 p_x + s_1 p_y\right), \\ &\left(a_3 + a_2 c_3\right)\left(c_1 p_x + s_1 p_y\right) + \left(a_2 s_3 - d_4\right) p_z \Big] \end{aligned} \tag{3.76}$$

由于 θ_1 和 θ_3 已算出，因此根据式（3.76）可算出 $\theta_2 + \theta_3$，进而得到 θ_2 的值。值得指出的是，前面算出的 θ_1 和 θ_3 各有 2 个可能解，有 4 种组合，因此 θ_2 有 4 个可能解。

4）求 θ_4

求出 θ_2 以后，式（3.72）左边矩阵的所有元素均为已知的，此时，选取方程两边的元素(1,3)和(3,3)列方程，得到：

$$c_1 c_{23} a_x + s_1 c_{23} a_y - s_{23} a_z = -c_4 s_5$$

$$-s_1 a_x + c_1 a_y = s_4 s_5 \tag{3.77}$$

当 $s_5 \neq 0$ 时，可以算出 θ_4：

$$\theta_4 = \arctan 2 \left(-s_1 a_x + c_1 a_y, -c_1 c_{23} a_x - s_1 c_{23} a_y + s_{23} a_z \right) \tag{3.78}$$

当 $s_5 = 0$（$\theta_5 = 0$）时，机械臂的轴 4（z_4）和轴 6（z_6）重合（见图 3.27），此时绕轴 4 旋转和绕轴 6 旋转对末端执行器产生的效果完全相同，机械臂处于奇异形位，有无数个 θ_4 和 θ_6 的解。通常，在实际应用中，可以先任选一个 θ_4 的值（一般为 0），再计算相应的 θ_6 的值。机械臂是否处于奇异形位，可以通过式（3.78）中 arctan2 的两个变量是否都接近 0 来判断。

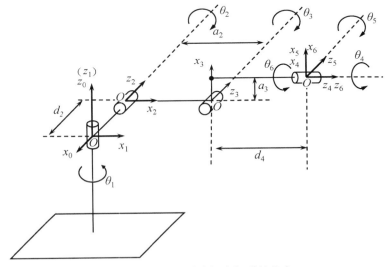

图 3.27　$\theta_5 = 0$ 时连杆坐标系的状态

5）求 θ_5

将式（3.57）两边左乘 $\boldsymbol{T}_4^0$ 的逆矩阵，得到：

$$\left(\boldsymbol{T}_4^0 \right)^{-1} \boldsymbol{T}_6^0 = \boldsymbol{T}_5^4 \boldsymbol{T}_6^5 = \boldsymbol{T}_6^4 \tag{3.79}$$

即：

$$
\begin{bmatrix}
c_1 c_{23} c_4 + s_1 s_4 & s_1 c_{23} s_4 - c_1 c_4 & -s_{23} c_4 & -a_2 c_3 c_4 + d_2 s_4 - a_3 c_4 \\
-c_1 s_{23} s_4 + s_1 c_4 & -s_1 s_{23} s_4 - c_1 c_4 & s_{23} c_4 & a_2 c_3 c_4 + d_2 c_4 + a_3 c_4 \\
-c_1 s_{23} & -s_1 s_{23} & -c_{23} & a_2 s_3 - d_4 \\
0 & 0 & 0 & 1
\end{bmatrix}
$$

$$
\begin{bmatrix}
n_x & o_x & a_x & p_x \\
n_y & o_y & a_y & p_y \\
n_z & o_z & a_z & p_z \\
0 & 0 & 0 & 1
\end{bmatrix}
=
\begin{bmatrix}
c_5 c_6 & -c_5 s_6 & -s_5 & 0 \\
s_6 & c_6 & 0 & 0 \\
s_5 c_6 & -s_5 s_6 & c_5 & 0 \\
0 & 0 & 0 & 1
\end{bmatrix} \tag{3.80}
$$

根据方程两边的元素(1,3)和(3,3)对应相等，可得：

$$a_x \left(c_1 c_{23} c_4 + s_1 s_4 \right) + a_y \left(s_1 c_{23} s_4 - c_1 c_4 \right) - a_z \left(s_{23} c_4 \right) = -s_5$$

$$-a_x \left(c_1 s_{23} \right) - a_y \left(s_1 s_{23} \right) - a_z \left(c_{23} \right) = c_5 \tag{3.81}$$

有了 s_5 和 c_5，可以得到 θ_5 的封闭解：

$$\theta_5 = \arctan 2\left(s_5, c_5\right) \tag{3.82}$$

6）求 θ_6

在式（3.80）中取两边的元素(2,1)和(2,2)对应相等，得到：

$$
\begin{aligned}
n_x\left(s_1 c_4 - c_1 c_{23} s_4\right) - n_y\left(s_1 c_{23} s_4 + c_1 c_4\right) + n_z\left(s_{23} s_4\right) = s_6 \\
o_x\left(s_1 c_4 - c_1 c_{23} s_4\right) - o_y\left(s_1 c_{23} s_4 + c_1 c_4\right) + o_z\left(s_{23} s_4\right) = c_6
\end{aligned}
\tag{3.83}
$$

根据式（3.83）计算出 s_6 和 c_6 后，可以计算出 θ_6 的封闭解：

$$\theta_6 = \arctan 2\left(s_6, c_6\right) \tag{3.84}$$

至此，关节变量 $\theta_1 \sim \theta_6$ 已全部算出，运动学方程的逆向求解过程已完成，一共得到 8 组可能解（4 组非奇异解和 4 组奇异解）。

第 4 章　服务机器人开发平台

4.1　服务机器人开发平台概述

在过去的几十年里，机器人主要是自动化或者机械专业的研究领域，计算机往往作为辅助的仿真工具，机器人程序设计也往往使用诸如 MATLAB 机器人工具箱之类的仿真工具。机器人开发平台的出现，使得机器人程序开发变得简单和直观，降低了机器人程序设计和开发的门槛，使更多的人可以为机器人创建程序，缩短了机器人开发的周期。目前，一些机器人公司针对其自身的产品会有相关的开发平台，比如 OhmniLabs 和上海思岚科技有限公司的 ZEUS 开发平台，也有通用的开发平台，比如 Visual Studio 的 Robotics Developer Studio 和斯坦福大学人工智能实验室开发的 ROS（Robot Operating System，机器人操作系统）。本书使用 ROS 作为机器人开发平台，本章对 ROS 进行简单的介绍，如无特殊说明，本书所使用的 ROS 均为 Ubuntu 20.04 下的 Noetic Ninjemys 版本。

4.2　ROS 平台的基本架构及概念

ROS 是专门为机器人软件开发所设计出来的一套灵活的分布式处理框架，在设计时可执行的文件都可以被单独设计，在运行时松散耦合，首要目标在于提高机器人研发领域的代码复用率。它是一个开源的元级操作系统，遵循 BSD 开源协议，提供类似于操作系统的服务，包括一些硬件抽象描述、底层驱动程序管理、共用功能的执行、程序间消息传递、程序发行包管理，也提供一些工具和库用于获取、建立、编写和执行多机融合的程序。目前 ROS 可以在大多数的操作系统环境下运行，如 Linux、Windows 等，建议的操作系统为 Ubuntu。ROS 的版本更新迭代较快，一般一到两年会有一个新的版本出来，表 4.1 所示为 ROS 近年来的发行版本，其中 Humble Hawksbill 为 ROS2，在 ROS2 发布之前的版本也会被称为 ROS1，ROS1 和 ROS2 存在较大的差别，本书的 ROS 内容基于 Noetic Ninjemys（ROS1 的最后一个版本）编写，对应的操作系统为 Ubuntu 20.04，用于学习 ROS 已经够了。

表 4.1　ROS 近年来的发行版本

版　本	发 行 日 期	生命周期完结日
Humble Hawksbill	2022.5	2027.5
Noetic Ninjemys	2020.5	2025.5
Melodic Morenia	2018.5	2023.5
Kinetic Kame	2016.5	2021.4
Indigo Igloo	2014.5	2019.4

ROS 的架构主要被设计和划分成了 3 个部分，每个部分都代表一个层级的概念，分别是：
（1）ROS 文件系统级（Filesystem Level）。

（2）ROS 计算图级（Computation Graph Level）。

（3）ROS 开源社区级（Community Level）。

这 3 个级别都只是 ROS 本身的层级体现，在层次上属于递进的关系，文件系统级强调的是 ROS 的文件组成，其中涉及一些消息、服务等概念；而计算图级是从消息传递的角度出发考虑的；开源社区级则强调了开源的共享精神，包括开发人员之间如何共享知识、算法和代码，正是在此层级的支持下，ROS 才得以快速"成长"。本章重点介绍的是 ROS 文件系统级和 ROS 计算图级。

4.2.1　ROS 文件系统级

ROS 的文件系统与 Linux 操作系统类似，一个 ROS 程序的不同组件被放到不同的文件夹下，这些文件夹根据功能的不同对文件进行组织。ROS 文件系统框架图如图 4.1 所示。

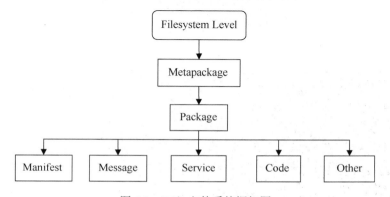

图 4.1　ROS 文件系统框架图

（1）功能包（Package）：ROS 中最基本的文件形式。一个功能包具有最小的结构和最少的内容，用于创建 ROS 节点。它可以包含 ROS 运行的进程、配置文件等。

（2）功能包清单（Manifest）：功能包下的一个 manifests.xml 文件，提供关于功能包、许可信息、依赖关系、编译选项等的信息，可以通过它对功能包进行管理。

（3）消息（Message）：消息是进程间交互的信息，ROS 定义了很多标准消息类型，关于它们的说明被存储在 msg 目录下并以.msg 作为后缀。

（4）服务（Service）：对服务的类型进行描述说明的文件，在 ROS 中定义了服务的请求和响应的数据结构，存储于 srv 目录下，并以.srv 作为后缀。

（5）代码（Code）：系统中最小的程序单元。

（6）其他类型（Other）：如 launch、src 等目录分别存储了 ROS 加载的 Package 组织的信息及程序的源代码等信息。

一个典型的 ROS 功能包的结构树如图 4.2 所示。

1.　工作空间

工作空间是运行 ROS 所使用的一些功能包、源文件、环境变量的一个文件夹（目录）。一个典型的 ROS 工作空间结构如图 4.3 所示。一般都会在这个目录下运行 ROS，它提供了编译这些包所需要的全部信息。如果希望在同一台服务器的同一个账户下开发不同的项目，为了隔离项目，可以创建不同的工作空间。

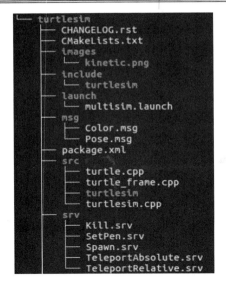

图 4.2　一个典型的 ROS 功能包的结构树

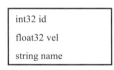

图 4.3　一个典型的 ROS 工作空间结构

这里的 src 是源代码目录，使用"catkin_init_workspace"命令可以自动生成这个目录，里面放置了自定义的包、项目、克隆包等内容。该目录下的 CMakeLists.txt 十分重要，包含了使用 cmake 编译时的全部参数。

build 目录下包含了 cmake 和 catkin 在编译过程中的一些缓存信息、配置文件及中间文件。

devel 目录下包含了编译后的可执行程序。

2.　消息

ROS 使用简单的消息描述语言来描述 ROS 节点发布的数据。在此表述下，ROS 可以使用多种编程语言生成不同类型消息的源代码。

ROS 自身预定义了一系列的消息类型，用户也可以创建自己的消息类型，该消息类型的定义会放在用户自己编写的包所在目录的 msg 目录下，以.msg 作为后缀。

消息必须包含字段和常量两个部分。字段用于定义在消息中传输的数据类型，比如 int32、float32、string 等；常量则用于定义字段名。一个消息文件的示例如下。

```
int32 id
float32 vel
string name
```

ROS 中的一些标准的数据类型如表 4.2 所示。

表 4.2　ROS 中的一些标准的数据类型

基 本 类 型	串 行 化	C++	Python
bool	unsigned 8-bit int	uint8_t(2)	bool
int8	signed 8-bit int	int8_t	int
uint8	unsigned 8-bit int	uint8_t	int(3)
int16	signed 16-bit int	int16_t	int
uint16	unsigned 16-bit int	uint16_t	int
int32	signed 32-bit int	int32_t	int
uint32	unsigned 32-bit int	uint32_t	int
int64	signed 64-bit int	int64_t	long
uint64	unsigned 64-bit int	uint64_t	long
float32	32-bit IEEE float	float	float
float64	64-bit IEEE float	double	float
string	ascii string (4-bit)	std::string	string
time	secs/nsecs signed 32-bit ints	ros::Time	rospy.Time
duration	secs/nsecs signed 32-bit ints	ros::Duration	rospy.Duration

ROS 消息中的一种特殊数据类型是报文头，主要用于给消息添加一些附加信息，如时间戳、坐标位置等，还用于对消息进行编号。而报文头的加入使得用户可以将 ROS 中的消息正确地记录下来形成消息包，消息包可以用于仿真模拟当中。

3. 服务

ROS 使用简化的服务描述语言来描述 ROS 的服务类型。服务用以实现节点之间的请求/响应通信。服务类型的格式与消息的格式类似，相应的描述文件放置在用户自己编写的包所在目录的 srv 目录下，以.srv 作为后缀。

如果需要调用服务，那么用户需要用到该功能包的名称和服务名称。如 sample_package/srv/sample.srv 文件，可以将它称为 sample_package/sample 服务。使用"rossrv"命令可以查看服务的说明、srv 所在包的名称。若想要在 ROS 中创建一个服务，则可以使用服务生成器，只需要在 CMakeLists.txt 中加入一行 gensrv()即可。

4.2.2　ROS 计算图级

ROS 会创建一个连接到所有进程的网络，即 ROS 计算图级，如图 4.4 所示。系统中的任何节点都可以访问该网络，并通过该网络与其他节点进行交互，获取其他节点发布的消息，也可以将自身的消息发布到网络上。

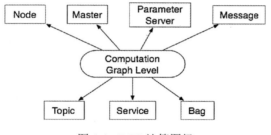

图 4.4　ROS 计算图级

这一层级中的概念包括了节点（Node）、节点管理器（Master）、参数服务器（Parameter Server）、消息（Message）、主题（Topic）、服务（Service）和消息记录包（Bag），这些概念以不同的方式向计算图级提供数据。

节点：节点是主要的计算执行进程。通常情况下，系统包含能够实现不同功能的多个节点，并且最好是每一个节点仅具有单一的功能，这样就可以做到最大程度的解耦，使得代码复用率大大提升，也增强了系统的健壮性。

节点管理器：节点管理器用于节点名称的注册和查找等。任何一个 ROS 的节点、服务、消息之间的通信都离不开节点管理器。得益于 ROS 的分布式网络框架，运行于不同物理节点的 ROS 节点之间都可以彼此发现并配合到一起，实现指定的功能。

参数服务器：参数服务器能够通过关键词使数据存储在一个系统的核心位置。通过使用参数，能够在运行时配置节点或改变节点的工作任务。

主题：主题是 ROS 网络中对消息进行路由和管理的数据总线。每一条消息都要发布到相应的主题，节点也可以通过订阅主题获取相应的消息，这样就做到了消息的发布者和订阅者之间的解耦，双方无须知道对方的存在。同时，因为主题是消息订阅和发布的目标，在 ROS 网络中的主题名必须是唯一的。

消息和服务：前文已述，这里不再赘述。

消息记录包：消息记录包是用于保存和回放 ROS 消息数据的一种文件格式，它是 ROS 存储数据的重要机制。使用消息记录包获取各种难以收集的传感器数据以后，我们可以反复使用到该数据，进行必要的开发和测试。

4.2.3　ROS 开源社区级

ROS 开源社区级让人们能够通过独立的网络社区分享软件和知识，使得全球的 ROS 开发者可以更好地共同推进 ROS 的发展。ROS 开源社区（中国）主要的资源包括：

发行版：可以独立安装的、带有版本号的一系列功能包的集合，发挥着类似于 Linux 发行版的作用，使得 ROS 软件的安装更加容易，并能够通过软件集合来维持一致的版本。

软件源：ROS 依赖共享开源代码与软件源的网站或者主机服务，这里不同的机构能够发布和分享各自的机器人软件与程序。

ROS Wiki：用于记录有关 ROS 系统信息的主要论坛，任何人都可以注册账户和贡献自己的文件、提供更新或更正、编写教程及其他信息。

ROS 用户邮件列表：ROS 用户邮件列表是关于 ROS 的主要交流渠道，用户能够交流从 ROS 软件到更多新的软件使用中的各种疑问或者信息。

对于初学者来说，ROS Wiki 有着相对完善的文档可供参考，读者可以根据自身的需要通过 ROS Wiki 快速入门。

4.3　可视化和调试工具

ROS 拥有大量功能强大的工具，包括对 C++代码的调试、对外部硬件数据的返回及显示，这些都大大方便了用户对代码进行开发调试和问题定位。

我们可以从不同的层面来分析 ROS 节点内部算法的执行问题，使得软件调试更加容易。

首先，ROS 提供了一套覆盖整个系统的日志记录宏，用于获取算法、驱动等提供的一些可读的关于计算进度和状态的信息。其次，ROS 可以通过调试器单步执行来调试代码。最后，ROS 还可以通过绘制主题间的节点连接图工具来查看 ROS 节点和主题的抽象语义，有效地监视整个系统的当前状态。

4.3.1 使用 GDB 调试 ROS 节点

GDB 是一个由 GNU 开源组织发布的、UNIX/Linux 系统下基于命令行的强大的程序调试工具，对于在 Linux 下工作的 C++开发者是必不可少的调试利器。开发者可以将目录切换到功能包所在的目录下，通过"gdb bin/xxxx"命令来调试。一旦 roscore 已经运行，开发者就可以使用"R"键和回车键从 GDB 中启动节点，也可以使用"L"键列出相关的源代码，以及设置断点或使用其他任意的 GDB 功能。若一切都正常，则可以在调试器内运行节点后看到 GDB 终端的一些输出。GDB 终端如图 4.5 所示。

```
(gdb) r
Starting program: /home/luis/devel/catkin_ws/devel/lib/chapter3_tutorials/exampl
e1
[Thread debugging using libthread_db enabled]
Using host libthread_db library "/lib/x86_64-linux-gnu/libthread_db.so.1".
[New Thread 0x7ffff170d700 (LWP 6618)]
[New Thread 0x7ffff0f0c700 (LWP 6619)]
[New Thread 0x7fffebfff700 (LWP 6620)]
[New Thread 0x7fffeb7fe700 (LWP 6625)]
[DEBUG] [1476313631.940149636]: This is a simple DEBUG message!
[DEBUG] [1476313631.940214159]: This is a DEBUG message with an argument: 3.1400
00
[DEBUG] [1476313631.940246937]: This is DEBUG stream message with an argument: 3
.14
[Thread 0x7fffeb7fe700 (LWP 6625) exited]
[Thread 0x7ffff170d700 (LWP 6618) exited]
[Thread 0x7ffff0f0c700 (LWP 6619) exited]
[Thread 0x7fffebfff700 (LWP 6620) exited]
[Inferior 1 (process 6613) exited normally]
(gdb)
```

图 4.5 GDB 终端

开发者可以直接在启动节点时使用启动文件来完成调试，只需要在 launch 文件中的 <node>标签中添加对应的参数即可，如下面的加粗片段。

```
<launch>
<node pkg="chapter3_tutorials" type="example1" name="example1"
launch-prefix="xterm -e gdb --args"/>
</launch>
```

这样就可以在节点启动的同时启动 GDB 调试器，这段代码等待用户按下相应按键才开始运行，此时会新开一个窗口用于调试。

4.3.2 调试信息

在代码调试时，通过信息记录显示程序运行状态非常重要，但是我们要确定这么做不会影响软件的运行效率，并且状态显示不会和正常输出混淆。正如 Linux 上的输出一样，我们可以将输出分为标准输出、文件输出及错误输出等，在 ROS 中也有满足以上要求并且内置于 log4cxx 上的 API，也就是说，信息会按照其所在的层级被区分开来。在 ROS 中，信息可以分为 DEBUG、INFO、WARN、ERROR 和 FATAL，这些名称是输出信息的函数或者宏的一部分，遵循如下语法。

ROS_<LEVEL>[_<OTHER>]

其中，DEBUG 和 INFO 会输出到标准输出 stdout；WARN、ERROR 和 FATAL 会输出到错误输出 stderr。对于支持颜色的终端，不同层级的输出还会用不同的颜色进行区分。在代码调试完成后，可以按条件显示调试信息。

默认情况下，ROS 只会显示 INFO 或者更高层级的信息，并使用 ROS 默认级别来过滤特定节点所需的输出信息。这个功能可以在编译时指定，也可以通过执行前使用配置文件来更改，还可以动态地改变级别。开发者可以使用 rqt_console 调试来实现这个功能，如图 4.6 所示。

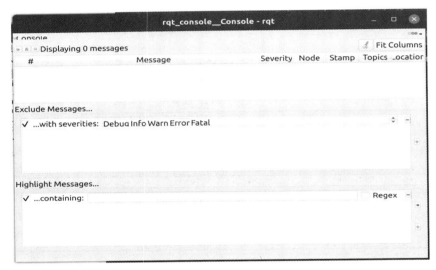

图 4.6　rqt_console 调试

4.3.3　监控整个系统

当 ROS 运行时，可能有多个节点及大量的主题发布消息给彼此。有些节点提供了一些操作和服务。对于更大的系统，随时能知道 ROS 中运行了什么是十分重要的。ROS 提供了包括 CLI 和 GUI 应用的很强大的工具来实现整个系统的监控。ROS 监控命令如表 4.3 所示。

表 4.3　ROS 监控命令

获取的列表	ROS 监控命令
运行的节点	rosnode list
运行中节点的主题	rostopic list
运行中节点的服务	rosservice list
服务参数	rosparam list

表 4.3 中的命令结合 grep 可以让开发者很好地获取想要的信息。

此外，ROS 也提供了一些 GUI 来获取主题和服务。rqt_top 可以在类似于 Linux 下的"top"命令的界面中显示运行的节点。rqt_top 监控如图 4.7 所示。

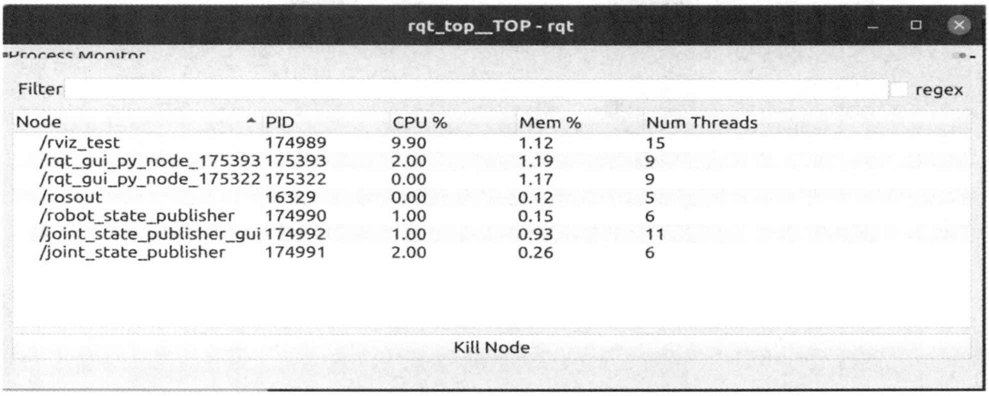

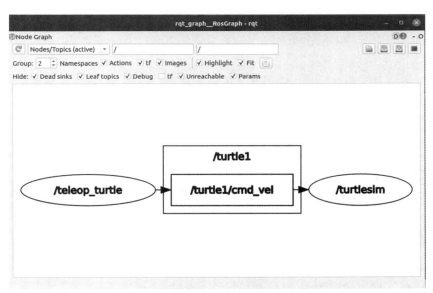

图 4.7　rqt_top 监控

rqt_topic 可以为我们提供与主题相关的信息，包括发布者、订阅者、发布频率等信息。rqt_publisher 允许我们在一个界面中管理多个 "rostopic pub" 命令的实例。

使用 rqt_graph 可以监控节点图，如图 4.8 所示。在上方的选择框中可以做一些基本的选择操作。

图 4.8　使用 rqt_graph 监控节点图

如果一个节点启用了动态配置参数服务，如图 4.9 所示，那么我们可以使用 rqt_reconfigure 来修改它。

由于动态参数最初是为了在运行时更加简单地修改驱动参数设计的，因此一些驱动已经采用了这种方式，比如 Hokuyo 激光测距模块的 hokuyo_node 或者 Firewire camera1394 驱动。事实上，对于 Firewire 摄像头，驱动中支持改变传感器的配置参数是很常见的，比如帧率、快门时间等。

ROS 可以用 diagnostics 主题来提供节点的诊断信息，在最基本的情况下，可以使用 rqt_runtime_monitor 将这些信息可视化地呈现出来。

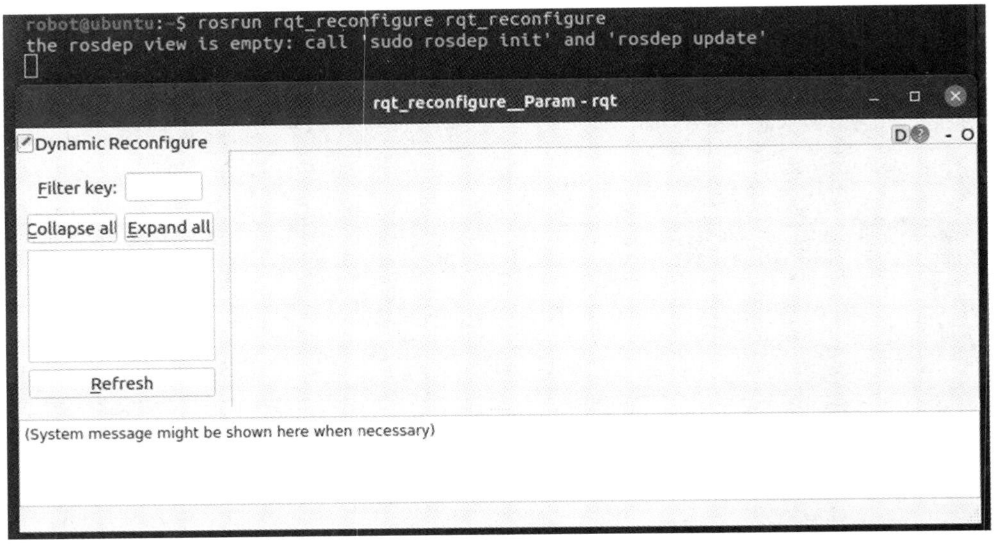

```
robot@ubuntu:~$ rosrun rqt_reconfigure rqt_reconfigure
the rosdep view is empty: call 'sudo rosdep init' and 'rosdep update'
```

图 4.9　rqt_reconfigure 界面

4.3.4　数据可视化

对于获取到的数据，ROS 可以通过一系列可视化工具将其呈现出来。对于散点情况，ROS 可以使用 rqt_plot 来绘制点线图。

对于数据量巨大的图片信息，如摄像头的回传数据，使用 rqt_plot 显然是不合适的，ROS 提供了 rqt_image_view 来展示单幅图像。

对于 3D 数据，则可以使用 rviz 来进行可视化。

4.4　3D 建模与仿真

并非所有的开发者都能有机会接触到实物机器人，并且对于实物机器人的开发也会耗费较多的费用，因此，仿真不失为一个好的选择。机器人的 3D 建模或者部分结构建模主要用于仿真机器人或者帮助开发者简化他们的工作，ROS 使用标准化机器人描述格式（Unified Robot Description Format，URDF）来实现 3D 建模。开发者通过 rviz 可以查看所建立的 3D 模型，并且可以通过 Gazebo 对机器人进行仿真。为了使机器人仿真更为真实，在建模的过程中可以加入物理和碰撞的属性。

下面，本书将通过一系列的 3D 建模与仿真的实例为大家简要介绍 ROS 的建模与仿真的过程，书中只会选取一些代码片段，读者可以自行下载完整的代码。

4.4.1　URDF 文件

URDF 文件是一种用于描述机器人及其部分结构、关节、自由度等的 XML 格式文件。在 ROS 中看到的 3D 机器人都会有与之对应的 URDF 文件，比如 PR2 和 Robonaut。

移动机器人中最常见的就是一个简单的"双轮驱动+万向轮小车底盘"结构，通过在工作空间的 src 下输入"catkin_create_pkg urdf_test rviz xacro"命令来新建一个功能包，名字为

urdf_test，依赖的包为 rviz 和 xacro，同时在 urdf_test 目录下新建 urdf 和 launch 目录，放置模型文件和 launch 文件，小车的描述文件 mycar.urdf（在 urdf_test/urdf/urdf 下）如下。

```xml
<robot name="mycar">
    <link name="base_footprint">
        <visual>
            <geometry>
                <sphere radius="0.001" />
            </geometry>
        </visual>
    </link>
    <!-- 添加底盘 -->
    <link name="base_link">
        <visual>
            <geometry>
                <cylinder radius="0.1" length="0.08" />
            </geometry>
            <origin xyz="0 0 0" rpy="0 0 0" />
            <material name="yellow">
                <color rgba="0.8 0.3 0.1 0.5" />
            </material>
        </visual>
    </link>
    <joint name="base_link2base_footprint" type="fixed">
        <parent link="base_footprint" />
        <child link="base_link"/>
        <origin xyz="0 0 0.055" />
    </joint>

    <!-- 添加驱动轮 -->
    <link name="left_wheel">
        <visual>
            <geometry>
                <cylinder radius="0.0325" length="0.015" />
            </geometry>
            <origin xyz="0 0 0" rpy="1.5705 0 0" />
            <material name="black">
                <color rgba="0.0 0.0 0.0 1.0" />
            </material>
        </visual>
    </link>
    <joint name="left_wheel2base_link" type="continuous">
        <parent link="base_link" />
        <child link="left_wheel" />
        <origin xyz="0 0.1 -0.0225" />
        <axis xyz="0 1 0" />
    </joint>
    <link name="right_wheel">
        <visual>
            <geometry>
```

```xml
                    <cylinder radius="0.0325" length="0.015" />
                </geometry>
                <origin xyz="0 0 0" rpy="1.5705 0 0" />
                <material name="black">
                    <color rgba="0.0 0.0 0.0 1.0" />
                </material>
            </visual>
        </link>
        <joint name="right_wheel2base_link" type="continuous">
            <parent link="base_link" />
            <child link="right_wheel" />
            <origin xyz="0 -0.1 -0.0225" />
            <axis xyz="0 1 0" />
</joint>

        <!-- 添加万向轮(支撑轮) -->
        <link name="front_wheel">
            <visual>
                <geometry>
                    <sphere radius="0.0075" />
                </geometry>
                <origin xyz="0 0 0" rpy="0 0 0" />
                <material name="black">
                    <color rgba="0.0 0.0 0.0 1.0" />
                </material>
            </visual>
        </link>
        <joint name="front_wheel2base_link" type="continuous">
            <parent link="base_link" />
            <child link="front_wheel" />
            <origin xyz="0.0925 0 -0.0475" />
            <axis xyz="1 1 1" />
        </joint>
        <link name="back_wheel">
            <visual>
                <geometry>
                    <sphere radius="0.0075" />
                </geometry>
                <origin xyz="0 0 0" rpy="0 0 0" />
                <material name="black">
                    <color rgba="0.0 0.0 0.0 1.0" />
                </material>
            </visual>
        </link>
        <joint name="back_wheel2base_link" type="continuous">
            <parent link="base_link" />
            <child link="back_wheel" />
            <origin xyz="-0.0925 0 -0.0475" />
            <axis xyz="1 1 1" />
```

```
            </joint>
        </robot>
```

上述文件中存在用于描述机器人几何结构的基本字段：link 和 joint，这两个基本字段分别表示连接和关节。其中，第一个连接名是 base_link，连接名在文件中必须是唯一的。

我们可以看到代码中使用了 visual 字段，这是为了定义仿真环境中的物体，同时在代码中也可以看到对几何形状、材质及原点的描述，各个物体之间还定义了 link 来描述连接关系。

代码中首先定义了一个唯一的关节名，然后定义了一个 fixed 类型的关节及父连接和子连接的坐标系。ROS 中的关节类型有 fixed、revolute、continuous、floating 和 plannar 可选。

在定义完 URDF 文件以后，可以通过"check_urdf"命令检查配置是否正确，也可以通过"urdf_to_graphiz"命令将模型转化成 gv 和 pdf 文件来查看，如图 4.10 所示。

```
mycar.urdf    urdf01_HelloWorld.urdf
ros@ubuntu:~/catkin_ws/src/urdf_test/urdf/urdf$ check_urdf mycar.urdf
robot name is: mycar
---------- Successfully Parsed XML ---------------
root Link: base_footprint has 1 child(ren)
    child(1):  base_link
        child(1):  back_wheel
        child(2):  front_wheel
        child(3):  left_wheel
        child(4):  right_wheel
```

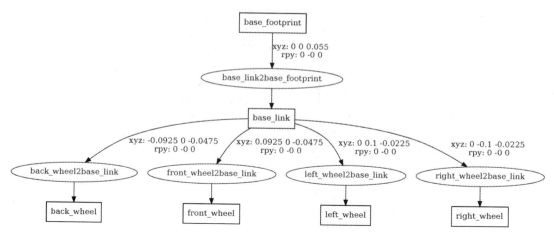

图 4.10　check_urdf 及 pdf 文件中的结构图

在有 3D 模型以后，可以使用 rviz 来显示模型和关节运动。在 launch 目录下编写一个 mycar.launch 文件，内容如下。

```
<launch>
    <!-- 将 URDF 文件内容设置进参数服务器 -->
    <param name="robot_description" textfile="$(find urdf_test)/urdf/urdf/mycar.urdf" />
    <!-- 启动 rivz -->
    <!-- 首次启动 rivz 使用下面的代码-->
    <node pkg="rviz" type="rviz" name="rviz" />
    <!-- 保存配置后使用下面的代码-->
    <node pkg="rviz" type="rviz" name="rviz_test" args="-d $(find urdf_test)/config/rviz/
show_mycar.rviz" />
    <!-- 启动机器人状态和关节状态发布节点 -->
```

```
<node pkg="robot_state_publisher" type="robot_state_publisher" name="robot_state_publisher" />
<node pkg="joint_state_publisher" type="joint_state_publisher" name="joint_state_publisher" />
<!-- 启动图形化的控制关节运动节点 -->
<node pkg="joint_state_publisher_gui" type="joint_state_publisher_gui"
name="joint_state_publisher_gui" />
</launch>
```

通过"roslaunch"命令加载上面的 launch 文件，就可以在 rviz 中看到我们创建的模型了。

```
roslaunch urdf_test mycar.launch
```

首次运行是没有模型的，需要修改 rviz 的相关配置，配置完成后将此配置保存为 config/rviz/show_mycar.rviz，然后修改 launch 文件，为 rviz 指定启动时的配置文件即可。具体配置如下。

（1）Fixed Frame 默认为 map，手动将其修改成 base_link。

（2）单击左下方的"Add"按钮后选择"RobotModel"选项。

rviz 中显示的小车模型如图 4.11 所示。

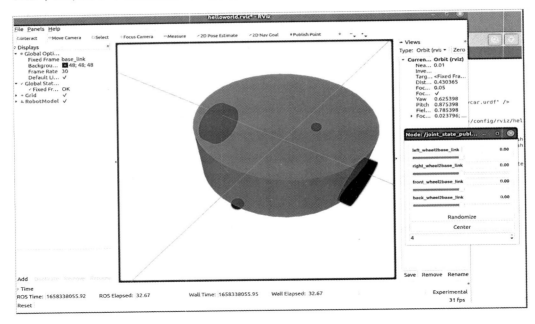

图 4.11　rviz 中显示的小车模型

　　ROS 允许使用者通过为模型添加更多的现实元素使其变得更加丰富和细致。用户可以加载自己创建的网格（mesh）或者使用其他机器人模型的网格。

　　在 ROS 中创建的机器人模型可以与现实的机器人一样运动起来，机器人模型的运动与模型中的关节定义有关。用户可以在 rviz 中使用 Join_State_Publisher 图形化界面来判断关节的设置是否合理，运行后可以通过窗口的滑块来调节每一个关节。Join_State_Publisher 图形化界面如图 4.12 所示。

　　在使用 Gazebo 进行仿真时，需要添加机器人各部件的物理属性和碰撞属性，比如在计算惯性时，除了需要知道部件的形状，还需要知道它的质量分布，这就要求我们在模型中设定好这些参数，否则无法进行仿真。简单的几何形状比实际的网格模型更容易进行碰撞的计算，在两个网格模型之间进行碰撞的计算时，因为需要更复杂的计算方法，所以会耗费更多的计算资源。比如在上面定义的模型中添加 collision 和 inertial 标签内容以后才可以在 Gazebo 中进行仿真。

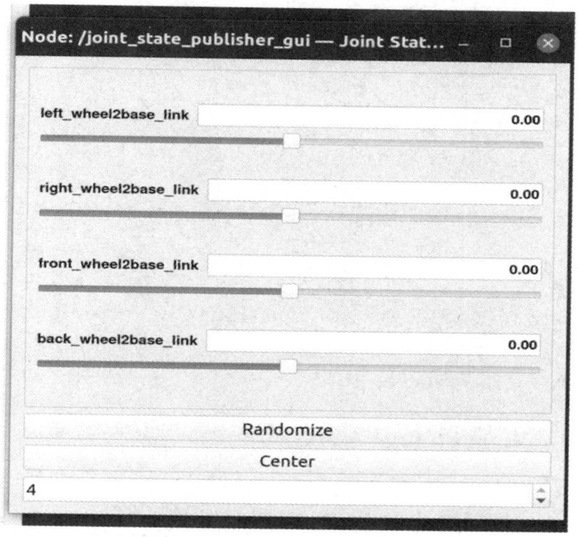

图 4.12 Join_State_Publisher 图形化界面

4.4.2 Xacro 及其他建模方式

在 4.4.1 节中所写的一个简单的 URDF 文件定义的模型使用了较多的代码来定义机器人。如果需要添加更多的部件，如摄像头、激光雷达、足部等，那么必然会使得定义文件的大小急剧膨胀，同时也为二次开发和维护带来了不便。

Xacro（XML Macros）可以帮助我们压缩 URDF 文件的大小，并且增加文件的可读性和维护性。此外，Xacro 还允许我们在创建模型后复用这些模型，大大提升了开发效率。Xacro 与常规的编程语言类似，通过定义一些常量，引入数学方法，使用宏等办法来提升机器人建模的效率，同时提高复用率。Xacro 方式定义的模型最终还是需要转化成 URDF 文件才能在 ROS 下使用，ROS 提供了转化命令。

```
rosrun xacro model.xacro > model.urdf
```

利用上述命令，就能简单地将一个 XACRO 模型转成 URDF 模型。然而实际使用中并不推荐这么做，这种做法虽然简单，但是不容易维护。

我们在上例的模型基础上添加一个摄像头和一个激光雷达，使用 Xacro 方式就较为简单了，首先，定义一个基础模型（与上例一致，但是使用 Xacro 方式）my_base.urdf.xacro:

```
<!-- 封装变量、常量 -->
<xacro:property name="PI" value="3.141"/>
<!-- 宏:黑色设置 -->
<material name="black">
    <color rgba="0.0 0.0 0.0 1.0" />
</material>
<!-- 底盘属性 -->
<xacro:property name="base_footprint_radius" value="0.001" /> <!-- base_footprint 半径 -->
<xacro:property name="base_link_radius" value="0.1" /> <!-- base_link 半径 -->
<xacro:property name="base_link_length" value="0.08" /> <!-- base_link 长度 -->
```

```xml
<xacro:property name="earth_space" value="0.015" /> <!-- 离地间距 -->
<!-- 底盘 -->
<link name="base_footprint">
  <visual>
    <geometry>
      <sphere radius="${base_footprint_radius}" />
    </geometry>
  </visual>
</link>
<link name="base_link">
  <visual>
    <geometry>
      <cylinder radius="${base_link_radius}" length="${base_link_length}" />
    </geometry>
    <origin xyz="0 0 0" rpy="0 0 0" />
    <material name="yellow">
      <color rgba="0.5 0.3 0.0 0.5" />
    </material>
  </visual>
</link>
<joint name="base_link2base_footprint" type="fixed">
  <parent link="base_footprint" />
  <child link="base_link" />
  <origin xyz="0 0 ${earth_space + base_link_length / 2 }" />
</joint>
<!-- 驱动轮 -->
<!-- 驱动轮属性 -->
<xacro:property name="wheel_radius" value="0.0325" /><!-- 半径 -->
<xacro:property name="wheel_length" value="0.015" /><!-- 宽度 -->
<!-- 驱动轮宏实现 -->
<xacro:macro name="add_wheels" params="name flag">
  <link name="${name}_wheel">
    <visual>
      <geometry>
        <cylinder radius="${wheel_radius}" length="${wheel_length}" />
      </geometry>
      <origin xyz="0.0 0.0 0.0" rpy="${PI / 2} 0.0 0.0" />
      <material name="black" />
    </visual>
  </link>
  <joint name="${name}_wheel2base_link" type="continuous">
    <parent link="base_link" />
    <child link="${name}_wheel" />
    <origin xyz="0 ${flag * base_link_radius} ${-(earth_space + base_link_length / 2 - wheel_radius) }" />
    <axis xyz="0 1 0" />
  </joint>
</xacro:macro>
<xacro:add_wheels name="left" flag="1" />
<xacro:add_wheels name="right" flag="-1" />
```

```
<!-- 支撑轮 -->
<!-- 支撑轮属性 -->
<xacro:property name="support_wheel_radius" value="0.0075" /> <!-- 支撑轮半径 -->
<!-- 支撑轮宏 -->
<xacro:macro name="add_support_wheel" params="name flag" >
  <link name="${name}_wheel">
    <visual>
        <geometry>
            <sphere radius="${support_wheel_radius}" />
        </geometry>
        <origin xyz="0 0 0" rpy="0 0 0" />
        <material name="black" />
    </visual>
  </link>
  <joint name="${name}_wheel2base_link" type="continuous">
      <parent link="base_link" />
      <child link="${name}_wheel" />
      <origin xyz="${flag * (base_link_radius - support_wheel_radius)} 0 ${-(base_link_length /
2 + earth_space / 2)}" />
      <axis xyz="1 1 1" />
  </joint>
</xacro:macro>
<xacro:add_support_wheel name="front" flag="1" />
<xacro:add_support_wheel name="back" flag="-1" />
</robot>
```

其次，定义激光雷达 my_laser.urdf.xacro：

```
<robot name="my_laser" xmlns:xacro="http://wiki.ros.org/xacro">
    <!-- 雷达支架 -->
    <xacro:property name="support_length" value="0.15" /> <!-- 支架长度 -->
    <xacro:property name="support_radius" value="0.01" /> <!-- 支架半径 -->
    <xacro:property name="support_x" value="0.0" /> <!-- 支架安装的 x 坐标 -->
    <xacro:property name="support_y" value="0.0" /> <!-- 支架安装的 y 坐标 -->
    <xacro:property name="support_z" value="${base_link_length / 2 + support_length / 2}" /> <!-- 支
架安装的 z 坐标:底盘高度 / 2 + 支架高度 / 2 -->
    <link name="support">
        <visual>
            <geometry>
                <cylinder radius="${support_radius}" length="${support_length}" />
            </geometry>
            <origin xyz="0.0 0.0 0.0" rpy="0.0 0.0 0.0" />
            <material name="red">
                <color rgba="0.8 0.2 0.0 0.8" />
            </material>
        </visual>
    </link>
    <joint name="support2base_link" type="fixed">
        <parent link="base_link" />
        <child link="support" />
        <origin xyz="${support_x} ${support_y} ${support_z}" />
```

```
        </joint>
        <!-- 雷达属性 -->
        <xacro:property name="laser_length" value="0.05" /> <!-- 雷达长度 -->
        <xacro:property name="laser_radius" value="0.03" /> <!-- 雷达半径 -->
        <xacro:property name="laser_x" value="0.0" /> <!-- 雷达安装的 x 坐标 -->
        <xacro:property name="laser_y" value="0.0" /> <!-- 雷达安装的 y 坐标 -->
        <xacro:property name="laser_z" value="${support_length / 2 + laser_length / 2}" /> <!-- 雷达安装
的 z 坐标:支架高度 / 2 + 雷达高度 / 2 -->
        <!-- 雷达关节及 link -->
        <link name="laser">
            <visual>
                <geometry>
                    <cylinder radius="${laser_radius}" length="${laser_length}" />
                </geometry>
                <origin xyz="0.0 0.0 0.0" rpy="0.0 0.0 0.0" />
                <material name="black" />
            </visual>
        </link>
        <joint name="laser2support" type="fixed">
            <parent link="support" />
            <child link="laser" />
            <origin xyz="${laser_x} ${laser_y} ${laser_z}" />
        </joint></robot>
```

再次，定义摄像头 my_camera.urdf.xacro：

```
        <robot name="my_camera" xmlns:xacro="http://wiki.ros.org/xacro">
        <!-- 摄像头属性 -->
        <xacro:property name="camera_length" value="0.01" /> <!-- 摄像头长度(x) -->
        <xacro:property name="camera_width" value="0.025" /> <!-- 摄像头宽度(y) -->
        <xacro:property name="camera_height" value="0.025" /> <!-- 摄像头高度(z) -->
        <xacro:property name="camera_x" value="0.08" /> <!-- 摄像头安装的 x 坐标 -->
        <xacro:property name="camera_y" value="0.0" /> <!-- 摄像头安装的 y 坐标 -->
        <xacro:property name="camera_z" value="${base_link_length / 2 + camera_height / 2}" /> <!-- 摄
像头安装的 z 坐标:底盘高度 / 2 + 摄像头高度 / 2 -->
        <!-- 摄像头关节及 link -->
        <link name="camera">
            <visual>
                <geometry>
                    <box size="${camera_length} ${camera_width} ${camera_height}" />
                </geometry>
                <origin xyz="0.0 0.0 0.0" rpy="0.0 0.0 0.0" />
                <material name="black" />
            </visual>
        </link>
        <joint name="camera2base_link" type="fixed">
            <parent link="base_link" />
            <child link="camera" />
            <origin xyz="${camera_x} ${camera_y} ${camera_z}" />
        </joint></robot>
```

最后，定义一个联合的模型 my_base_camera_laser.urdf.xacro：

```
<robot name="my_car_camera" xmlns:xacro="http://wiki.ros.org/xacro">
    <xacro:include filename="my_base.urdf.xacro" />
    <xacro:include filename="my_camera.urdf.xacro" />
<xacro:include filename="my_laser.urdf.xacro" />
</robot>
```

以上文件均被放置在 urdf_test/urdf/xacro 下，下面在 launch 文件夹下创建 mycar_xacro_laser_camera.launch 作为启动文件，内容如下。

```
<launch>
    <param name="robot_description" command="$(find xacro)/xacro $(find urdf_test)/urdf/xacro/my_base_camera_laser.urdf.xacro" />
    <node pkg="rviz" type="rviz" name="rviz" args="-d $(find urdf_test)/config/rviz/show_mycar.rviz" />
    <node pkg="joint_state_publisher" type="joint_state_publisher" name="joint_state_publisher" output="screen" />
    <node pkg="robot_state_publisher" type="robot_state_publisher" name="robot_state_publisher" output="screen" />
    <node pkg="joint_state_publisher_gui" type="joint_state_publisher_gui" name="joint_state_publisher_gui" output="screen" />
</launch>
```

此时执行"roslaunch urdf_test mycar_xacro_laser_camera.launch"命令即可看到添加了摄像头和激光雷达的小车，如图 4.13 所示。

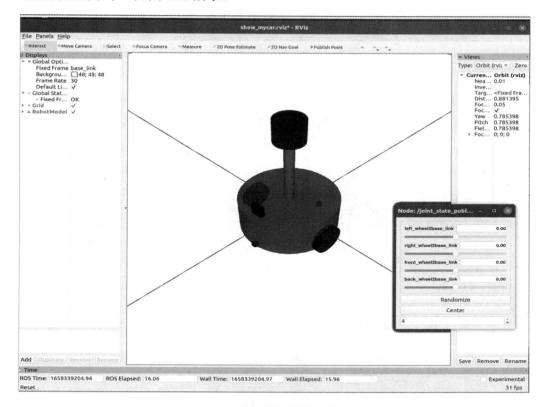

图 4.13 添加了摄像头和激光雷达的小车

如果开发者对 SketchUp 或者 SolidWorks 等软件熟悉的话，那么 ROS 也支持开发者使用这些软件导出的模型来进行仿真。

4.4.3 Arbotix 移动控制

Arbotix 是控制电机、舵机的控制板，这个功能包不仅可以驱动真实的 Arbotix 控制板，而且可以提供一个差速控制器，通过接收速度控制命令更新机器人的关节状态，从而帮助我们实现机器人在 rviz 中的运动。

安装 Arbotix，通过 apt 命令即可安装成功。

```
sudo apt install ros-noetic-arbotix
```

在 urdf_test 功能包下创建 config 目录并新建 control.yaml 文件，内容如下。

```
controllers: {
    #单控制器设置
    base_controller: {
            #类型: 差速控制器
        type: diff_controller,
        #参考坐标
        base_frame_id: base_footprint,
        #两个轮子的间距
        base_width: 0.2,
        #控制频率
        ticks_meter: 2000,
        #PID 控制参数，使机器人车轮快速达到预期速度
        Kp: 12,
        Kd: 12,
        Ki: 0,
        Ko: 50,
        #加速限制
        accel_limit: 1.0
    }
}
```

新建 arbotix.launch，内容与 4.4.2 节的 mycar_xacro_laser_camera.launch 相似，只是添加了与 Arbotix 相关的内容（加粗部分），详细内容如下。

```
<launch>
    <param name="robot_description" command="$(find xacro)/xacro $(find urdf_test)/urdf/xacro/my_base_camera_laser.urdf.xacro" />

    <node pkg="rviz" type="rviz" name="rviz" args="-d $(find urdf_test)/config/rviz/show_mycar.rviz" />

    <node pkg="joint_state_publisher" type="joint_state_publisher" name="joint_state_publisher" output="screen" />
    <node pkg="robot_state_publisher" type="robot_state_publisher" name="robot_state_publisher" output="screen" />
    <node pkg="joint_state_publisher_gui" type="joint_state_publisher_gui" name="joint_state_publisher_gui" output="screen" />
    <node name="arbotix" pkg="arbotix_python" type="arbotix_driver" output="screen">
        <rosparam file="$(find urdf_test)/config/control.yaml" command="load" />
        <param name="sim" value="true" />
    </node>
</launch>
```

运行 roslaunch urdf_test arbotix.launch 即可加载模型，通过修改 rviz 的配置将小车可视化。rviz 加载的模型如图 4.14 所示，具体需要修改的配置如下。

（1）将 Fixed Frame 设置为 odom。

（2）单击"Add"按钮，选择"Odometry"选项，并设置其 Topic 为/odom（用于展示运动轨迹）。

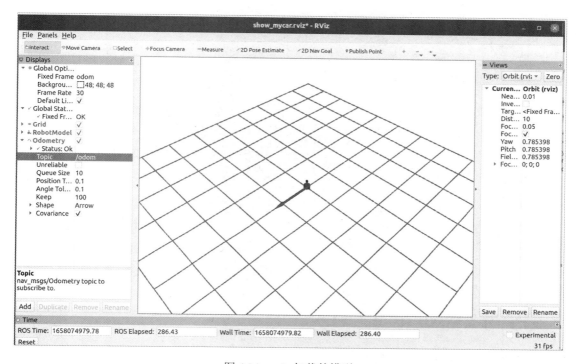

图 4.14　rviz 加载的模型

通过"rostopic list"命令获取当前的主题列表，找到/cmd_vel 即可。主题列表如图 4.15 所示。

图 4.15　主题列表

向/cmd_vel 发布消息即可使小车在 rviz 中运动起来，如图 4.16 所示。

rostopic pub -r 10 /cmd_vel geometry_msgs/Twist '{linear: {x: 0.2, y: 0, z: 0}, angular: {x: 0, y: 0, z: 0.5}}'

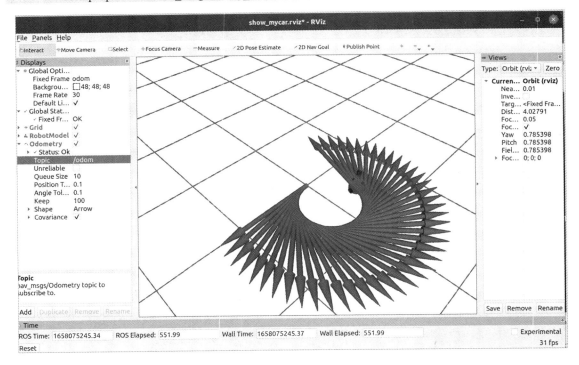

图 4.16 通过命令使小车运动起来

4.4.4 小车模型仿真

ROS 使用 Gazebo 来对机器人进行仿真，Gazebo 是一种适用于复杂环境的多机器人仿真环境。Gazebo 既可以提供虚拟机器人的外形，又可以检测机体的碰撞，还可以测量机器人的位置，并虚拟地使用 IMU 传感器和摄像头。

Gazebo 独立于 ROS，在 Ubuntu 中以独立的安装包安装。为了实现 ROS 与 Gazebo 的通信，我们需要额外安装软件包。本节用 4.4.3 节中创建的一个移动底盘配合激光雷达和摄像头，使机器人在仿真环境中运动。

通过"catkin_create_pkg urdf_gazebo urdf xacro gazebo_ros gazebo_ros_control gazebo_pluginsml"命令创建一个新的功能包 urdf_gazebo，在此功能包下创建 config、urdf、launch、worlds 文件夹，这 4 个文件夹分别用于存放配置文件、模型文件、启动文件和环境模型。

在小车模型中添加惯性定义，文件为 head.xacro，内容如下。

```
<robot name="base" xmlns:xacro="http://wiki.ros.org/xacro">
    <!-- Macro for inertia matrix -->
    <xacro:macro name="sphere_inertial_matrix" params="m r">
        <inertial>
            <mass value="${m}" />
            <inertia ixx="${2*m*r*r/5}" ixy="0" ixz="0" iyy="${2*m*r*r/5}" iyz="0"
izz="${2*m*r*r/5}" />
        </inertial>
    </xacro:macro>
```

```
<xacro:macro name="cylinder_inertial_matrix" params="m r h">
    <inertial>
        <mass value="${m}" />
        <inertia  ixx="${m*(3*r*r+h*h)/12}"  ixy="0"  ixz="0"  iyy="${m*(3*r*r+h*h)/12}"
iyz="0" izz="${m*r*r/2}" />
    </inertial>
</xacro:macro>
<xacro:macro name="Box_inertial_matrix" params="m l w h">
    <inertial>
        <mass value="${m}" />
        <inertia ixx="${m*(h*h + l*l)/12}" ixy="0" ixz="0" iyy="${m*(w*w + l*l)/12}" iyz="0"
izz="${m*(w*w + h*h)/12}" />
    </inertial>
</xacro:macro>
</robot>
```

添加整体的模型定义 combine.xacro，内容如下。

```
<!-- 组合惯性矩阵文件、小车、摄像头和激光雷达 -->
<robot name="my_car_camera" xmlns:xacro="http://wiki.ros.org/xacro">
    <xacro:include filename="head.xacro" />
    <xacro:include filename="my_base.urdf.xacro" />
    <xacro:include filename="my_camera.urdf.xacro" />
    <xacro:include filename="my_laser.urdf.xacro" />
</robot>
```

对于环境文件，我们直接从 GitHub 上下载并将其放置到 worlds 目录中，具体命令如下。

```
git clone https://github.com/zx595306686/sim_demo.git
cp sim_demo/box_house.world urdf_gazebo/worlds/
```

定义启动文件 xacro.launch，具体命令如下。

```
<launch>
    <!-- 将 URDF 文件的内容加载到参数服务器 -->
    <param  name="robot_description"  command="$(find xacro)/xacro $(find urdf_gazebo)/urdf/
combine.xacro" />
    <!-- 启动 Gazebo -->
    <!-- 加载仿真环境 -->
    <!-- <include file="$(find gazebo_ros)/launch/empty_world.launch" /> -->
    <include file="$(find gazebo_ros)/launch/empty_world.launch">
        <arg name="world_name" value="$(find urdf_gazebo)/worlds/box_house.world"></arg>
    </include>
    <!-- 在 Gazebo 中显示机器人模型 -->
    <!-- 与 rviz 不同（4）：launch-->
    <node pkg="gazebo_ros" type="spawn_model" name="model" args="-urdf -model mycar -param
robot_description" />
</launch>
```

执行"roslaunch urdf_gazebo xacro.launch"命令，即可在 Gazebo 中看到模型和环境，如图 4.17 所示。需要注意的是，若使用虚拟机进行学习，则需要关闭 3D 加速，否则在 Gazebo 中看不到模型（空白显示）。

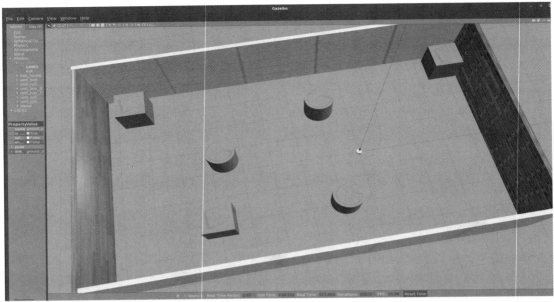

图 4.17　在 Gazebo 中看到模型和环境

可以看到，这个移动机器人已经添加了摄像头和激光雷达，但是并没有添加相应的传感器。为了使小车能够在仿真环境中运动，需要添加传动装置及控制器，通过调用 rviz，可以测试传感器是否正常工作。

添加运动模型 move.xacro，内容如下。

```xml
<robot name="my_car_move" xmlns:xacro="http://wiki.ros.org/xacro">
    <!-- 传动实现:用于连接控制器与关节 -->
    <xacro:macro name="joint_trans" params="joint_name">
        <!-- Transmission is important to link the joints and the controller -->
        <transmission name="${joint_name}_trans">
            <type>transmission_interface/SimpleTransmission</type>
            <joint name="${joint_name}">
                <hardwareInterface>hardware_interface/VelocityJointInterface</hardwareInterface>
            </joint>
            <actuator name="${joint_name}_motor">
                <hardwareInterface>hardware_interface/VelocityJointInterface</hardwareInterface>
                <mechanicalReduction>1</mechanicalReduction>
            </actuator>
        </transmission>
    </xacro:macro>
    <!-- 每个驱动轮都需要配置传动装置 -->
    <xacro:joint_trans joint_name="left_wheel2base_link" />
    <xacro:joint_trans joint_name="right_wheel2base_link" />
    <!-- 控制器 -->
    <gazebo>
        <plugin name="differential_drive_controller" filename="libgazebo_ros_diff_drive.so">
            <rosDebugLevel>Debug</rosDebugLevel>
            <publishWheelTF>true</publishWheelTF>
```

```
                <robotNamespace>/</robotNamespace>
                <publishTf>1</publishTf>
                <publishWheelJointState>true</publishWheelJointState>
                <alwaysOn>true</alwaysOn>
                <updateRate>100.0</updateRate>
                <legacyMode>true</legacyMode>
                <leftJoint>left_wheel2base_link</leftJoint> <!-- 左轮 -->
                <rightJoint>right_wheel2base_link</rightJoint> <!-- 右轮 -->
                <wheelSeparation>${base_link_radius * 2}</wheelSeparation> <!-- 车轮间距 -->
                <wheelDiameter>${wheel_radius * 2}</wheelDiameter> <!-- 车轮直径 -->
                <broadcastTF>1</broadcastTF>
                <wheelTorque>30</wheelTorque>
                <wheelAcceleration>1.8</wheelAcceleration>
                <commandTopic>cmd_vel</commandTopic> <!-- 运动控制主题 -->
                <odometryFrame>odom</odometryFrame>
                <odometryTopic>odom</odometryTopic> <!-- 里程计主题 -->
                <robotBaseFrame>base_footprint</robotBaseFrame> <!-- 根坐标系 -->
            </plugin>
        </gazebo>
</robot>
```

添加激光雷达传感器模型 sensor_laser.xacro，配置雷达传感器信息，内容如下。

```
<robot name="my_sensors" xmlns:xacro="http://wiki.ros.org/xacro">
    <!-- 配置雷达传感器信息 -->
    <gazebo reference="laser">
        <sensor type="ray" name="rplidar">
            <pose>0 0 0 0 0 0</pose>
            <visualize>true</visualize>
            <update_rate>5.5</update_rate>
            <ray>
                <scan>
                    <horizontal>
                        <samples>360</samples>
                        <resolution>1</resolution>
                        <min_angle>-3</min_angle>
                        <max_angle>3</max_angle>
                    </horizontal>
                </scan>
                <range>
                    <min>0.10</min>
                    <max>30.0</max>
                    <resolution>0.01</resolution>
                </range>
                <noise>
                    <type>gaussian</type>
                    <mean>0.0</mean>
                    <stddev>0.01</stddev>
                </noise>
            </ray>
```

```
<plugin name="gazebo_rplidar" filename="libgazebo_ros_laser.so">
    <topicName>/scan</topicName>
    <frameName>laser</frameName>
</plugin>
</sensor>
</gazebo>
</robot>
```

添加摄像头传感器模型 sensor_camera.xacro（此模型在 SLAM 章节中还将被继续使用），内容如下。

```
<robot name="my_sensors" xmlns:xacro="http://wiki.ros.org/xacro">
    <!-- 被引用的 link -->
    <gazebo reference="camera">
        <!-- 将传感器类型设置为 camara -->
        <sensor type="camera" name="camera_node">
            <update_rate>30.0</update_rate> <!-- 更新频率 -->
            <!-- 摄像头基本信息设置 -->
            <camera name="head">
                <horizontal_fov>1.3962634</horizontal_fov>
                <image>
                    <width>1280</width>
                    <height>720</height>
                    <format>R8G8B8</format>
                </image>
                <clip>
                    <near>0.02</near>
                    <far>300</far>
                </clip>
                <noise>
                    <type>gaussian</type>
                    <mean>0.0</mean>
                    <stddev>0.007</stddev>
                </noise>
            </camera>
            <!-- 核心插件 -->
            <plugin name="gazebo_camera" filename="libgazebo_ros_camera.so">
                <alwaysOn>true</alwaysOn>
                <updateRate>0.0</updateRate>
                <cameraName>/camera</cameraName>
                <imageTopicName>image_raw</imageTopicName>
                <cameraInfoTopicName>camera_info</cameraInfoTopicName>
                <frameName>camera</frameName>
                <hackBaseline>0.07</hackBaseline>
                <distortionK1>0.0</distortionK1>
                <distortionK2>0.0</distortionK2>
                <distortionK3>0.0</distortionK3>
                <distortionT1>0.0</distortionT1>
                <distortionT2>0.0</distortionT2>
            </plugin>
```

```
            </sensor>
        </gazebo>
    </robot>
```

将所有的模块添加到一起形成 all.xacro，内容如下。

```
<robot name="my_car_camera" xmlns:xacro="http://wiki.ros.org/xacro">
    <xacro:include filename="head.xacro" />
    <xacro:include filename="my_base.urdf.xacro" />
    <xacro:include filename="my_camera.urdf.xacro" />
<xacro:include filename="my_laser.urdf.xacro" />
    <xacro:include filename="move.xacro" />
    <!-- 雷达仿真信息 -->
    <xacro:include filename="sensor_laser.xacro" />
    <!-- 摄像头仿真信息 -->
    <xacro:include filename="sensor_camera.xacro" />
</robot>
```

编写相应的 launch。编写 all_gazebo.launch，内容如下。

```
<launch>
    <!-- 将 URDF 文件的内容加载到参数服务器 -->
    <param name="robot_description" command="$(find xacro)/xacro $(find urdf_gazebo)/urdf/all.xacro" />
    <!-- 启动 Gazebo -->
    <!-- 加载仿真环境 -->
    <!-- <include file="$(find gazebo_ros)/launch/empty_world.launch" /> -->
    <include file="$(find gazebo_ros)/launch/empty_world.launch">
        <arg name="world_name" value="$(find urdf_gazebo)/worlds/box_house.world"></arg>
    </include>
    <!-- 在 Gazebo 中显示机器人模型 -->
    <node pkg="gazebo_ros" type="spawn_model" name="model" args="-urdf -model mycar -param
robot_description" />
    </launch>
```

编写 all_rviz.launch，内容如下。

```
<launch>
    <!-- 启动 rviz -->
    <node pkg="rviz" type="rviz" name="rviz" >
    <!-- 关节及机器人状态发布节点 -->
    <node name="joint_state_publisher" pkg="joint_state_publisher" type="joint_state_publisher" />
    <node name="robot_state_publisher" pkg="robot_state_publisher" type="robot_state_publisher" />
</launch>
```

通过"roslaunch urdf_gazebo all_gazebo.launch"命令即可在 Gazebo 中显示模型，通过"roslaunch urdf_gazebo all_rviz.launch"命令即可在 rviz 中显示对应的模型，同时可以通过 rosrun teleop_twist_keyboard teleop_twist_keyboard.py（提前通过 sudo apt install -y ros-noetic-teleop-twist-keyboard 安装相应的包）调用键盘操作，实现小车的实时运动。添加传感器后的模型加载情况如图 4.18 所示，图中的蓝色层为激光雷达覆盖区域。

rviz 中的模型如图 4.19 所示，图中的箭头为小车路径及朝向，点为激光雷达点云，小框内为摄像头返回的视频流。

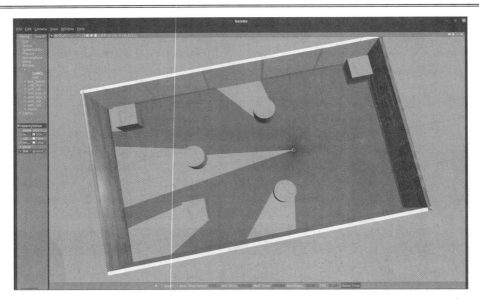

彩色图

图 4.18　添加传感器后的模型加载情况

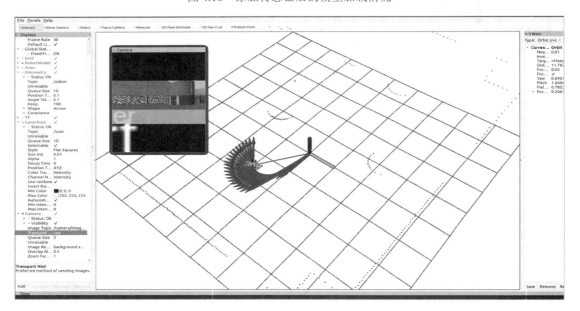

图 4.19　rviz 中的模型

4.4.5　机械臂仿真

4.4.4 节主要介绍了小车的仿真，对于常见的机械臂，ROS 也可以很好地进行仿真，机械臂仿真主要依赖于 moveit 功能包来实现，通过 "sudo apt install ros-indigo-moveit-full" 命令即可安装完成，本节会简要介绍一个七轴机械臂的仿真，通过命令 git clone https://github.com/qboticslabs/mastering_ros.git 即可将七轴机械臂下载到工作空间。

创建模型，在一个终端中启动 roscore，在另一个终端中输入 "rosrun moveit_setup_assistant moveit_setup_assistant" 命令打开 "MoveIt Setup Assistant" 界面，如图 4.20 所示。

图 4.20　"MoveIt Setup Assistant"界面

1. Start

单击"Create New MoveIt Configuration Package"按钮，选择模型为 seven_dof_arm.urdf，即可将模型在界面右侧可视化，如图 4.21 所示。

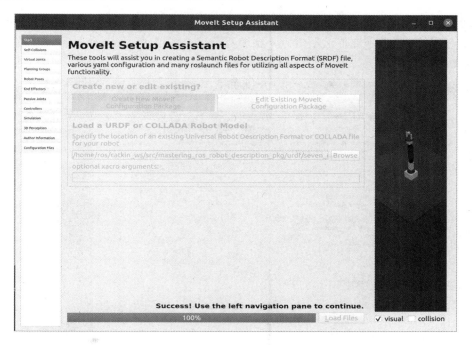

图 4.21　模型可视化

2. Self-Collision

配置自碰撞（Self-Collision）矩阵，单击右侧的"Generate Collision Matrix"按钮，设置默认采样点为 10000 个（这是最低要求），生成的自碰撞矩阵如图 4.22 所示。

3. Virtual Joints

虚拟关节（Virtual Joints）主要用来描述机器人在世界坐标系下的位置，如果机器人是移动的，那么虚拟关节可以与移动基座关联，不过一般的机械臂都是固定不动的，所以也可以不需要虚拟关节。我们可以随意设置一个虚拟关节，否则最后无法生成功能包。

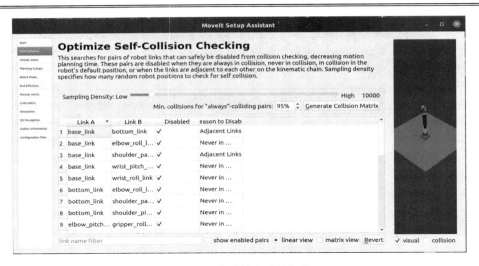

图 4.22　生成的自碰撞矩阵

4. Planning Groups

规划组（Planning Groups）用于将机械臂的多个组成部分集成到一个组中，如图 4.23 所示，针对一组连杆或关节完成运动规划。添加两个运动规划，使 arm 和 gripper 分别对应机械臂和夹持器。

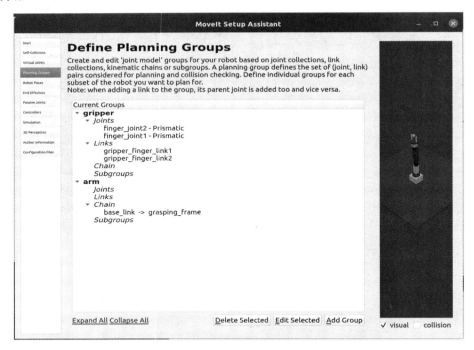

图 4.23　将机械臂的多个组成部分集成到一个组中

5. Robot Poses

机器人位置（Robot Poses）界面用于设置机器人的零点位置、初始位置等的固定位置，当然这些位置是用户根据场景自定义的，不一定要和机器人本身的零点位置、初始位置相同。在使用 MoveIt API 编程时，可以直接调用这些位置，如图 4.24 所示。

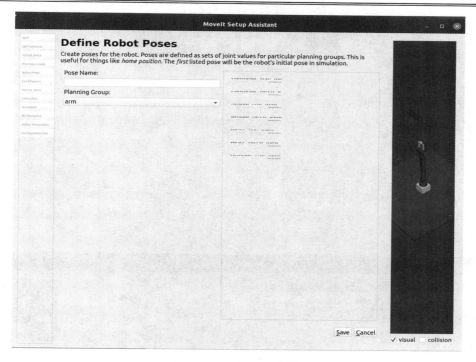

图 4.24　设置机器人位置

6．End Effectors

在一些实用场景下，机械臂上会安装夹具等终端结构（End Effectors）。这里可以添加上述终端结构，本例对应的是夹持器，如图 4.25 所示。

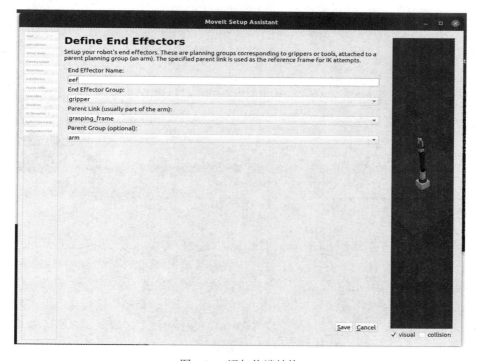

图 4.25　添加终端结构

7. Passive Joints

在规划、控制过程中使用不到的某些关节称为被动关节（Passive Joints），可以先声明出来。

8. Author Information

添加作者信息（Author Information），以便使用到本功能包的用户可以方便地联系到作者。

9. Configuration Files

生成功能包如图 4.26 所示。本例中，将功能包命名为 seven_dof_moveit_config，并将其保存在/home/ros/catkin_ws/src 目录下，如果目录下有同名功能包，那么会提示覆盖已有的配置文件。

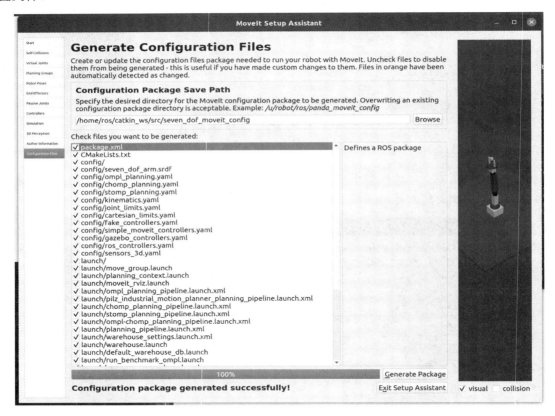

图 4.26　生成功能包

至此，ROS 的功能包已经生成，我们可以通过"roslaunch seven_dof_moveit_config demo.launch"命令进行测试。在 rviz 中打开模型并通过左下角的"Motion Planning"插件对模型进行运动控制，如图 4.27 所示，图中左侧臂位于初始位置，右侧臂位于目标位置，中间臂为规划路径。使用鼠标将机械臂拖动到目标位置后，单击"Plan"按钮，可以在界面中看到机械臂从初始位置（左侧臂）到目标位置（右侧臂）的运动规划（中间臂，实际为动态过程）。单击"Execute"按钮，可以使机械臂从初始位置按照运动规划的路径移动到目标位置。至于后续的 MoveIt 接口编程，限于篇幅不再介绍，读者可以自行在 MoveIt 官网中学习。

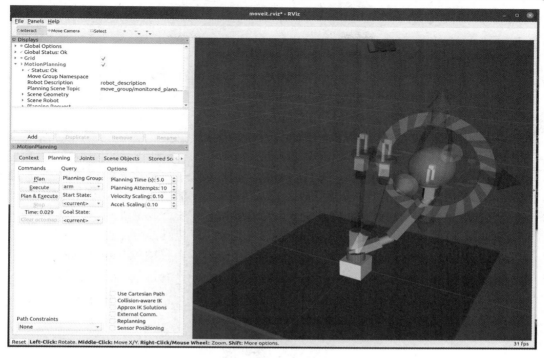

图 4.27 机械臂仿真测试

第 5 章　服务机器人移动系统

5.1　概述

移动机器人的研究始于 20 世纪 60 年代末期，斯坦福国际研究院（SRI）的 Nils Nilssen 和 Charles Rosen 等人在 1966—1972 年研发出了名为 Shakey 的移动机器人（见图 5.1）。研究移动机器人的主要目标是：机器人可以在复杂环境下实时、安全地完成任务。研究领域涉及机器人控制、定位、视觉、目标识别、任务规划与执行、多传感器融合及多机器人协同工作等。本章主要介绍当前主流的 SLAM 算法、视觉 SLAM 算法、移动机器人导航算法、移动机器人的运动控制和 ROS 应用。

图 5.1　Shakey 移动机器人

5.2　SLAM 算法

SLAM 算法是指机器人在进入一个未知的环境时，通过移动和对周围环境的感知，解决机器人自身定位与环境地图的构建问题。SLAM 被认为是实现全自主移动机器人的关键技术，它主要回答两方面的问题，一个是"我在哪儿？"，另一个是"我周围的环境是怎样的？"，这两个问题分别对应 SLAM 的两个关键技术，即建图与定位。

5.2.1　占据栅格地图

对于移动机器人而言，了解周围环境是其实现有效移动的基本保障。地图是描述环境的常用方式，它可以帮助机器人完成定位和路径规划等任务。由于机器人通过传感器来感知外部环境，因此建图的工作建立在传感器测量外部环境数据的基础上，也就是说，给定传感器测量数据，计算出地图的最优估计。而要得到准确的外部环境数据，一方面离不开机器人自身位姿的估计，有了机器人的位姿，才能确定测得的数据对应的方位，这是建图的基础；而另一方面，有了地图才能更好地估计机器人的位姿，因此二者是相互依存的关系。SLAM 算法的核心便是建图和位姿估计同时进行。在本节中要优先解决的问题是：在已知机器人位姿的条件下，如何得到地图的估计。

地图有很多种，总体来说分为尺度地图、拓扑地图和语义地图。栅格地图是一种离散化的尺度地图，它将周围环境划分为一个个像矩阵一样的栅格。栅格地图对环境的描述以栅格为最小单元，这一点与数字图像以像素为最小单元类似。在机器人领域，由于我们关注的是某个位置是否有障碍物（被占据），因此栅格地图中的数据对应的是该栅格是否被占据，我们称之为占据栅格地图，最早由 Moravec 和 Elfes 于 1985 年提出。在实际的环境中，某个点是否被占据是一个确定的情况，也就是说，某个点要么被占据，要么不被占据，但是站在机器人的角度，它并不是总能确切地知道某个点是否被占据。栅格地图建立在机器人传感器测量数据的基础上，由于传感器中有各种噪声，使得测量结果出现偏差或不稳定的现象，比如在某次测量时，测得在某个方位上与障碍物的距离为 3.35m，但是在下一次测量时，在同一个方位上可能测得的距离是 3.45m，因此在 3.35～3.45m 之间是否有障碍物的存在就是一件不确定的事情，某个点有一定的概率被占据，也有一定的概率不被占据。

我们用 Odds 来表示某个栅格被占据的情况，式（5.1）是 Odds 的定义：

$$\text{Odds}(s) = \frac{p(s)}{1 - p(s)} \tag{5.1}$$

式（5.1）中，p 为概率；s 为栅格的状态；$p(s)$ 为栅格处于某种状态的概率。

可以看出，Odds 为某事件发生的概率与不发生的概率的比值。当发生的概率>不发生的概率时，Odds>1；当发生的概率<不发生的概率时，Odds<1；当发生的概率=不发生的概率时，Odds=1。栅格的状态 s 只有两种，即被占据和不被占据，如果用 $s=1$ 代表栅格被占据，$s=0$ 代表栅格不被占据，那么该栅格被占据的 Odds 值可以表示为：

$$\text{Odds}(s=1) = \frac{p(s=1)}{1 - p(s=1)} = \frac{p(s=1)}{p(s=0)} \tag{5.2}$$

构建地图的过程是用测量值不断刷新 Odds 的过程。在测量值 z 到来后，Odds 被刷新为：

$$\text{Odds}(s=1|z) = \frac{p(s=1|z)}{p(s=0|z)} \tag{5.3}$$

式（5.3）中，z 代表测量到的栅格状态；$p(s=1|z)$ 和 $p(s=0|z)$ 分别代表在已知 z 的情况下，$s=1$ 和 $s=0$ 的概率。

根据贝叶斯公式得到：

$$p(s=1|z) = \frac{p(z|s=1)\,p(s=1)}{p(z)}$$
$$p(s=0|z) = \frac{p(z|s=0)\,p(s=0)}{p(z)} \tag{5.4}$$

式（5.4）中，$p(z|s=1)$ 和 $p(z|s=0)$ 分别代表 $s=1$ 和 $s=0$ 时得到测量值 z 的概率。

将式（5.4）代入式（5.3），得到：

$$\text{Odds}(s=1|z) = \frac{p(z|s=1)\,p(s=1)}{p(z|s=0)\,p(s=0)} = \frac{p(z|s=1)}{p(z|s=0)} \cdot \text{Odds}(s=1) = r(z) \cdot \text{Odds}(s=1) \tag{5.5}$$

可以看出，在得到测量数据后，只需要在原本 Odds 的基础上乘以 $\dfrac{p(z\,|\,s=1)}{p(z\,|\,s=0)}$，即可得到

新的 Odds 值。在此我们将 $\dfrac{p(z\,|\,s=1)}{p(z\,|\,s=0)}$ 记为 $r(z)$。由于 z 的值也只有两种，$z=1$ 代表测量到该

栅格被占据；$z=0$ 代表测量到该栅格未被占据，因此 $r(z)$ 只可能出现两种情况，即在 $r(z=0)$

和 $r(z=1)$ 这两种情况下，$r(z)$ 均为定值，因此在更新 Odds 时，只需要将新测得的栅格的状

态乘以一个固定的系数即可。通常情况下，$s=1$ 时测得 $z=1$ 的概率会大于 $s=0$ 时测得 $z=1$ 的概

率，因此 $r(z=1)>1$，同理可得 $r(z=0)<1$。

在实际操作中，通常对式（5.5）做取对数处理：

$$\ln\big(\mathrm{Odds}(s=1\,|\,z)\big)=\ln r(z)+\ln\big(\mathrm{Odds}(s=1)\big) \tag{5.6}$$

式（5.6）中，$\ln(\mathrm{Odds})$ 称为对数概率，它的取值范围为$-\infty\sim+\infty$，这样我们可以将乘法运算转

换为加减法运算。为方便起见，将 $\ln(\mathrm{Odds})$ 记为 S，代表地图中的栅格状态；将更新前的

$\ln(\mathrm{Odds})$ 记为 S^-；将更新后的 $\ln(\mathrm{Odds})$ 记为 S^+；将 $z=0$ 时的 $\log r(z)$ 记为 $\ln(\mathrm{rfree})$；将 $z=1$

时的 $\ln r(z)$ 记为 $\ln(\mathrm{roccu})$，这样更新规则可简化为：

$$S^+=\begin{cases}S^-+\ln(\mathrm{roccu}) & z=1\\ S^-+\ln(\mathrm{rfree}) & z=0\end{cases} \tag{5.7}$$

即根据测得的数据 z，在原来的 S 值上分别加上一个常数即可。由前面的分析不难得出，

$\ln(\mathrm{roccu})>0$，$\ln(\mathrm{rfree})<0$。

图 5.2 所示为构建栅格地图示意图，图中给出了一个构建栅格地图的具体情形，使用激光

作为测距传感器。$X_{\mathrm{I}}OY_{\mathrm{I}}$ 为参考坐标系，机器人朝向为 X_{R} 方向，它与 X_{I} 轴的夹角为θ。L 为激

光源的位置，激光方向与机器人朝向的夹角为 α。激光在 B 点遇到障碍物，通过测量得到激

光源到障碍物的距离为 d。在已知机器人位置的情况下，可以计算出 B 点的坐标：

$$\begin{aligned}x_B&=x_L+d\cos(\theta+\alpha)\\ y_B&=y_L+d\sin(\theta+\alpha)\end{aligned} \tag{5.8}$$

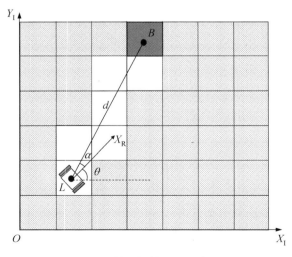

图 5.2　构建栅格地图示意图

整个区域被划分成 $m \times n$ 个栅格，初始时因为没有任何测量数据，所以认为所有栅格被占据的概率均为 0.5，即 S 的初始值为 0：

$$S_{\text{init}} = \ln \frac{p(s=1)}{1 - p(s=1)} = \ln \frac{0.5}{0.5} = 0 \tag{5.9}$$

B 点的栅格坐标可通过下式得到：

$$i_B = \left\lfloor \frac{x_B}{d_0} \right\rfloor + 1$$

$$j_B = \left\lfloor \frac{y_B}{d_0} \right\rfloor + 1 \tag{5.10}$$

式（5.10）中，$\lfloor \ \rfloor$ 代表向下取整；d_0 代表栅格长度。

本次测量的结果是，栅格 (i_B, j_B) 被占据（有障碍物），而激光经过的区域，即从 L 点到 B 点所经过的栅格未被占据（没有障碍物）。Bresenham 算法可以用来计算从 L 点到 B 点所经过的栅格的集合。

有了测量数据，地图即可被更新。根据前面给出的更新规则，只需要将栅格 (i_B, j_B) 对应的 S 加上 $\ln(\text{roccu})$，未被占据的栅格对应的 S 加上 $\ln(\text{rfree})$，即可完成地图的更新。图 5.3 所示为栅格地图更新过程，此处 $\ln(\text{roccu})$ 和 $\ln(\text{rfree})$ 分别取值为 0.9 和-0.7。图 5.3 中的颜色越深，代表栅格被占据的可能性越大。

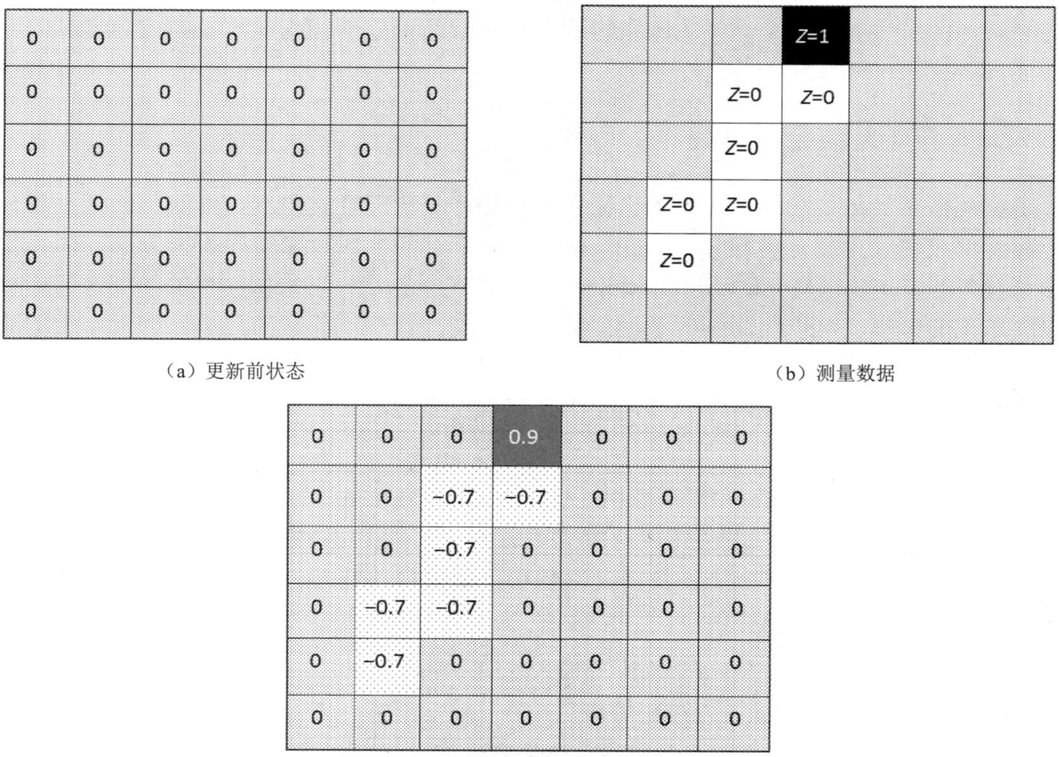

（a）更新前状态

（b）测量数据

（c）更新后状态

图 5.3　栅格地图更新过程

激光雷达每测得一次数据，就带来一次地图的更新，随着激光雷达测得的数据越来越多，地图被不断更新，最终形成如图 5.4 所示的占据栅格地图。

图 5.4　占据栅格地图

需要指出的是，本节讲解的方法是在已知机器人位姿的前提下进行的。在实际构建地图的过程中，伴随着机器人自身的移动，离不开机器人定位的问题。SLAM 建图是一个边移动边定位、边测量、边更新地图的过程，定位和建图是不可分割的两部分。在实际应用中，SLAM 建图被用于静态地图，导航需要在基于此静态地图的基础上通过叠加传感器感知的障碍物信息的障碍地图层和上述两个地图的膨胀得到的膨胀层而形成的代价地图来完成，详细内容在后续 ROS 应用中介绍。

5.2.2　粒子滤波定位算法

定位是指在已知地图的情况下，机器人根据感知系统的测量数据，对自身的位姿进行估计。粒子滤波定位算法是一种常用的定位算法，它的思想来源于蒙特·卡罗算法，因此也被称为蒙特·卡罗定位（Monte Carlo Localization，MCL）算法。它采用随机的粒子来表示机器人位姿出现的概率，可以应用到任意形式的空间模型上。相比其他的滤波（如卡尔曼滤波）算法，粒子滤波定位算法在解决非线性和非高斯的问题上有很好的优越性。

粒子滤波定位算法涉及两个模型，一个是运动模型，另一个是观测模型。运动模型可用下式表示：

$$X(t) = f\big(X(t-1), u(t), n(t)\big) \tag{5.11}$$

式（5.11）中，X 为状态量，即机器人的位姿；u 为控制量；n 为模型噪声。

运动模型可以根据 $t-1$ 时刻的机器人位姿和运动控制得到 t 时刻的机器人位姿估计。观测模型可以由下式表示：

$$Z(t) = h\big(X(t), e(t)\big) \tag{5.12}$$

式（5.12）中，Z 为观测量；e 为观测噪声。

图 5.5 所示为粒子滤波定位算法框图，算法实现主要包括 4 个步骤：初始化、预测、更新权重和重采样，之后重复预测、更新权重、重采样，使粒子逐渐向真实位置聚集。

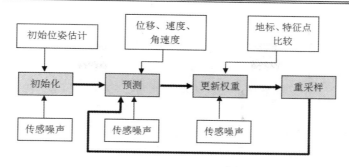

图 5.5　粒子滤波定位算法框图

1. 初始化

假设粒子数为 N，初始化使得每个粒子具有一个最初的位姿，即使得每个粒子具有一个状态量 X^i，i 表示不同的粒子，粒子的分布代表了对机器人初始位置的估计，也就是说，这些粒子是对机器人初始位置的一个采样。采样的具体方法取决于初始位置的估计结果符合何种分布，比如如果没有任何初始位置的信息，那么认为机器人出现在任何一个地方的概率相同，此时可以采取均匀分布采样，使粒子均匀分布在地图空间中；又如，机器人可能获得了 GPS 坐标，那么机器人在该位置附近出现的概率比较大，此时可以采取以该坐标为期望值的高斯分布采样，采样的结果是在 GPS 坐标附近粒子比较密集。可以看出，粒子滤波定位算法以粒子来表示概率，粒子密集代表机器人在那个位置出现的概率比较大，而粒子稀疏代表机器人在那个位置出现的概率比较小。

初始化粒子后，我们给每个粒子赋予一个权重，初始时所有粒子的权重相等。

2. 预测

有了初始化的粒子，下一步是根据式（5.11）给出的运动模型对下一个时刻的粒子状态进行预测。由于每个粒子都有可能是机器人的真实状态，因此需要对每个粒子进行状态预测。机器人配备了 IMU 传感器、里程计等传感器，可以对自身的运动有一个感知，如果机器人感知到向前走了 5m，顺时针旋转了 30°，那么每个粒子都按照自己的朝向向前走 5m，并顺时针旋转 30°，加上噪声，就可以得到下一个时刻每个粒子的状态预测。

3. 更新权重

初始化时所有粒子的权重是相等的，更新粒子权重的目的是把接近真实情况的粒子权重调大一些，而把与真实情况差别比较大的粒子权重调小一些。判断的依据是，每个粒子根据观测模型［式（5.12）］对路标、特征点等进行观测，观测值与真实值越接近，认为它越接近真实情况，则它的权重就越高。比如在一个有许多门的走廊里，初始时没有机器人的位置信息，粒子均匀分布在整个走廊，并且每个粒子权重相同。如果此时机器人观测到它的正前方有一个门，那么我们就把每个门前面的粒子权重调得大一些，而把看不到门的那些粒子的权重调得小一些。

4. 重采样

重采样的目的是在粒子数不变的情况下，去掉一些权重比较小的粒子，而在权重比较大的粒子的周围多布置一些粒子。重采样的过程可以被理解为轮盘抽奖，权重大的粒子在轮盘上占的面积大，被抽中的概率也大。设第 i 个粒子的权重为 w_i，那么每次采样时它被抽中的概率为：

$$P_i = \frac{w_i}{\sum_{i=1}^{N} w_i} \tag{5.13}$$

经过 N 次采样后，有些粒子一次都没有被抽中，有些粒子被抽中了多次。这些被抽中的粒子构成了新的粒子集合，每个粒子的权重变得相等，随后进行下一轮的预测、更新权重、重采样，粒子越来越集中，权重最高的粒子与真实情况最接近，这样就完成了机器人的定位功能。

用伪代码表示的粒子滤波定位算法流程如下。

```
1.    Algorithm MCL(Xₜ₋₁, uₜ, zₜ, N)
2.        X̄ₜ = Xₜ = 0
3.        for n=1 to N
4.            xₜ[n] = sample_motion_model(uₜ, xₜ₋₁[n])
5.            wₜ[n] = measurement_model(zₜ, xₜ[n])
6.            X̄ₜ = X̄ₜ + ⟨xₜ[n], wₜ[m]⟩
7.        endfor
8.        for n=1 to N
9.            Draw i with probability ∝ wₜ[i]
10.           Add xₜ[i] to Xₜ
11.       endfor
12.       return Xₜ
```

其中，X_t 是 N 个粒子的集合，$X_t = \left\{ x_t^{[1]}, x_t^{[2]}, \cdots, x_t^{[n]} \right\}$。程序包括两个循环，第一个循环是用运动模型对每个粒子进行预测（第 4 行）、用观测模型更新粒子权重（第 5 行），第二个循环是进行重采样。

下面以一个在二维空间移动的小车为例，展示粒子滤波定位算法的主要步骤，如图 5.6 所示。

图 5.6（a）给出了粒子初始化的情形。图 5.6 中的 X_mOY_m 坐标系为地图坐标系，3 个小旗代表路标。实心圈为小车的真实位置，箭头为朝向，空心圈代表粒子。由于在初始化时没有任何关于小车位置和朝向的信息，因此按照均匀分布进行采样，粒子在任何一个位置以任何朝向出现的概率相同。

假设小车逆时针转过 90° 后检测到在左前方有一个路标，如图 5.6（b）所示，则根据运动模型，将所有粒子逆时针转过 90°。值得注意的是，所谓的逆时针转过 90° 是小车传感器测量的结果，包含测量噪声，因此在每个粒子进行旋转时，要在 90° 的基础上加上随机噪声。粒子旋转后，在假设每个粒子为小车真实状态的情况下，计算出观测到的路标在地图中的位置，将观测位置与真实位置进行比对，根据比对结果调整粒子的权重，匹配度高的权重高，匹配度低的权重低。我们可以按照二维高斯分布概率密度函数来确定每个粒子的权重，如下式所示：

$$P(x, y) = \frac{1}{2\pi\sigma_x\sigma_y} e^{-\frac{1}{2}\left(\left(\frac{x-x_m}{\sigma_x}\right)^2 + \left(\frac{y-y_m}{\sigma_y}\right)^2\right)} \tag{5.14}$$

式（5.14）中，P 为匹配概率；$(x_\mathrm{m}, y_\mathrm{m})$ 为真实路标位置；(x, y) 为检测到的路标位置；σ_x 和 σ_y 为观测路标位置在 X_m 和 Y_m 方向上的噪声标准差。

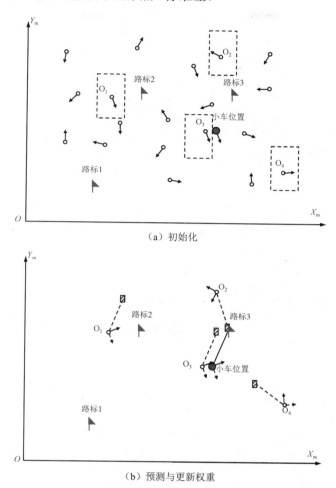

（a）初始化

（b）预测与更新权重

图 5.6　移动小车粒子滤波定位算法的步骤

　　在此（图 5.6 中），我们选取了图 5.6（a）中的 4 个粒子 $O_1 \sim O_4$，在图 5.6（b）给出了这 4 个粒子旋转前（虚线箭头）和旋转后（实线箭头）的朝向，以及这 4 个粒子观测到的路标位置（斜线阴影方块）。可以看出，在这 4 个粒子中，O_2 观测到的路标与真实路标位置最匹配，因此它的权重最高；而 O_4 的匹配度最低，因此它的权重也最小。在重采样环节，粒子被抽中的概率与权重成正比，因此 O_2 被抽中的概率最大，而 O_4 被抽中的概率小。若 N 次采样都没有被抽中，则该粒子被删除，不参与下一次的循环。这样，留下的粒子越来越集中，也越来越能反映小车的真实状态。

　　图 5.7 所示为粒子滤波的收敛过程，图中的黑色圆圈为机器人的实际位置。图 5.7（a）所示为机器人从起点出发不久的粒子状态，可以看出，粒子比较分散，不确定度还很高；当机器人移动到图 5.7（b）所示的位置时，粒子集中程度提高，说明这个位置是真实位置的可能性比较高，但仍有很大的不确定性；当机器人移动到图 5.7（c）所示的位置时，粒子集中在机器人的真实位置周围，定位问题得到解决。

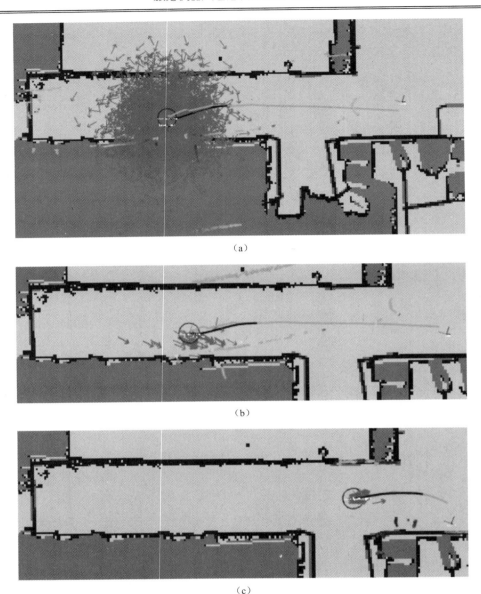

（a）

（b）

（c）

图 5.7　粒子滤波的收敛过程

　　实际机器人定位时除了用到路标，还会用到环境中的标记物、障碍物距离等信息，需要匹配的信息比较多，算法也更复杂。另外，由于机器人测量到的数据是以机器人坐标来表示的，通常需要经过坐标变换将其转换为地图坐标，才能进行匹配度的计算。

　　粒子滤波定位算法几乎能近似任何实际的重要性分布，并表现出近似的非参数特性。粒子数 N 增加，可以提高计算精度，但是需要更多的计算资源，在实际应用中应寻求二者的平衡。

5.2.3　AMCL

　　5.2.2 节介绍的粒子滤波定位算法能够解决全局定位问题，但不能从"机器人绑架"中或全局定位失效中恢复。试想当机器人已经经过了一段时间的定位，所有的粒子都集中到了机器人的真实位置附近，权重也达到比较高的值，此时机器人遭到绑架，被瞬间移至另外的一个位置，粒子都集中在离机器人很远的地方，而机器人的真实位置附近却没有粒子，这就导致所有的粒子匹配度都很低，使得模型处于失效的状态。造成这个后果的原因还有很多，比如在粒子数不多的情况下，由于蒙特·卡罗定位算法具有随机性，因此有可能在重采样时丢失正确位姿附近的粒子，从而导致全局定位失效。解决这个问题的方法是在进行重采样时，除了按照权重进行采样，还在粒子集合中增加随机粒子，相当于在全局重新撒一些粒子。这种改进了的算法被称为增强蒙特·卡罗定位（Augmented Monte Carlo Localization，AMCL）算法，它是一种自适应算法，能够自动调整，提高随机粒子的频率和增加随机粒子的数量。用伪代码表示的算法流程如下。

1.   Algorithm AMCL(X_{t-1}, u_t, z_t, N)
2.   Static w_{slow}, w_{fast}
3. $\overline{X_t} = X_t = 0$
4.   for n=1 to N
5. $x_t^{[n]} = \text{sample\_motion\_model}\left(u_t, x_{t-1}^{[n]}\right)$
6. $w_t^{[n]} = \text{measurement\_model}\left(z_t, x_t^{[n]}\right)$
7. $\overline{X_t} = \overline{X_t} + \left\langle x_t^{[n]}, w_t^{[m]} \right\rangle$
8. $w_{\text{avg}} = w_{\text{avg}} + \dfrac{1}{N} w_t^{[n]}$
9.   endfor
10. $w_{\text{slow}} = w_{\text{slow}} + \alpha_{\text{slow}}\left(w_{\text{avg}} - w_{\text{slow}}\right)$
11. $w_{\text{fast}} = w_{\text{fast}} + \alpha_{\text{fast}}\left(w_{\text{avg}} - w_{\text{fast}}\right)$
12.   for n=1 to N
13.   With probability max $\{0.0, 1.0 - w_{\text{fast}} / w_{\text{slow}}\}$ do
14.   add random pose to X_t
15.   else
16.   Draw i with probability $\propto w_t^{[i]}$
17.   Add $x_t^{[i]}$ to X_t
18.   endwith
19.   endfor
20.   return X_t

其中，w_{avg} 是当前所有粒子的权重平均值，作为测量似然的一个量度；w_{slow} 和 w_{fast} 是 w_{avg} 在多个时间步长下的平均值，分别对应长期和短期平均值。正常情况下，随着时间的迭代，测量似然会不断增加，短期平均值会大于长期平均值。若出现 $w_{\text{fast}} < w_{\text{slow}}$，则说明测量似然在下降，当机器人被绑架或全局定位失效时会产生这样的现象。与 MCL 算法相比，AMCL 主要的改进是第二个循环，即重采样的部分增加了第 13 行的判断。若 $w_{\text{fast}} > w_{\text{slow}}$，则重采样的过程与 MCL 算法相同；若 $w_{\text{fast}} < w_{\text{slow}}$，则说明出现 w_{avg} 下滑的现象，这时按照（$1.0 - w_{\text{fast}} / w_{\text{slow}}$）的概率增加随机粒子。就保证了下滑越厉害，增加随机粒子的概率越大，这就是它自适应性的体现。

5.2.4 从 FastSLAM 算法到 Gmapping

1. 基于地图特征的 FastSLAM 算法

粒子滤波定位算法有其明显的优越性，但是如果将粒子滤波定位算法直接用于 SLAM，那么会遇到状态向量维数太高而运算效率低下的问题。因为对于定位问题，状态向量只包含位姿信息，是一个低维问题，而 SLAM 要同时解决定位和地图构建问题，所以状态向量中不仅要包含机器人的位姿，还要包含地图的信息。方便起见，把包含机器人位姿和地图特征的状态向量称为联合状态向量，将其定义为 y_t：

$$y_t = \begin{pmatrix} x_t \\ m_t \end{pmatrix} \quad (5.15)$$

$$= \begin{pmatrix} x & y & \theta & m_{1,x} & m_{1,y} & m_{2,x} & m_{2,y} & \cdots & m_{M,x} & m_{M,y} \end{pmatrix}^T$$

式（5.15）中，x_t 和 m_t 分别为机器人位姿和地图特征向量。x、y、θ 为机器人在 t 时刻的坐标和朝向（注意不要和状态向量 x_t、y_t 混淆），M 为地图特征的个数，$m_{i,x}$ 和 $m_{i,y}$ 为第 i（$i=1,2,\cdots,M$）个特征的坐标。

可见，SLAM 问题中联合状态向量的维数大大高于定位问题中状态向量的维数。状态空间的高维性使得粒子滤波定位算法无法直接用于解决 SLAM 问题。FastSLAM 算法的基本思想是采用 R-B（Rao-Blackwellized）分解将 SLAM 问题分解成定位问题和地图构建问题，因此也被称为 R-B 粒子滤波（Rao-Blackwellized Particle Filter，RBPF）。其中定位问题采用粒子滤波定位算法解决，地图构建问题采用 EKF（Extended Kalman Filter，扩展卡尔曼滤波）算法解决，这样，粒子滤波估计联合状态向量的高维问题转变成了只需要估计位姿状态向量的低维问题。

运用粒子滤波定位算法解决 SLAM 问题就是在观测值已知的情况下得到联合状态向量的后验概率密度函数，即 $p(y_t|z_{1:t}, u_{1:t})$。该概率密度函数可以进行如下的因式分解：

$$p(y_t|z_{1:t}, u_{1:t}) = p(x_t, m_t|z_{1:t}, u_{1:t}) = p(x_t|z_{1:t}, u_{1:t}) p(m_t|z_{1:t}, u_{1:t})$$

$$= p(x_t | z_{1:t}, u_{1:t}) \prod_{i=1}^{M} p(m_i | z_{1:t}, u_{1:t}) \quad (5.16)$$

可以看出，对于 y_t 的估计可以分解为对位姿和地图特征的两个独立的估计，而对地图特征的估计又可以分解为 M 个独立的特征估计，这样，y_t 的后验概率被分解成了 $M+1$ 个概率。FastSLAM 算法使用粒子滤波计算 $p(x_t | z_{1:t}, u_{1:t})$。对于地图的每个特征，FastSLAM 算法采用 EKF 算法估计其位置。需要注意的是，不同于 EKF-SLAM 等算法使用联合状态向量对所有特征的位置进行估计，FastSLAM 算法针对每个地图特征使用单独的低维 EKF 滤波器。与其他 SLAM 算法相比，FastSLAM 算法的优势一方面体现在可以维持多数据关联后验概率，而不是最有可能的后验概率；另一方面体现在它可以处理非线性的运动模型。

FastSLAM 1.0 是 FastSLAM 算法的原型，在该算法中，每个粒子包含一个对机器人位姿的估计 $x_t^{[k]}$，以及对每个地图特征的卡尔曼滤波估计，包括估计均值 $\mu_{i,t}^{[k]}$ 和协方差 $\Sigma_{i,t}^{[k]}$，这里 $[k]$ 代表不同的粒子，i 对应不同的特征。基本 FastSLAM 算法的粒子如图 5.8 所示。

	机器人路径	特征 1	特征 2	…	特征 M
粒子 k=1	$x_{1:t}^{[1]} = \{(x\ y\ \theta)^{\mathrm{T}}\}_{1:t}^{[1]}$	$\mu_{1,t}^{[1]},\ \Sigma_{1,t}^{[1]}$	$\mu_{2,t}^{[1]},\ \Sigma_{2,t}^{[1]}$	…	$\mu_{M,t}^{[1]},\ \Sigma_{M,t}^{[1]}$
粒子 k=2	$x_{1:t}^{[2]} = \{(x\ y\ \theta)^{\mathrm{T}}\}_{1:t}^{[2]}$	$\mu_{1,t}^{[2]},\ \Sigma_{1,t}^{[2]}$	$\mu_{2,t}^{[2]},\ \Sigma_{2,t}^{[2]}$	…	$\mu_{M,t}^{[2]},\ \Sigma_{M,t}^{[2]}$
⋮					
粒子 k=N	$x_{1:t}^{[N]} = \{(x\ y\ \theta)^{\mathrm{T}}\}_{1:t}^{[N]}$	$\mu_{1,t}^{[N]},\ \Sigma_{1,t}^{[N]}$	$\mu_{2,t}^{[N]},\ \Sigma_{2,t}^{[N]}$	…	$\mu_{M,t}^{[N]},\ \Sigma_{M,t}^{[N]}$

图 5.8　基本 FastSLAM 算法的粒子

FastSLAM 1.0 的算法步骤如下。

（1）初始化。通过采样产生 N 个粒子的初始化位姿。

（2）预测。根据运动模型，由 $t-1$ 时刻的位姿预测 t 时刻的位姿。注意，在这一步仅仅对机器人定位信息进行更新，而地图特征保持不变。

（3）测量更新。对每一个观测到的特征 z_t^j，找到与之对应的地图特征 i，并且用 EKF 算法对特征 i 的估计均值 $\mu_{i,t}^{[k]}$ 和协方差 $\Sigma_{i,t}^{[k]}$ 进行更新，没有观测到的特征保持不变。

（4）更新权重。对每个粒子的权重 $w^{[k]}$ 进行更新。

（5）重采样。根据更新后的权重对粒子进行重采样。

（6）重复步骤（2）～（6）。

可以看出，FastSLAM 算法与普通粒子滤波定位算法的步骤基本相同，差别主要体现在地图特征的更新部分，即步骤（3）。在用粒子滤波定位算法解决定位问题时，地图特征为已知量，不需要该步骤，而 FastSLAM 算法利用该步骤获得对地图特征的位置估计。

FastSLAM 1.0 用运动模型对位姿进行采样，用观测模型计算重要性权重，这样做使得算法简单且容易实现，但也会带来一些问题。当机器人运动控制噪声大于传感器测量噪声时，采样得到的位姿有很大一部分会落在低似然区，这样在重采样的环节会造成大量粒子丢失而带来粒子退化问题。FastSLAM 2.0 针对这个问题进行了改进。在位姿采样环节，FastSLAM 2.0 不仅考虑运动模型，还考虑观测模型，即位姿 $x_t^{[k]}$ 从后验概率中提取：

$$x_t^{[k]} \sim p(x_t \mid x_{1:t-1}^{[k]}, u_{1:t}, z_{1:t}) \tag{5.17}$$

FastSLAM 2.0 虽然弥补了 FastSLAM 1.0 的不足，但是更难以实现，数学推导更复杂。

2. 基于栅格地图的 FastSLAM 算法

无论是 FastSLAM 1.0 还是 FastSLAM 2.0，都是基于特征的 SLAM 算法，构建的地图为特征地图。FastSLAM 算法还可以应用于测距传感器，此时构建的地图为栅格地图，我们称之为基于栅格地图的 FastSLAM 算法。

将 FastSLAM 算法扩展至栅格地图并不复杂，此时每个粒子除了包含一个机器人位姿的估计 $x_t^{[k]}$，还有一个跟随该粒子的占据栅格地图 $m_t^{[k]}$。下面给出一个具体的基于栅格地图的 FastSLAM 算法伪代码。

1.　Algorithm FastSLAM_occupancy_grids(X_{t-1}, u_t, z_t, N)

2. $\overline{X_t} = X_t = 0$

3.   for $k=1$ to N

4. $x_t^{[k]} = \text{sample\_motion\_model}\left(u_t, x_{t-1}^{[k]}\right)$

5. $w_t^{[k]} = \text{measurement\_model}\left(z_t, x_t^{[k]}, m_{t-1}^{[k]}\right)$

6. $m_t^{[k]} = \text{updated\_occupancy\_grid}(z_t, x_t^{[k]}, m_{t-1}^{[k]})$

7. $\overline{X_t} = \overline{X_t} + \left\langle x_t^{[k]}, m_t^{[k]}, w_t^{[k]} \right\rangle$

8.   endfor

9.   for $k=1$ to N

10.   Draw i with probability $\propto w_t^{[i]}$

11.   Add $\left\langle x_t^{[i]}, m_t^{[i]} \right\rangle$ to X_t

12.   endfor

13.   return X_t

与 5.2.2 节介绍的 MCL 算法相似，X_t 仍然是 N 个粒子的集合，但此时每个粒子包含了位姿和地图两方面的信息，即：

$$X_t = \left\{\left(x_t^{[1]}, m_t^{[1]}\right), \left(x_t^{[2]}, m_t^{[2]}\right), \cdots, \left(x_t^{[N]}, m_t^{[N]}\right)\right\} \tag{5.18}$$

另一个不同点是本算法增加了第 6 行地图 $m_t^{[k]}$ 更新的步骤，这与基于特征地图的 FastSLAM 算法相似，只是地图更新的方法不采用 EKF 算法，而采用基于 5.2.1 节介绍的栅格地图构建方法。

3. Gmapping 算法

Gmapping 是 ROS 的一个功能包，它是一个根据激光雷达数据，采用 RBPF 算法完成栅格地图构建的 SLAM 解决方案。这种解决方案先估计机器人的运动轨迹，再根据机器人的状态和观测数据得到环境地图，环境地图反过来又可以更新机器人的轨迹，如此反复，使得轨迹和地图的估计趋向于真实状态。在 Gmapping 算法中，每个粒子独立地记录一条机器人可能的轨迹及其对应的环境栅格地图，同时 Gmapping 算法在 RBPF 算法的基础上做了两个主要的改变：改进建议分布和选择性重采样。

1）改进建议分布

粒子滤波定位算法的预测环节是对机器人位姿的采样，采样时选择怎样的建议分布将直接影响到算法的执行效率。RBPF 算法使用运动模型作为建议分布，不考虑观测数据，比如对于一个有里程计和激光雷达的移动机器人，仅仅采用里程计数据进行采样。如果里程计的误差比较大，或者里程计测量数据的方差比较大，那么需要更多的粒子才能够涵盖各种位姿的可能性。由于每个粒子携带一个栅格地图，粒子数的增加会大大增加存储容量，造成内存不足的情形，因此里程计的累计误差还会导致回环闭合时发生错位。解决这个问题的方法是在建议分布中加入观测数据和地图信息，降低建议分布的方差。考虑到激光雷达的匹配方差要比里程计的方差小很多，如果在建议分布中加入激光雷达观测模型，那么会将采样范围限制在一个比较小的区域，即使比较少的粒子也可以涵盖位姿的各种可能性。Gmapping 将建议分布由 $p(x_t \mid \mathbf{x}_{t-1}, u_t)$ 改进为 $p(x_t \mid \mathbf{x}_{t-1}, u_t, z_t, m)$，加入了观测数据和地图信息，使采样集中在激光雷达扫描数据与地图匹配度比较高的位置，可以用较少的粒子得到大的测量似然。

2）选择性重采样

RBPF 算法的每一次迭代均需要根据每个粒子的权重进行重采样，频繁的重采样可能会导致粒子退化的问题，使得粒子的多样性减少，或者正确的粒子丢失。针对这个问题，Gmapping 提出了选择性重采样，不再是每次迭代进行重采样，而是根据粒子权重的离散程度（权重方差）来决定是否进行重采样。若离散程度大，则进行重采样，否则不进行重采样。

5.2.5　常见 SLAM 算法对比

基于激光雷达数据的 SLAM 算法比较多，ROS 中默认的算法是 Gmapping，在上文中已有介绍，本节主要介绍在 ROS 框架下，HectorSLAM、LagoSLAM、KartoSLAM、CoreSLAM 和 Gmapping 的一些表现差异，同时也简要介绍谷歌发布的 Cartographer 算法。

HectorSLAM 基于扫描匹配算法，利用高斯牛顿法求解，该算法无须里程计信息，但是需要高更新频率和低测量噪声的激光雷达支持，现代激光雷达基本都可以达到要求。

LagoSLAM 是线性近似图优化算法，不需要初始假设。基本的图优化 SLAM 的方法就是利用最小化非线性非凸代价函数，每次迭代解决局部凸近似的初始问题来更新图配置，迭代一定次数，直到代价函数达到局部最小。假设图中每个节点的相对位置和方向都是独立的，求解一个等价于非凸代价函数的方程组。为此，人们提出了一套基于图论的程序，通过线性定位和线性位置估计，得到非线性系统的一阶近似。

KartoSLAM 是基于图优化的方法，用高度优化和非迭代 Colesky 矩阵进行稀疏系统解耦作为解。ROS 版本中采用的稀疏点调整（Spare Pose Adjustment，SPA）与扫描匹配和闭环检测相关。路标（landmark）越多，内存需求越大，然而图优化方法相比其他方法在大环境下的制图优势更大。

CoreSLAM 是最小化性能损失的一种 SLAM 算法，可简化为距离计算与地图更新的两个过程：第一步，距离计算，每次扫描输入时，基于简单的粒子滤波定位算法计算距离，粒子滤波定位算法的匹配器用于激光与地图的匹配，每个滤波器粒子代表机器人可能的位置和相应的概率权重，这些都依赖于之前的迭代计算。选择好最好的假设分布，即低权重粒子消失，新粒子生成。第二步，地图更新，将扫描得到的线加入地图中，当障碍点出现时，围绕障碍点绘制调整点集，而非仅凭一个孤立点绘制调整点集。

在如图 5.9 所示的实验环境下，算法的误差估计如表 5.1 所示，不同算法的建图表现如图 5.10 所示。

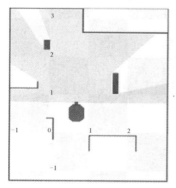
（a）MRL Arena（4.57m×4.04m）

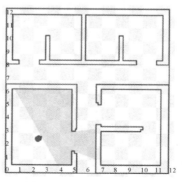
（b）lr5map（12.24m×11.67m）

图 5.9　实验环境

表 5.1　算法的误差估计

环　　境	算　　法				
	HectorSLAM	Gmapping	KartoSLAM	CoreSLAM	LagoSLAM
MRL Arena	0.4563	0.4200	0.5509	11.8393	1.4646
Ir5map	7.4581	5.3670	5.4380	171.5218	9.3041

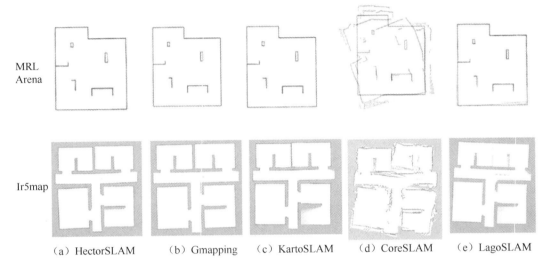

（a）HectorSLAM　（b）Gmapping　（c）KartoSLAM　（d）CoreSLAM　（e）LagoSLAM

图 5.10　不同算法的建图表现

对于一般的移动场景，除了算法实际的表现，还需要考虑算法对资源的消耗，上述 5 种算法在 i7-3630QM CPU/8GB of RAM 下有不同的开销，算法的资源开销如图 5.11 所示，多次实验的资源开销情况如表 5.2 所示。

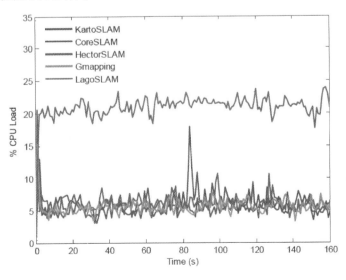

彩色图

图 5.11　算法的资源开销

表 5.2　多次实验的资源开销情况

值	算 法				
	HectorSLAM	Gmapping	KartoSLAM	CoreSLAM	LagoSLAM
均值	6.1107%	7.0873%	5.4077%	5.5213%	21.0839%
中值	5.9250%	5.5800%	5.3000%	5.4400%	21.2250%
标准差	1.993	4.4287	1.3018	1.6311	2.1684

　　谷歌在 2016 年发布了 Cartographer 算法，该算法的局部匹配直接建模成一个非线性优化问题，利用 IMU 提供一个比较可靠的初值；后端用图来优化，用分支定界算法来加速；2D 和 3D 的问题统一在一个框架下解决。因为 Cartographer 算法开源免费且依赖库少，可以直接在产品级嵌入式系统上应用，效果非常不错，极大地降低了开发者的门槛。Cartographer 算法的建图效果如图 5.12 所示。Cartographer 算法非常适合于扫地/清洁机器人、仓储物流机器人、送餐机器人等室内服务机器人场景的实时定位和建图。

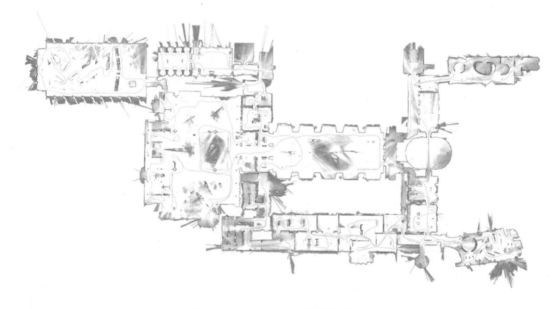

图 5.12　Cartographer 算法的建图效果

5.3　视觉 SLAM 算法

　　视觉 SLAM 算法是指用视觉方式解决定位和建图问题的一种 SLAM 算法。视觉 SLAM 算法的发展历程与视觉传感器的进步相互依赖，从早期的单目摄像头到 Kinect 相机、TOF 等的出现，以视觉为基础的视觉 SLAM 技术受到了越来越多的关注。特斯拉公司是应用视觉 SLAM 算法的佼佼者，推出了纯视觉方式的自动驾驶技术。

　　视觉 SLAM 算法通用框架主要分为传感器数据读取模块、前端视觉里程计模块、后端非线性优化模块、回环检测模块及建图模块，具体如图 5.13 所示。

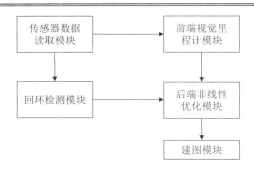

图 5.13　视觉 SLAM 算法通用框架

传感器数据读取模块负责从传感器上获取数据，进行传感器数据预处理。视觉 SLAM 中的传感器包括摄像头、IMU（也称 VISLAM）等，预处理主要包含对图像进行滤波、校畸等。

前端视觉里程计（Visual Odometry，VO）模块采用的方法主要分为基于图像特征变化的特征法和基于图像灰度变化的光度法两类，负责特征提取，估算两帧之间的运动，决定定位问题，根据每个时刻估算出的相机位置计算出各像素的空间点位置，从而构建地图。由于在这里仅计算相邻帧的运动，只进行局部估计，不可避免地在经过一段时间的运行后会产生累计误差，因此需要进行后端优化。

后端非线性优化模块负责对前端结果进行优化，得到最优的位姿估计，即在什么样的状态下最可能产生当前观测到的数据。

回环检测模块的主要目的是让机器人可以认识自己曾经去过的地方，从而解决位置随着时间飘移的问题。回环检测依据两幅图的相似性确定回环检测关系。

建图模块负责构建地图，也就是将机器人运动过程中所检测到的环境拼接起来，得到完整的地图，地图可以用于定位、导航、避障、重建、交互等。常见的地图类型有 2D 栅格地图、2D 拓扑地图和 3D 点云地图等，如图 5.14 所示。

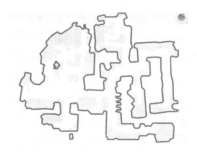
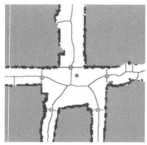

（a）2D 栅格地图　　　　　　　（b）2D 拓扑地图　　　　　　　（c）3D 点云地图

图 5.14　常见的地图类型

5.3.1　视觉传感器

视觉 SLAM 与视觉传感器密切相关，常见的视觉传感器有单目传感器、双目传感器和 RGB-D 传感器。

单目传感器：单目传感器的优势在于成本低、拍摄距离不受限制，但是由于传感器只有单目，无法确定尺寸（比如不知道拍摄对象与相机的距离或者拍摄对象之间的距离），在视觉 SLAM 初始化时，必须有一定程度的平移，通过平移来大致确定尺度。

双目传感器：双目传感器可以通过三角定位确定拍摄对象与相机的距离，拍摄距离不受限制，缺点是深度信息需要通过计算获得，计算量比较大，配置起来也相对复杂。

RGB-D 传感器：RGB-D 传感器也就是常说的深度相机，通过在 RGB 普通摄像头的功能上添加深度测量实现，主流的方案是 RGB 双目、RGB 结构光、RGB-TOF。其中，RGB 双目方案同样采用了三角测距方法，受到基线（双目间距离）的限制，分辨率较高，精度范围为 0.01～1mm，但画面帧率较低，仅几十赫兹；优点是功耗低、抗光照强。RGB 结构光方案采用主动测距，利用激光散斑编码，测距范围为 0.1～10m，分辨率中等，精度范围为 μm～cm，帧率小于 100Hz，抗光性弱，硬件成本高，但是可以工作在黑暗环境下，典型代表是 Kinect v1。RGB-TOF 方案同样采用主动测距，利用发射信号与反射信号的时间差测距，测距范围为 0.1～100m，分辨率低，画面帧率高（36MHz 以上），有一定的抗光性，功率较高，硬件成本也较高，适用于户外场景和黑暗场景，典型代表是 Kinect v2。

5.3.2　开源算法

视觉 SLAM 算法繁多，常见的有 ORB_SLAM2、VINS、OKVIS、S-MSCKF 等。表 5.3 所示为代表性开源视觉 SLAM 算法的框架特点。

表 5.3　代表性开源视觉 SLAM 算法的框架特点

名　称	目标无人平台	前端类型	前瑞特征	初始化方式	后瑞策略	地图类型	路标点估计	故障位姿恢复	回环检测	场景动态
ORB-SLAM2	未注明	特征法	FAST	HMD+EMD	LBA+PGO	几何+拓扑	帧间三角化	词袋识别	DBow2	静态
SVO	MAV	半直接法	像素梯度	HMD	LBA+SoBA	几何	深度滤波器	对齐最近关键帧	无	静态
DSO	未注明	直接法	像素梯度	随机深度	LBA	几何	深度地图优化	对齐最近帧	无	静态
LSD-SLAM	未注明	直接法	像素梯度	随机深度	PGO	几何	深度地图递推	对齐随机关键帧	FabMap	静态
S-MSCKF	MAV	特征法	Harris	EMD	EKF	几何	帧间三角化	无	无	静态
StructVIO	MAV	特征法	Harris+结构线	EMD	EKF	几何	帧间三角化	无	无	静态
ROVIO	未注明	特征法	Harris	EMD	EKF	几何	帧间三角化	无	无	静态
OKVIS	无人车	特征法	Harris	EMD	PGO	几何	帧间三角化	无	无	静态
VINS	MAV	特征法	Harris	EMD	PGO	几何	帧间三角化	对齐最近关键帧	DBow2	静态
VI-ORB	MAV	特征法	FAST	HMD+EMD	LBA+PGO	几何+拓扑	帧间三角化	词袋识别	DBow2	静态
VI-SVO	MAV	半直接法	像素梯度	EMD	LBA+PGO	几何	深度滤波器	对齐最近关键帧	无	静态
VI-DSO	未注明	直接法	像素梯度	随机深度	LBA	几何	深度地图优化	对齐最近帧	无	静态

ORB-SLAM 是基于图像稀疏特征点和非线性优化的单目 SLAM 系统，目前该算法的 v2 版本添加了双目、RGBD 相机接口，v3 版本添加了 IMU 耦合并支持鱼眼相机。ORB-SLAM

的核心是使用了 ORB（Oriented FAST and Rotated BRIEF）作为视觉 SLAM 的核心特征，ORB-SLAM 的运行效果如图 5.15 所示。本节主要以 ORB-SLAM 为例，概述 ORB-SLAM 算法的基本框架，具体的代码可以扫描右侧二维码下载。

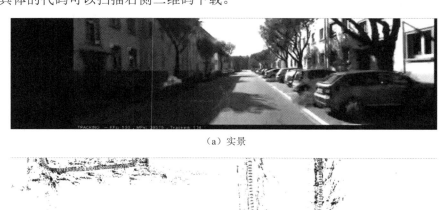

二维码

（a）实景

彩色图

（b）地图

图 5.15　ORB-SLAM 的运行效果

　　ORB-SLAM 系统框架图如图 5.16 所示，包括追踪（Tracking）、局部构图（Local Mapping）和闭环检测（Loop Closing）3 个线程。追踪主要包括提取 ORB、初始化/重定位、追踪局部地图、确定关键帧；局部构图主要包括关键帧插入、最近地图点剔除、创建新点、局部 BA（Bundle Adjustment，光束法平差）、局部关键帧剔除；闭环检测主要包括优化基本图、循环融合、计算 Sim3、候选检测。

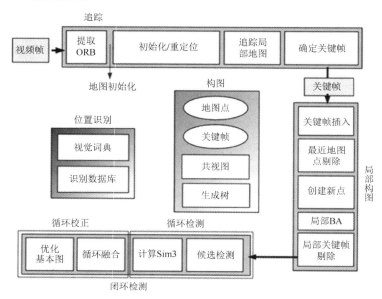

图 5.16　ORB-SLAM 系统框架图

5.4 移动机器人导航算法

SLAM 算法解决了移动机器人的地图创建和定位问题，机器人在实际运动过程中，需要根据出发位置/当前位置和目标位置设计出对应的行驶线路，这部分工作称为路径规划，也就是我们常说的导航，ROS 中的机器人导航技术示意图如图 5.17 所示。

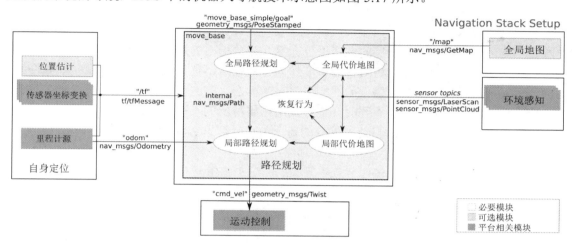

图 5.17 ROS 中的机器人导航技术示意图

路径规划导航算法是指在存在障碍物的环境中按照一定的评价标准找到一条适当的路径，使得机器人可以从起点到达终点，这里要求机器人在运动过程中能避开所有障碍物。路径规划算法分为全局路径规划算法和局部路径规划算法两种。主流的路径规划算法有传统的 A*算法、人工势场法、快速搜索随机树（Rapid-exploration Random Tree，RRT）算法等，也有一些智能算法，如神经网络算法、粒子群算法和模糊控制算法等，各个算法均有其优缺点，需要根据实际的场景选择合适的算法。

5.4.1 全局路径规划算法

传统的全局路径规划算法主要有 Dijkstra 算法、A*算法、D*算法、LPA*算法、D* lite 算法。传统的全局路径规划算法的特点如表 5.4 所示。

表 5.4 传统的全局路径规划算法的特点

算 法	搜索方向	启发式	增量式	适用场景
Dijkstra 算法	正向	否	否	静态规划
A*算法	正向	是	否	全局信息已知，静态规划
D*算法	反向	否	是	部分信息已知，动态规划
LPA*算法	正向	否	是	部分信息已知，动态规划
D* lite 算法	反向	是	是	部分信息已知，动态规划

本节主要介绍 A*算法，该算法综合了 Dijkstra 算法和最良优先搜索的优点，在进行启发式搜索提高效率的同时，可以保证找到一条最优的路径。启发式搜索利用启发信息寻找最优路径。与盲目搜索相比，启发式搜索具有更高的效率，搜索路径更加直接，对环境反应迅速，

因此被广泛地应用于路径规划中。A*算法的基本思想是，定义一个估价函数 f，对目前的搜索状态进行评估，找出最有希望（f 值最小）的点进行扩展，从而找到一条最低代价的路径。估价函数的形式为：

$$f(n)=g(n)+h(n) \tag{5.19}$$

$f(n)$ 即节点 n 的估价函数，它包括两部分，$g(n)$ 代表从起点移动到节点 n 需要付出的代价，$h(n)$ 代表从节点 n 移动到终点的预计代价。在进行搜索的过程中，因为最终的路径还没有形成，从节点 n 移动到终点需要付出的代价很难被精确地计算，所以此处 $h(n)$ 并不对应实际路径的真实值，而一般会采取试探的方式进行计算。需要指出的是，对于代价的评估有各种不同的标准，比如既可以单纯地将路径的长度作为评估标准，也可以将移动需要花费的时间作为评估标准，还可以将移动机器人的性能作为评估标准。有些机器人拐弯的代价很大，直行的代价比较小，因此需要考虑不同的行走方式所需要付出的不同的代价。总之，无论采取何种计算方法，A*算法需要针对目前扩展到的每个节点计算出它所对应的 $g(n)$ 和 $h(n)$，从而进一步计算出 $f(n)$。

每个节点需要记录的信息包括节点编号（n）、父节点编号（parent）、$g(n)$、$h(n)$ 和 $f(n)$。A*算法用两个列表来记录目前已扩展到的节点信息，一个是开放列表（open list），用来存放有待检验的节点；另一个是封闭列表（close list），用来存放已经经过检验的节点。

A*算法搜索路径的方式是从起点开始，将其相邻节点放入 open list，找出 open list 中 $f(n)$ 最小的节点，将其从 open list 移至 close list，将该节点相邻的节点扩展至 open list 中，从 open list 中挑选 $f(n)$ 最小的节点并将其移至 close list，如此反复，直至 close list 中出现终点，因此总体来说它采用一个从起点出发，通过相邻节点向四周扩展的搜索策略，但是和盲目搜索不同的是，它在扩展节点时是沿着 $f(n)$ 最小的方向进行的，方向性更强，效率更高。完整的 A*算法描述如下。

```
将起点加入 open list
while open list 不为空
    选取 open list 中 f(n)最小的节点为 current 节点
    if current 节点为终点
        从终点逐步追踪 parent，一直到达起点
        return 找到的路径，算法结束
    endif
    将 current 节点从 open list 中删除，加入 close list
    for current 节点所有的相邻节点 neighbor
        if neighbor 在 close list 中
            continue
        endif
        //计算经由 current 到达 neighbor 的 g 值
        g_neighbor=g(current)+从 current 到 neighbor 的代价
        if neighbor 不在 open list 中
            将 neighbor 加入 open list 中
        else if neighbor 当前 g 值>g_neighbor
        //neighbor 在 open list 中但当前不经由 current 的 g 值较大
        //则将路径改为经由 current 到达 neighbor
            将 neighbor 节点的 parent 改为 current
            将 neighbor 节点的 g 值改为 g_neighbor
        endif
```

```
        endfor
    endwhile
    //open list 空，没有找到路径
    Return failure
```

　　下面以一个简单的例子来说明采用 A*算法搜索路径的过程，如图 5.18 所示，将搜索区域划分成正方形网格，每个网格为一个节点，为方便描述，对每个节点进行编号。21 号节点为起点，用圆圈表示；17 号节点为终点，用三角形表示；有斜网格底纹的部分为障碍物。机器人可以向 8 个方向移动，即上、下、左、右、左上、右上、右下和左下，现要找到一条由起点通向终点的路径。

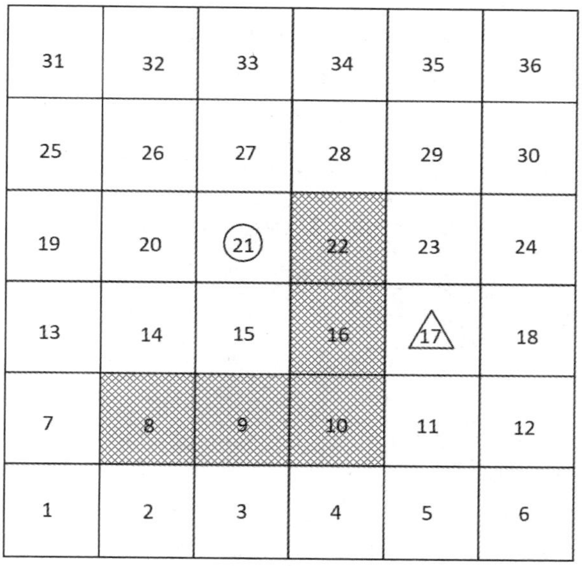

31	32	33	34	35	36
25	26	27	28	29	30
19	20	㉑	22	23	24
13	14	15	16	△17	18
7	8	9	10	11	12
1	2	3	4	5	6

图 5.18　网格地图和起点、终点位置

　　需要明确估价函数中 $g(n)$ 和 $h(n)$ 的计算方法，本例中仅以路径长度作为评估标准。按照定义，$g(n)$ 为从起点移动到节点 n 的代价，由于正方形对角线的长度为边长的 1.414 倍，方便起见，本例采用纵向和横向运动代价为 10、对角线运动代价为 14 的方式进行计算。$h(n)$ 的计算方法有很多种，此处采用曼哈顿距离来进行计算，即计算节点 n 横向或纵向到达终点需要经历的网格数，将其乘以每个网格的边长（此处为 10），即可得到 h 值。若节点 14 到达终点需要横向移动 3 个网格，则 h 值为 30。需要指出的是，由于这里并不会考虑障碍物的存在，因此 h 值仅仅是对空间距离的一个估算，并不对应实际路径的长度。

　　下面采用 A*算法进行路径搜索。初始化 open list 和 close list，如表 5.5 所示，将起点（21 号节点）放入 open list，由于它没有父节点，因此将父节点设为 NULL，此时 close list 为空。

表 5.5　open list 和 close list 初始化示例

| open list | | | | | close list | | | | |
key	parent	g	h	f	key	parent	g	h	f
21（*）	NULL	0	30	30					

由于 open list 中只有一个节点，因此它也是具有最小 f 值的节点，自然也就成了 current 节点（以*标出）。将其从 open list 移至 close list，在 open list 中扩展与 current 节点相邻的节点。扩展相邻节点时有如下 3 种情况需要考虑。

（1）若相邻节点已经存在于 close list 中，则直接跳过该节点。

（2）若相邻节点既不在 close list 中，又不在 open list 中，则将该节点加入 open list，将 parent 设为 current 节点，根据实际情况计算 g、h 和 f 值。

（3）若相邻节点已经存在于 open list 中，则需要检查当路径改为经由 current 节点到达该相邻节点时，是否可以有更小的 g 值，若有更小的 g 值，则将该节点的 parent 改成 current，并更新 g 值和 f 值，否则不需要做任何改变。另外，若该节点为障碍物，或者从 current 节点到达该节点的路径不存在，则不予考虑。

在当前情形下，current 节点为 21 号节点，将其移至 close list 后，要扩展与它相邻的 8 个节点。其中，16 号节点和 22 号节点为障碍物，直接跳过。从 21 号节点移至 28 号节点需要穿过障碍物，也不考虑。这样还剩下 5 个节点，它们既不在 close list 中也不在 open list 中，因此需要将它们加入 open list 中，parent 均为 21。open list 和 close list 变化记录 1 如表 5.6 所示。

表 5.6　open list 和 close list 变化记录 1

| open list | | | | | close list | | | | |
key	parent	g	h	f	key	parent	g	h	f
14	21	14	30	44	21	NULL	0	30	30
15（*）	21	10	20	30					
20	21	10	40	50					
26	21	14	50	64					
27	21	10	40	50					

可以看出，此时 open list 中 15 号节点具有最小 f 值，它成为 current 节点。将其从 open list 移至 close list，查看与 15 号节点相邻的节点，发现在 8 个相邻节点中，有 5 个为障碍物，有 1 个（21 号节点）已经存在于 close list 中，剩下的 14 号节点和 20 号节点都已经存在于 open list 中，此时需要检查这两个节点是否需要更改 parent 以获得更小的 g 值。以 14 号节点为例，目前以 21 号节点为 parent 时，g 值为 14，如果将 parent 改为 15，即路径变更为经由 15 号节点到达 14 号节点，那么它的 g 值为 10+10=20（第一个 10 代表 15 号节点的 g 值，第二个 10 代表从 15 号节点移动到 14 号节点的代价），不需要做任何更改。同样地，20 号节点也不需要做任何更改。open list 和 close list 变化记录 2 如表 5.7 所示。

表 5.7　open list 和 close list 变化记录 2

| open list | | | | | close list | | | | |
key	parent	g	h	f	key	parent	g	h	f
14（*）	21	14	30	44	21	NULL	0	30	30
20	21	10	40	50	15	21	10	20	30
26	21	14	50	64					
27	21	10	40	50					

如此反复，继续在 open list 中挑选出具有最小 f 值的节点作为 current 节点，将其移至 close list，在 open list 中扩展与 current 节点相邻的节点，直至 current 节点为终点时停止搜索。在此基础上，从终点出发，根据 parent 找到路径中的前一个节点，一路追踪到起点，则可得到从起点到终点的最优路径。图 5.19 所示为根据 parent 追踪得到的路径，图中给出了本例最终的 close list 的状态，以及根据 parent 追踪得到路径的方法。可以看出，最终得到的路径为 21→27→28→29→23→17。

　　图 5.20 所示为 A*算法的路径搜索过程示意图，有底纹的部分代表搜索结束时已经被扩展（加入 open list 或 close list）的节点；底纹颜色由浅到深代表扩展的先后顺序，即搜索深度，颜色越浅的节点越早被扩展；箭头代表最终找到的最优路径。

close list				
key	parent	g	h	f
21	NULL	0	30	30
15	21	10	20	30
14	21	14	30	44
27	21	10	40	50
28	27	20	30	50
29	28	30	20	50
23	29	40	10	50
17	23	50	0	50

图 5.19　根据 parent 追踪得到的路径

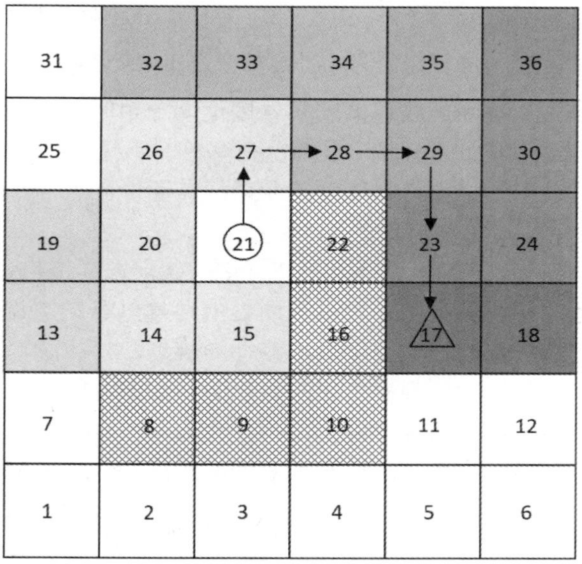

图 5.20　A*算法的路径搜索过程示意图

　　关于 A*算法还需要对如下 4 点进行说明。

　　（1）随着搜索深度的增加，open list 中节点的数量会显著增加，由于 A*算法需要频繁地对 open list 进行操作，包括查找和排序等，因此维护一个好的 open list 结构是提高效率的一个重要手段。

　　（2）曼哈顿距离是估算 h 值的最简单的方法，除此之外，还有切比雪夫距离、欧几里得距离等。

　　（3）对于复杂的情形，可以通过双向搜索的方法来提高效率，即从起点和终点分别发起搜索，直到一方搜索到另一方已加入 close list 的节点，这样可以有效减少寻路过程中节点的数量。

　　（4）除了正方形网格地图，A*算法还可以处理其他形状的网格地图，只要处理好相邻关系及移动代价的计算即可。

5.4.2 局部路径规划算法

局部路径规划算法是指在全局路径规划模块下,结合避障信息重新生成局部的路径规划。局部路径规划算法有多种,较为常用的有 DWA(Dynamic Window Approach,动态窗口法)和 TEB(Time Elastic Band,时间弹性带)算法。二者均得到广泛应用,但算法的思想和性能有所不同。

1. DWA

DWA 是一个经典的机器人局部路径规划算法,它是在速度空间进行规划的一种算法。假设移动机器人在一个二维平面上运动,那么它的速度包括线速度 v 和角速度 ω,若我们将线速度 v 作为横坐标,将角速度 ω 作为纵坐标,则构成一个二维的速度空间,在此空间中的任意一个点都对应一个 (v,ω) 组合,同时也对应移动机器人的一个运动状态。DWA 的核心思想是在速度空间进行采样,得到很多个 (v,ω) 组合,对这些 (v,ω) 组合进行评价,得到最优的 (v,ω),机器人先按照此线速度和角速度运动一个时间周期,状态得到更新,再进行新一轮采样、评价、运动,如此循环,最终得到完整的路径。在每一次循环中,需要进行的步骤主要有两个:计算动态采样窗口、速度空间采样和评价。

1)计算动态采样窗口

DWA 的第一步是要在速度空间确定采样窗口,即允许的速度范围。所谓动态窗口法,是指该采样窗口会随着机器人所处的环境进行动态调整,因此它能够对一些未知的障碍物及时做出响应,比较适用于局部路径的规划。

采样窗口的限制主要来自以下 3 个方面。

(1)机器人速度限制。

受机器人最大速度和最小速度的限制,速度空间 $V_s(v,\omega)$ 被定义为:

$$V_s = \left\{(v,\omega)|v_{\min} \leqslant v \leqslant v_{\max}, \omega_{\min} \leqslant \omega \leqslant \omega_{\max}\right\} \tag{5.20}$$

(2)机器人加速度限制。

受机器人驱动力的限制,机器人无论加速还是减速均有一个最大加速度。如果采样的时间周期为 Δt,机器人当前的线速度和角速度为 (v_c, ω_c),那么经过 Δt 时间后,线速度和角速度能够达到的范围是:

$$V_d = \left\{(v,\omega) \left| \begin{matrix} v_c - \dot{v}_d\Delta t \leqslant v \leqslant v_c + \dot{v}_a\Delta t \\ \omega_c - \dot{\omega}_d\Delta t \leqslant \omega \leqslant \omega_c + \dot{\omega}_a\Delta t \end{matrix} \right. \right\} \tag{5.21}$$

式(5.21)中,$\dot{v}_d$、$\dot{v}_a$、$\dot{\omega}_d$ 和 $\dot{\omega}_a$ 分别代表线速度和角速度最大减速和加速的加速度。

(3)环境障碍物限制。

为了避免机器人和障碍物发生碰撞,在机器人检测到障碍物时,应预留一段刹车距离,即机器人在碰到障碍物之前能将速度降为 0。在最大减速的条件下,(v,ω) 应该满足:

$$V_a = \left\{(v,\omega)\left| v \leqslant \sqrt{2 \cdot \mathrm{dist}(v,\omega) \cdot \dot{v}_d}\right.\right\} \tag{5.22}$$

式(5.22)中,dist 为机器人与最近障碍物之间的距离。

在考虑了上述 3 个限制后,我们得到了 3 个 (v,ω) 集合范围,它们的交集 $V_r = V_s \cap V_d \cap V_a$,就是考虑了 3 个限制因素后的允许速度范围。图 5.21 所示为动态窗口示意图。图 5.21 中外侧

最大的框为 V_s，是机器人可以达到的最大速度范围，此处选 $v_{\min}=0$。围绕在当前速度周围的矩形框区域为 V_d，是考虑到加速度限制后机器人能够达到的速度范围。灰色区域是考虑到障碍物限制后的不安全区域，这些区域以外的白色区域为 V_a。斜线阴影区域为三者的交集，即 V_r。

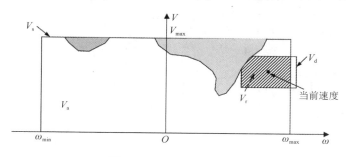

图 5.21　动态窗口示意图

2）速度空间采样和评价

确定了速度空间的采样窗口，即可在采样窗口中进行速度采样，得到 n 组 (v,ω) 值。比如采样窗口为 $V_r=\left\{(v,\omega)\mid 0\leqslant v\leqslant 3\mathrm{m/s},-20°\leqslant\omega\leqslant 20°\right\}$，如果采用固定增量 $\Delta v=0.1\mathrm{m/s}$，$\Delta\omega=1°$ 进行采样，那么将会有 31×41 组 (v,ω) 值，对这些速度分别进行评价，取最优的速度 $(v_{\mathrm{best}},\omega_{\mathrm{best}})$ 作为最终选用的速度。

对速度进行评价是关键的一个步骤，选用不同的评价函数会得到不同的评价结果。通常评价函数会包含 3 个部分：方向角评价、障碍物距离评价和速度评价。在实际应用中应对 3 个方面的评价进行综合考虑，对 3 个评价指标加上权重得到如下形式的评价函数：

$$G(v,\omega)=\alpha_1\cdot\mathrm{heading}(v,\omega)+\alpha_2\cdot\mathrm{dist}(v,\omega)+\alpha_3\cdot\mathrm{velocity}(v,\omega)\qquad（5.23）$$

式（5.23）中，$\mathrm{heading}(v,\omega)$、$\mathrm{dist}(v,\omega)$、$\mathrm{velocity}(v,\omega)$ 分别代表方向角评价、障碍物距离评价和速度评价的结果，数值越大代表评价越优；$\alpha_1\sim\alpha_3$ 为 3 个权重。速度评价包括以下 4 个步骤。

（1）轨迹预测。

在对速度进行具体评价之前，要先对机器人在 Δt 时间内的运动轨迹进行预测。因为 Δt 时间很短，可近似认为在此时间段内 (v,ω) 保持不变。当 $v\neq 0$，$\omega\neq 0$ 时，机器人的运动轨迹是一个以 $\left(\dfrac{v}{\omega}\right)$ 为半径的圆，如图 5.22 所示。

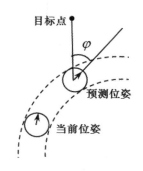

图 5.22　轨迹预测及方向角评价

此时轨迹预测模型如下：

$$
\begin{cases}
x(t) = x(t-1) - \dfrac{v}{\omega}\sin\theta(t-1) + \dfrac{v}{\omega}\sin\left[\theta(t-1) + \omega\Delta t\right] \\
y(t) = y(t-1) + \dfrac{v}{\omega}\cos\theta(t-1) - \dfrac{v}{\omega}\cos\left[\theta(t-1) + \omega\Delta t\right] \\
\qquad\qquad \theta(t) = \theta(t-1) + \omega\Delta t
\end{cases}
\tag{5.24}
$$

式（5.24）中，$x(t)$、$y(t)$、$\theta(t)$为t时刻机器人在世界坐标系下的位姿。此运动模型适用于$\omega \neq 0$的情形。当$\omega = 0$时，机器人的轨迹为一条直线，此时轨迹预测模型为：

$$
\begin{cases}
x(t) = x(t-1) + v\Delta t \cos\theta(t-1) \\
y(t) = y(t-1) + v\Delta t \sin\theta(t-1) \\
\qquad\quad \theta(t) = \theta(t-1)
\end{cases}
\tag{5.25}
$$

（2）方向角评价。

$\text{heading}(v,\omega)$为方向角评价结果，用于评价预测轨迹终点机器人的运动方向与目标方向的偏差，即图5.22所示的φ角。按照函数越大评价越优的原则，将$\text{heading}(v,\omega)$定义为：

$$
\text{heading}(v,\omega) = 180° - \varphi
\tag{5.26}
$$

（3）障碍物距离评价。

每个(v,ω)对应的轨迹是一条直线（$\omega = 0$）或一条弧线，将此线条延长有可能使其与障碍物相交，说明按照此速度走下去有可能会碰到障碍物。函数$\text{dist}(v,\omega)$用来计算与预测轨迹相交并距离当前机器人位置最近的障碍物的距离，也就是说，用机器人按照此预测轨迹移动并能碰到障碍物的距离来评价机器人的避障能力，距离越远，方案越优。注意，$\text{dist}(v,\omega)$并不是指轨迹上某个点距离障碍物的距离，而是指预测轨迹与障碍物相交时，相交点（碰撞点）与机器人当前位置之间的路径距离。当预测轨迹上没有障碍物时，$\text{dist}(v,\omega)$可以取一个很大的常数。在判断预测轨迹和障碍物是否相交时，要把机器人自身的尺寸考虑进去。障碍物距离评价如图5.23所示，图中的$\text{dist}(v,\omega)$为弧线$\overset{\frown}{AB}$的长度。

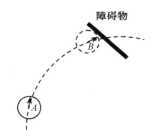

图 5.23　障碍物距离评价

（4）速度评价。

对于路径规划而言，在可能的条件下自然是速度越快越好，因此可以直接把线速度作为速度评价值：

$$
\text{velocity}(v,\omega) = v
\tag{5.27}
$$

计算了 3 种评价函数后，需要对它们做归一化处理并代入评价函数，即可对每一组 (v,ω) 做出评价，代价函数最大的那个即最优 (v,ω)。

以上采用的评价函数从 3 个方面对速度进行评价，目的在于选出方向正确、能够避开障碍物、速度又足够快的 (v,ω)。在实际应用中，评价函数可以根据需要添加其他的评价因素，比如在局部路径规划时，可以考虑预测路径是否靠近全局路径等。

2. TEB 算法

由于 DWA 每次只对一个时间步长进行规划，因此前瞻性和动态避障性能均有些不足。TEB 算法在这方面有较好的表现，它将规划的路径看成一条连接起始点和目标点的弹性带，中间插入若干个控制点，每个控制点可以被施加力的作用，从而改变弹性带的形状，同时为了展示轨迹的运动学信息，在点与点之间定义了运动时间，即时间弹性带。TEB 路径规划如图 5.24 所示，图中有 4 个约束点（WP）和 2 个障碍物（Obstacle）。TEB 路径规划是一个多目标优化问题，目标函数（约束条件）即弹性带的外力，在约束的作用下，通过迭代找到最优解，TEB 算法流程图如图 5.25 所示。

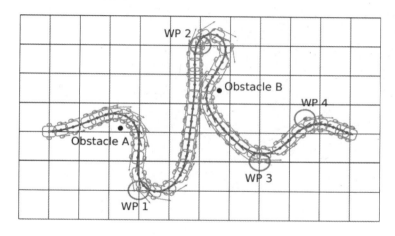

图 5.24　TEB 路径规划

常见的 TEB 约束条件有如下 4 种。

（1）跟踪路径+避障约束：此约束使得全局路径对弹性带有吸引的作用力，而障碍物对弹性带有排斥的作用力，目的是使得弹性带靠近全局路径而远离障碍物。

（2）速度/加速度约束：此约束使得机器人的速度和加速度处于一个合理的区间。

（3）运动学约束：此约束保证机器人以由若干弧段组成的平滑轨迹运动。

（4）最快路径约束：此约束使得机器人以最短的时间到达目标点。

表 5.8 所示为 DWA 与 TEB 算法的对比。TEB 算法是多目标优化算法，通常要通过构建超图的方式进行求解，算法复杂度较高，当约束条件多时，这一点尤为突出。但它对从起始点到目标点的路径进行最优化求解，相较于只对下一个时间点进行预测的 DWA，其前瞻性更好，动态避障能力也更强。另外，由于 DWA 到达目标位置时的位姿不一定是目标位姿，因此要求移动底盘可以原地转动，这一点只适用于差速或全向底盘，而 TEB 算法考虑了目标姿态问题，因此适用于差速、全向、阿克曼等各种底盘模型。

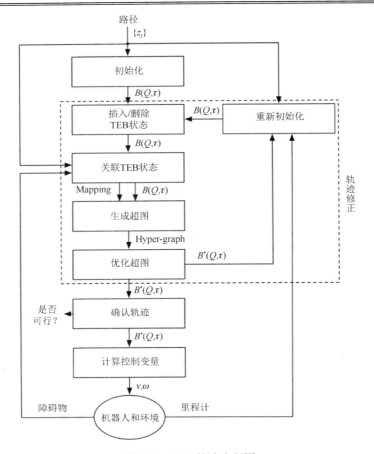

图 5.25　TEB 算法流程图

表 5.8　DWA 与 TEB 算法的对比

项　　目	算　　法	
	DWA	TEB 算法
适合模型	差速/全向	差速/全向/阿克曼
计算复杂度	低	高
避障效果	实时避障效果一般，动态避障效果差	动态避障效果较好
前瞻性	不足	强
全局最优路径	否	否，优于 DWA

5.5　移动机器人的运动控制

　　由于移动机器人所有功能的实现均离不开机器人的移动，因此，前面所有的工作，包括建图、自身定位、路径规划，均是为最后的运动做准备的。在对移动机器人进行运动控制时，要考虑到不同结构的运动模型的运动限制和控制方法也不同。比如阿克曼模型会有一个最小的转向半径；而两轮差速模型则没有这个限制，它可以原地转向，即线速度 $v=0$，而角速度 $\omega \neq 0$，因此两轮差速移动机器人的运动控制更容易实现，这也是很多移动机器人采用差速模型的原因。在第 3.3 节中我们介绍了各种轮式机器人的运动学方程，包括两轮差速移动机器人、阿克曼移动机器人、麦克纳姆轮移动机器人等。运动学方程描述的是轮子的方向和转动与整个底盘运动状态之间的对应关系，这是实现移动机器人的运动控制的基础。在此我们以两轮差速移动机器人为例进行运动学分析。

对于两轮差速移动机器人而言，轮子的方向固定，底盘的平移和转动均通过控制左右两个轮子的转速来实现，轮子的转速和底盘线速度、角速度之间的关系可以用运动学方程来描述。运动学方程分为正运动学方程和逆运动学方程两种。如果已知轮子的转速，推导出底盘的运动状态，那么此为正运动学方程；如果根据想要的运动状态反推轮子的转速，那么此为逆运动学方程。第 3 章式（3.28）给出的是正运动学方程，据此可以推出逆运动学方程：

$$\begin{bmatrix} \dot{\varphi}_L \\ \dot{\varphi}_R \end{bmatrix} = \frac{1}{r}\begin{bmatrix} 1 & -L \\ 1 & L \end{bmatrix}\begin{bmatrix} v \\ \omega \end{bmatrix} \tag{5.28}$$

式（5.28）中，v、ω 为底盘运动的线速度和角速度，$\dot{\varphi}_L$、$\dot{\varphi}_R$ 为左轮和右轮的转动角速度，r 为轮子的半径，L 为两轮间距离的二分之一。如果 v 和 ω 不变，运动轨迹是一个标准的圆形，那么轨迹半径为：

$$R = \frac{v}{\omega} \tag{5.29}$$

移动机器人的控制总体分为两大类，一类是跟踪控制，另一类是点镇定控制，下面对这两类控制分别进行介绍。

5.5.1 跟踪控制

跟踪控制是移动机器人运动控制的经典问题，即要求机器人快速且稳定地沿着规划路径行走，较为常见的算法有纯跟踪（Pure Pursuit）算法、前轮反馈控制算法（Stanley，针对阿克曼模型）、MPC 算法等，这里主要介绍相对通用的纯跟踪算法。

纯跟踪算法是一个典型的路径跟踪算法，它采用一个 P 控制器，输入量为横向误差，输出量为线速度 v 和角速度 ω。下面推导输入量和输出量之间的关系。

假设有如图 5.26 所示的场景，A 点为机器人当前所处的位置，朝向为 AB 方向，C 点为目标点，AC 和 AB 之间的夹角为 α，A、C 两点间的距离为 L_d。如果机器人不改变当前的运动方向，那么它的运动轨迹为直线 AB，造成的横向误差为 e_n，它的值为：

$$e_n = L_d \sin\alpha \tag{5.30}$$

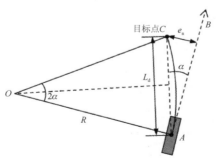

图 5.26 横向误差和轨迹半径示意图

为了能从当前位置 A 点顺利到达目标点 C，机器人的轨迹需要从直线变为圆弧，圆弧的圆心为 O 点。根据几何关系可知，O 点在线段 AC 的垂直平分线上，且 OA 垂直于 AB，这样可以得出 OC 和 OA 之间的夹角为 2α。在三角形 OAC 中，应用正弦定理可得到：

$$\frac{L_\mathrm{d}}{\sin(2\alpha)} = \frac{R}{\sin\left(\dfrac{\pi}{2} - \alpha\right)} \tag{5.31}$$

式（5.31）中，R 为轨迹圆弧的半径。整理后可得：

$$R = \frac{L_\mathrm{d}}{2\sin\alpha} \tag{5.32}$$

将式（5.30）代入式（5.32），得到：

$$\frac{1}{R} = \frac{2}{L_\mathrm{d}^{2}} e_\mathrm{n} \tag{5.33}$$

得到了轨迹半径，就确定了线速度 v 和角速度 ω 的比值。当线速度 v 确定时，即可得到角速度：

$$\omega = \frac{2v}{L_\mathrm{d}^{2}} e_\mathrm{n} \tag{5.34}$$

可见 ω 与横向误差 e_n 成正比。如果设计的控制器以 e_n 为输入量，以 ω 为输出量，那么它就是一个系数为 $\dfrac{2v}{L_\mathrm{d}^{2}}$ 的 P 控制器，纯跟踪算法采用的就是这样的控制器。将线速度和角速度，以及通过逆运动学方程解算出的左右两个轮子的转速交给驱动系统执行。

式（5.33）所描述的横向误差和轨迹半径之间的关系不仅适用于两轮差速移动机器人，而且适用于其他类型的移动底盘，不同的是，根据横向误差得到轨迹半径后，不同类型的底盘最终对应的控制量是不同的。比如对于阿克曼底盘，在底盘尺寸确定的情况下，轨迹半径 R 只和前轮的转向角有关，因此阿克曼移动机器人的轨迹跟踪主要通过控制前轮转向角来实现，而不像两轮差速移动机器人那样通过控制轮子的转速来实现。

到此为止，我们具备了使机器人从当前位置到达一个目标位置的能力，如果我们沿着规划路径设置多个目标点，使机器人依次到达这些目标点，那么可以完成对规划路径的跟踪。纯跟踪算法就是采用这样的方法，在规划路径上先找到一个比较近的点作为目标点，等机器人到达了这个目标点后，再寻找路径上的另一个点作为目标点，这样循环下去，最终完成全部路径的跟踪。依次找到的这些轨迹上的目标点称为"预瞄点"，它们的选取与预瞄距离有关，预瞄距离越短，选取的预瞄点就越密集；预瞄距离越长，选取的预瞄点就越稀疏。预瞄距离通常不是一个固定的值，而与当前速度有关，速度越大，预瞄距离也越大。预瞄距离的选取对计算效率和精度会有比较大的影响。图 5.27 所示为纯跟踪算法的流程图。

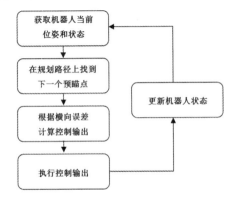

图 5.27　纯跟踪算法的流程图

5.5.2　点镇定控制

点镇定控制是指使机器人从初始位姿出发，到达并静止在某种目标位姿。相比跟踪控制，点镇定控制增加了对机器人末态的约束，因此实现起来更加困难。这可以类比汽车的驾驶。跟踪控制相当于汽车按照规划路线到达目的地，但对汽车到达目的地时的姿态没有要求，只要求到达指定位置即可；点镇定控制相当于把汽车停在某个固定的停车位上，不仅对汽车停放的位置有要求，同时对汽车的姿态也有要求。图 5.28 所示为点镇定控制的示意图。当前位置为 A 点，目标点为 B 点，当前位姿和目标位姿分别为 (x_c, y_c, θ_c) 和 (x_t, y_t, θ_t)。

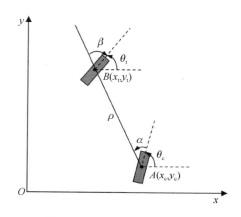

图 5.28　点镇定控制的示意图

从初始位姿达到目标位姿需要控制器进行驱动。下面介绍一种简单的线性控制器，它的输入量是当前位姿与目标位姿的差，输出量是线速度 v 和角速度 ω。v 的大小取决于当前位置到目标位置的距离，如图 5.28 中的 ρ；而 ω 的大小取决于图 5.28 中 α 和 β 两个角的大小，其中 α 为机器人从当前朝向转到 AB 连线方向需要转过的逆时针角度，β 为机器人从 AB 连线方向转到目标朝向需要转过的顺时针角度。具体的控制器设计如下：

$$v = k_\rho \rho$$
$$\omega = k_\alpha \alpha + k_\beta \beta \tag{5.35}$$

式（5.35）中，k_ρ、k_α 和 k_β 为比例系数。ρ 和 α 可以通过激光测距仪或视觉传感器获得，β 可以根据关系式 $\alpha + \theta_c = \beta + \theta_t$ 推导得到。

该控制器会驱动机器人最终收敛到一个平衡点，即 ρ、α、β 均为 0 的状态，此时 $v=0$，$\omega=0$，机器人静止，点镇定控制完成。图 5.29 所示为从不同初始位姿到达同一个目标位姿的仿真结果，可以看出，在没有最小转向半径限制的情况下，所有初始位姿均到达了目标位置。

一般轮式移动机器人属于欠驱动系统。以两轮差速移动机器人为例，由于左右两个轮分别有电机控制，因此独立控制量的个数为 2，而状态量有 3 个，包括位置坐标 (x, y) 和方位角 θ，也就是说要用 2 个控制量来控制一个运动自由度为 3 的机器人。另外从运动约束的角度来看，差速移动机器人包含非完整约束，因为它虽然有速度约束，但是并没有消除位置空间的自由度。比如一个两轮差速移动机器人要向右移动 1m，但是由于它的轮子只能向前，因此不可以直接向右运动，这就是我们说的速度约束，但是这个两轮差速移动机器人仍然可以想办法移动到右边 1m 的地方，虽然过程可能有些复杂。确切地说，两轮差速移动机器人可以到达任何一个位姿，所以从位置空间来看，它是没有约束的，运动的自由度并没有降低，此为非完整约束。若速度的约束降低了位置空间的自由度，则该约束为完整约束。相比于完整约束，非完整约束的控制更加复杂，因为它没有连续的反馈控制律，通常会采用不连续的反馈控制，或者把时间引入控制量，采用时变或分段的控制律。

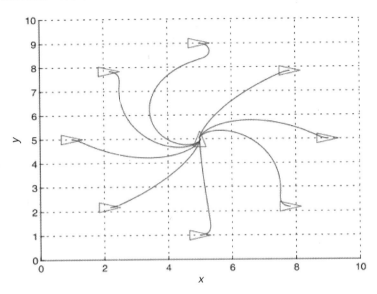

图 5.29　从不同初始位姿到达同一个目标位姿的仿真结果

5.6　ROS 应用

本节主要在第 4 章介绍的小车模型及 Gazebo 环境的基础上创建功能包，实现建图和导航。我们通过 "catkin_create_pkg nav_demo gmapping map_server amcl move_base" 命令创建功能包，包名为 nav_demo，依赖 gmapping、map_server、amcl、move_base 这 4 个包，其中 gmapping 提供 SLAM 功能，map_server 提供地图相关的服务，amcl 用于定位，move_base 用于移动。因此需要安装相应的组件，通过 sudo apt install ros-noetic-gmapping ros-noetic-map-server ros-noetic-navigation 可以直接安装。

5.6.1　SLAM 建图

在 nav_demo 下创建 launch、map、config、param 这 4 个文件夹，分别用于存放 launch 文件、地图、配置文件、参数文件。创建 t1_slam.launch 文件，内容如下。

```
<launch>
    <!-- 设置为 true 表示当前环境是仿真环境 -->
    <param name="use_sim_time" value="true" />
    <!-- gamping 节点 -->
    <node pkg="gmapping" type="slam_gmapping" name="slam_gmapping" output="screen">
        <!-- 设置雷达 Topic -->
        <remap from="scan" to="scan" />
```

```xml
      <!-- 关键参数: 坐标系 -->
      <param name="base_frame" value="base_footprint" /> <!--底盘坐标系-->
      <param name="odom_frame" value="odom" /> <!--里程计坐标系-->
      <param name="map_frame" value="map" /> <!--地图坐标系-->
      <param name="map_update_interval" value="5.0" />
      <param name="maxUrange" value="16.0" />
      <param name="sigma" value="0.05" />
      <param name="kernelSize" value="1" />
      <param name="lstep" value="0.05" />
      <param name="astep" value="0.05" />
      <param name="iterations" value="5" />
      <param name="lsigma" value="0.075" />
      <param name="ogain" value="3.0" />
      <param name="lskip" value="0" />
      <param name="srr" value="0.1" />
      <param name="srt" value="0.2" />
      <param name="str" value="0.1" />
      <param name="stt" value="0.2" />
      <param name="linearUpdate" value="1.0" />
      <param name="angularUpdate" value="0.5" />
      <param name="temporalUpdate" value="3.0" />
      <param name="resampleThreshold" value="0.5" />
      <param name="particles" value="30" />
      <param name="xmin" value="-50.0" />
      <param name="ymin" value="-50.0" />
      <param name="xmax" value="50.0" />
      <param name="ymax" value="50.0" />
      <param name="delta" value="0.05" />
      <param name="llsamplerange" value="0.01" />
      <param name="llsamplestep" value="0.01" />
      <param name="lasamplerange" value="0.005" />
      <param name="lasamplestep" value="0.005" />
    </node>
    <node pkg="joint_state_publisher" name="joint_state_publisher" type="joint_state_publisher" />
    <node pkg="robot_state_publisher" name="robot_state_publisher" type="robot_state_publisher" />
    <!-- 使用之前保存过的 rviz 配置-->
    <node pkg="rviz" type="rviz" name="rviz" args="-d $(find urdf_gazebo)/config/car.rviz" />
  </launch>
```

通过下面的命令编译功能包并启动 Gazebo，加载模型。

```
catkin_make   #需要在工作空间根目录，即~/catkin_ws 下执行
roslaunch urdf_gazebo all_gazebo.launch   #启动 Gazebo 并加载模型
roslaunch nav_demo t1_slam.launch
```

此时可以在 rviz 中修改配置以查看到 SLAM 的情况，在 rviz 中，需要添加 Map 并选中
Topic 为/map，如图 5.30 所示。

通过"rosrun teleop_twist_keyboard teleop_twist_keyboard.py"命令调出键盘控制后即可实
现小车移动并将地图扫描完整，如图 5.31 所示。

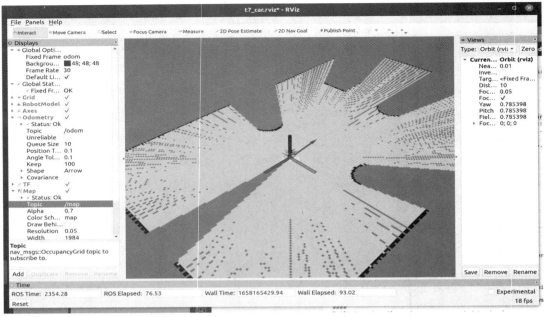

图 5.30　SLAM 地图

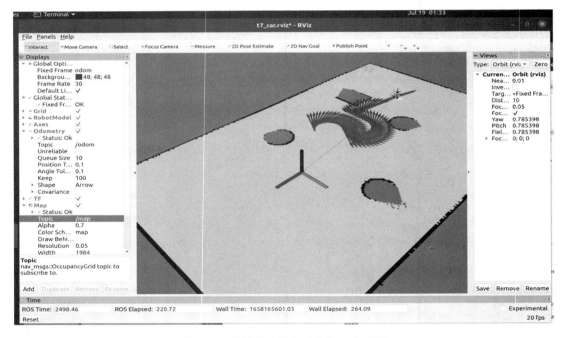

图 5.31　通过键盘控制以获取完整地图

5.6.2　地图保存与地图读取

1. 地图保存

通过 map_server 功能包可以把栅格地图保存下来,还可以读取保存好的栅格地图并以服务的方式发布出去。

创建 t2_map_save.launch，内容如下。

```
<launch>
    <!-- nav  文件夹可以不创建  -->
    <arg name="filename" value="$(find nav_demo)/map/nav" />
    <node name="map_save" pkg="map_server" type="map_saver" args="-f $(arg filename)" />
</launch>
```

如图 5.32 所示，我们通过"roslaunch nav_demo t2_map_save.launch"命令将地图保存到 map 文件夹下并以 nav 命名，包括栅格地图 nav.pgm（见图 5.33）和地图元信息 nav.yaml。

图 5.32　地图保存

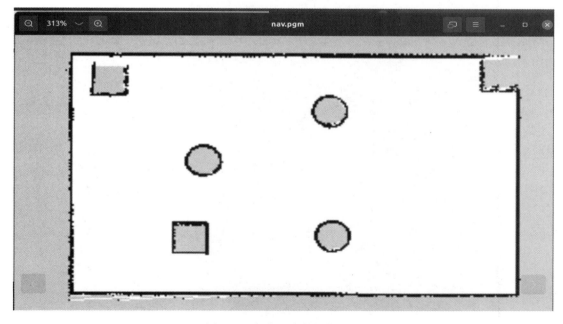

图 5.33　保存下来的栅格地图

nav.yaml 的内容如下。

```
image: /home/ros/catkin_ws/src/nav_demo/map/nav.pgm
resolution: 0.050000
origin: [-50.000000, -50.000000, 0.000000]
negate: 0
occupied_thresh: 0.65
free_thresh: 0.196
```

其中，image 为栅格地图路径，resolution 为分辨率（单位是 m/像素），origin 为相对于 rviz 原点的位姿（x，y 和偏航角），negate 为取反标志（0 表示黑色为占据，白色为自由；1 则相反），occupied_thresh 表示占据阈值（大于此值表示完全占据），free_thresh 表示空闲阈值（小于此值表示完全空闲）。

map_server 障碍物的计算规则如下。

（1）地图中像素的取值范围为[0,255]，白色表示为 255，黑色表示为 0，像素的取值为 x。

（2）比例 $p=(255-x)/255.0$（negate=0 时），或者 $p=x/255.0$（negate=1 时）。

（3）如果 $p>$occupied_thresh，那么该栅格将被视为障碍物，$p<$free_thresh 视为空闲。

2. 地图读取

新建 t3_map_load.launch 文件，内容如下。

```
<launch>
    <!-- 设置地图的配置文件 -->
    <arg name="map" default="nav.yaml" />
    <!-- 运行地图服务器，并且加载设置的地图-->
    <node name="map_server" pkg="map_server" type="map_server" args="$(find
nav_demo)/map/$(arg map)" />
    </launch>
```

执行"roslaunch nav_demo t3_map_load.launch"命令即可通过 rviz 看到读取的地图，需要添加 Map 并设置 Topic 为/map，如图 5.34 所示。

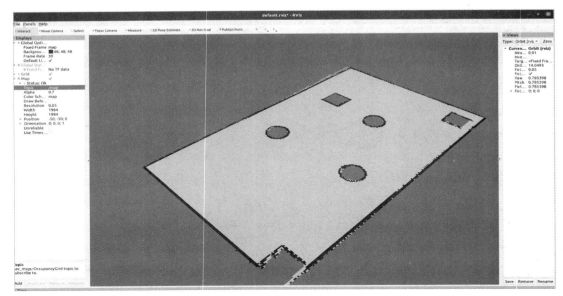

图 5.34　在 rviz 下查看地图

5.6.3　定位

定位是指计算机器人在全局地图中所处的位置。虽然 SLAM 包含了定位的算法，但是 SLAM 的定位适用于构建全局地图，属于导航之前的阶段，而当前定位则是用在导航过程中的。导航过程中，机器人需要按照设定的路线运动，通过定位判断实际轨迹是否符合预期，ROS 的导航功能包 navigation 中已经包含了 amcl 功能包，用于实现导航中的定位。

新建 t4_amcl.launch，内容如下。

```
<launch>
    <node pkg="amcl" type="amcl" name="amcl" output="screen">
        <!-- Publish scans from best pose at a max of 10 Hz -->
        <param name="odom_model_type" value="diff" /> <!-- 里程计模式为差分  -->
        <param name="odom_alpha5" value="0.1" />
        <param name="transform_tolerance" value="0.2" />
        <param name="gui_publish_rate" value="10.0" />
        <param name="laser_max_beams" value="30" />
        <param name="min_particles" value="500" />
        <param name="max_particles" value="5000" />
        <param name="kld_err" value="0.05" />
        <param name="kld_z" value="0.99" />
        <param name="odom_alpha1" value="0.2" />
        <param name="odom_alpha2" value="0.2" />
        <!-- translation std dev, m -->
        <param name="odom_alpha3" value="0.8" />
        <param name="odom_alpha4" value="0.2" />
        <param name="laser_z_hit" value="0.5" />
        <param name="laser_z_short" value="0.05" />
        <param name="laser_z_max" value="0.05" />
        <param name="laser_z_rand" value="0.5" />
        <param name="laser_sigma_hit" value="0.2" />
        <param name="laser_lambda_short" value="0.1" />
        <param name="laser_lambda_short" value="0.1" />
        <param name="laser_model_type" value="likelihood_field" />
        <!-- <param name="laser_model_type" value="beam"/> -->
        <param name="laser_likelihood_max_dist" value="2.0" />
        <param name="update_min_d" value="0.2" />
        <param name="update_min_a" value="0.5" />
        <param name="odom_frame_id" value="odom" /> <!-- 里程计 odom 坐标系 -->
        <param name="base_frame_id" value="base_footprint" /> <!-- 添加机器人基坐标系 -->
        <param name="global_frame_id" value="map" /> <!-- 添加地图 map 坐标系 -->
        <param name="resample_interval" value="1" />
        <param name="transform_tolerance" value="0.1" />
        <param name="recovery_alpha_slow" value="0.0" />
        <param name="recovery_alpha_fast" value="0.0" />
    </node>
</launch>
```

新建 t5_amcl_test.launch 用于测试 amcl，内容如下。

```
<launch>
    <!-- 运行 rviz -->
```

```
        <node pkg="rviz" type="rviz" name="rviz" />
        <node pkg="joint_state_publisher" name="joint_state_publisher" type="joint_state_publisher" />
        <node pkg="robot_state_publisher" name="robot_state_publisher" type="robot_state_publisher" />
        <!-- 加载地图服务 -->
        <include file="$(find nav_demo)/launch/t3_map_load.launch" />
        <!-- 启动 AMCL 节点 -->
        <include file="$(find nav_demo)/launch/t4_amcl.launch" />
    </launch>
```

通过如下命令，即可看到图 5.35 所示的定位，需要添加 RobotModel、Map（/map）和 PoseArray(/particlecloud)，红色箭头越密集表示定位越准确，即小车在该位置出现的概率越大。

```
        roslaunch urdf_gazebo all_gazebo.launch
        rosrun teleop_twist_keyboard teleop_twist_keyboard.py
        roslaunch nav_demo t5_amcl_test.launch
```

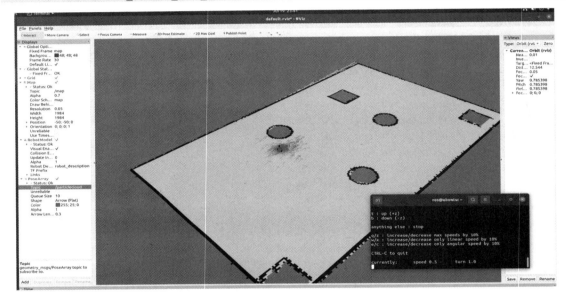

图 5.35　amcl 定位

5.6.4　路径规划

彩色图

move_base 功能包提供了路径规划功能，即根据给定的目标点，控制机器人移动并在此过程中连续反馈自身位姿和目标点状态信息。move_base 功能包主要由全局路径规划和局部路径规划组成，也集成在 navigation 包中。

机器人导航（尤其是路径规划模块）是依赖于地图的。ROS 中的地图其实就是一张有宽度、高度、分辨率等元数据的图片，使用灰度值来表示障碍物存在的概率。由于导航过程中的障碍物信息是可变的，可能障碍物被移走了，也可能添加了新的障碍物，因此导航中需要实时地获取障碍物信息。在机器人靠近障碍物边缘时，虽然边缘处是空闲区域，但是机器人在进入该区域后可能由于惯性或者自身不规则的形体，在转弯时与障碍物产生碰撞，因此需要在地图的障碍物边缘处设置警戒区，尽量禁止机器人进入警戒区，因此 SLAM 构建的静态地图在导航中是不可以直接使用的。

在静态地图的基础上需要添加一些辅助信息的地图，比如实时获取的障碍物数据、基于静态地图添加的膨胀区等数据。

代价地图有两张：global_costmap（全局代价地图）和 local_costmap（局部代价地图），前者用于全局路径规划，后者用于局部路径规划。

两张代价地图都可以多层叠加，一般有如下层级。

（1）Static Map Layer：静态地图层——SLAM 构建的静态地图。

（2）Obstacle Map Layer：障碍地图层——导航中传感器感知的障碍物信息。

（3）Inflation Layer：膨胀层——在以上两层地图上进行膨胀（向外扩张），以避免机器人的外壳会撞上障碍物。

（4）Other Layers：自定义 costmap 层——根据业务设置的地图数据，临时模拟。

上述多个层可以按需自由搭配。

在 ROS 中计算代价值的方法如图 5.36 所示，相关的代价定义如下。

（1）致命障碍：栅格值为 254，此时障碍物与机器人中心重叠，必然发生碰撞。

（2）内切障碍：栅格值为 253，此时障碍物处于机器人的内切圆内，可能发生碰撞。

（3）外切障碍：栅格值为[128,252]，此时障碍物处于机器人的外切圆内，处于碰撞临界，不一定发生碰撞。

（4）非自由空间：栅格值为(0,127]，此时机器人处于障碍物附近，该位置属于警戒区，进入此区域后可能会发生碰撞。

（5）自由区域：栅格值为 0，此处机器人可以自由通过。

（6）未知区域：栅格值为 255，还未探明是否有障碍物。

（7）膨胀空间的设置可以参考非自由空间。

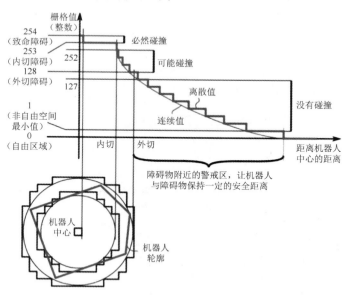

图 5.36　在 ROS 中计算代价值的方法

在 param 目录下新建 costmap_common_params.yaml 文件，内容如下。

```
robot_radius: 0.12 #圆形
# footprint: [[-0.12, -0.12], [-0.12, 0.12], [0.12, 0.12], [0.12, -0.12]] #其他形状
obstacle_range: 3.0 #用于探测障碍物，比如：值为 3.0 意味着检测到距离小于 3m 的障碍物时就会
引入代价地图
```

```
    raytrace_range: 3.5 #用于清除障碍物, 比如: 值为 3.5 意味着清除代价地图中 3.5m 以外的障碍物
    #膨胀半径, 扩展在碰撞区域以外的代价区域, 使得机器人规划路径避开障碍物
    inflation_radius: 0.2
    #代价比例系数, 此数值越大, 代价值越小
    cost_scaling_factor: 3.0
    #地图类型
    map_type: costmap
    #导航包所需要的传感器
    observation_sources: scan
    #对传感器的坐标系和数据进行配置。这个也会用于添加代价地图和清除障碍物。例如, 你可以用
激光雷达传感器在代价地图中添加障碍物, 并添加 kinect 用于导航和清除障碍物
        scan: {sensor_frame: laser, data_type: LaserScan, topic: scan, marking: true, clearing: true}
```

新建 global_costmap_params.yaml, 内容如下。

```
    global_costmap:
        global_frame: map #地图坐标系
        robot_base_frame: base_footprint #机器人坐标系
        #以此实现坐标变换

        update_frequency: 1.0 #代价地图的更新频率
        publish_frequency: 1.0 #代价地图的发布频率
        transform_tolerance: 0.5 #等待坐标变换发布信息的超时时间

        static_map: true #是否使用一个地图或者地图服务器来初始化全局代价地图, 如果不使用静态地
图, 那么这个参数为 false
```

新建 local_costmap_params.yaml, 内容如下。

```
    local_costmap:
        global_frame: odom #里程计坐标系
        robot_base_frame: base_footprint #机器人坐标系
        update_frequency: 10.0 #代价地图的更新频率
        publish_frequency: 10.0 #代价地图的发布频率
        transform_tolerance: 0.5 #等待坐标变换发布信息的超时时间
        static_map: false #不需要静态地图, 可以提升导航效果
        rolling_window: true #是否使用动态窗口, 默认为 false, 在静态的全局地图中, 地图不会变化
        width: 3 #局部地图宽度, 单位是 m
        height: 3 #局部地图高度, 单位是 m
        resolution: 0.05 # 局部地图分辨率, 单位是 m, 一般与静态地图分辨率保持一致
```

新建 base_local_planner_params.yaml, 内容如下。

```
    TrajectoryPlannerROS:
    # Robot Configuration Parameters
        max_vel_x: 0.5 #X 方向的最大速度
        min_vel_x: 0.1 #X 方向的最小速速
        max_vel_theta:   1.0
        min_vel_theta: -1.0
        min_in_place_vel_theta: 1.0
        acc_lim_x: 1.0 #X 加速限制
        acc_lim_y: 0.0 #Y 加速限制
        acc_lim_theta: 0.6 #角速度加速限制
    #Goal Tolerance Parameters, 目标公差
```

```
            xy_goal_tolerance: 0.10
            yaw_goal_tolerance: 0.05
        # Differential-drive robot configuration
        #是否是全向移动机器人
            holonomic_robot: false
        # Forward Simulation Parameters，前进模拟参数
            sim_time: 0.8
            vx_samples: 18
            vtheta_samples: 20
            sim_granularity: 0.05
```

base_local_planner_params.yaml 中的内容分别是通用代价地图、全局代价地图、本地代价地图及轨迹规划参数。

新建 t6_movebase.launch 文件，内容如下。

```
    <launch>
        <node pkg="move_base" type="move_base" respawn="false" name="move_base" output="screen"
clear_params="true">
            <rosparam file="$(find nav_demo)/param/costmap_common_params.yaml" command="load"
ns="global_costmap" />
            <rosparam file="$(find nav_demo)/param/costmap_common_params.yaml" command="load"
ns="local_costmap" />
            <rosparam file="$(find nav_demo)/param/local_costmap_params.yaml" command="load" />
            <rosparam file="$(find nav_demo)/param/global_costmap_params.yaml" command="load" />
            <rosparam file="$(find nav_demo)/param/base_local_planner_params.yaml" command="load" />
        </node>
    </launch>
```

新建 t7_346.launch，内容如下。

```
    <launch>
        <!-- 启动 rviz -->
        <node pkg="rviz" type="rviz" name="rviz" />
        <node pkg="joint_state_publisher" name="joint_state_publisher" type="joint_state_publisher" />
        <node pkg="robot_state_publisher" name="robot_state_publisher" type="robot_state_publisher" />
        <!-- 地图服务 -->
        <include file="$(find nav_demo)/launch/t3_map_load.launch" />
        <!-- 启动 amcl 节点 -->
        <include file="$(find nav_demo)/launch/t4_amcl.launch" />
        <!-- 运行 move_base 节点 -->
        <include file="$(find nav_demo)/launch/t6_movebase.launch" />
    </launch>
```

执行 "roslaunch urdf_gazebo all_gazebo.launch" 和 "roslaunch nav_demo t7_346.launch" 命令，加载 Gazebo 和 rviz，在 rviz 中通过 "Add" 按钮进行如下配置。

（1）RobotModel。

（2）Map → Topic：/map。

（3）PoseArray → Topic：/particlecloud。

（4）LaserScan → Topic：/scan。

（5）Odometry → Topic：/odom → 取消勾选 "Covariance" 复选框。

（6）Map→ Topic：/move_base/global_costmap/costmap → Color Scheme：costmap（通过修

改 Map 的 Topic 可以显示全局代价地图的结果，见图 5.37）。

（7）Map→ Topic：/move_base/local_costmap/costmap → Color Scheme：costmap（通过修改 Map 的 Topic 可以显示局部代价地图的结果，见图 5.38）。

（8）Path→ Topic：/move_base/NavfnROS/plan（会出现指向目的地的线条）。

（9）Path→ Topic：/move_base/TrajectoryPlannerROS/local_plan（会出现小段前进方向的线条，可调整颜色以方便区分）。

先单击 rviz 中的"2D Nav Goal"按钮，再单击地图任意位置即可实现小车自主导航，如图 5.39 所示。

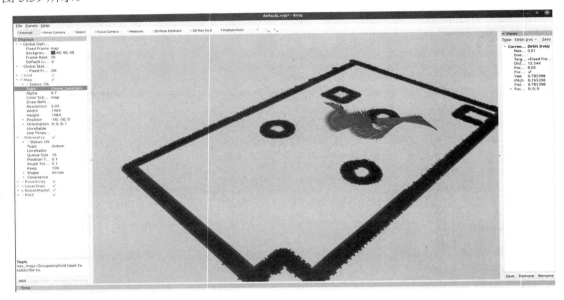

图 5.37　全局代价地图

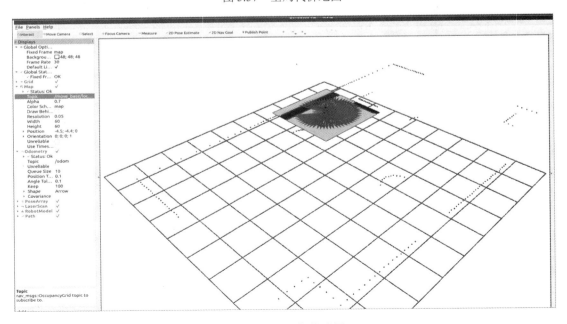

图 5.38　局部代价地图

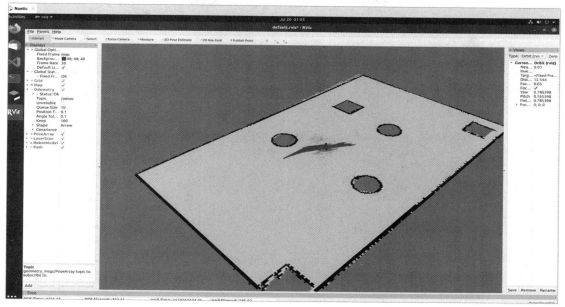

图 5.39　小车自主导航

5.6.5　导航建图

由于 SLAM 可以构建地图，也可以发布地图，因此无须使用 map_server 功能包，SLAM 已经发布了 Topic 为/map 的地图消息了，且导航需要定位模块，SLAM 本身也是可以实现定位的。本节介绍通过 SLAM 和导航实现建图。

新建 t8_slam_auto.launch，内容如下。

```
<!-- 集成 SLAM 和导航，机器人自动导航建图 -->
<launch>
    <!-- 启动 SLAM 节点 -->
    <include file="$(find nav_demo)/launch/t1m_slam.launch" />
    <!-- 运行 move_base 节点 -->
    <include file="$(find nav_demo)/launch/t6_movebase.launch" />
</launch>
```

修改 t1_slam.launch 文件，修改后将其保存为 t1m_slam.launch 文件，修改的内容如下。

```
#原句子
# <node pkg="rviz" type="rviz" name="rviz" args="-d $(find urdf_gazebo)/config/car.rviz" />
#替换为
<node pkg="rviz" type="rviz" name="rviz" args="-d $(find nav_demo)/config/nav_test.rviz" />
```

通过"roslaunch urdf_gazebo all_gazebo.launch"命令启动 Gazebo 仿真环境，执行"roslaunch nav_demo t8_slam_auto.launch"命令，通过 rviz 设置目标点，多次设置后即可完成小车的导航建图工作。导航建图过程如图 5.40 所示。

图 5.40 中所获得的地图可以通过"roslaunch nav_demo t2_map_save.launch"命令保存，此时原地图会被覆盖，如果需要保留原地图，那么可以提前重命名或者在 launch 文件中修改保存的地图名称。

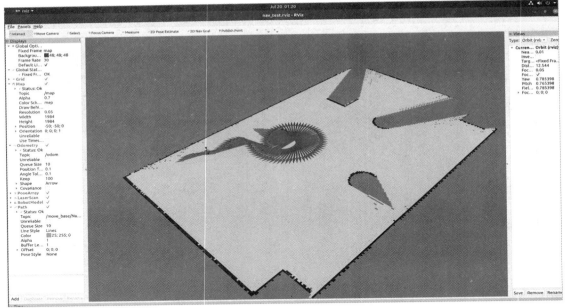

图 5.40　导航建图过程

第6章　服务机器人机械臂控制

6.1　机械臂运动规划

　　机械臂的运动规划包括路径规划和轨迹规划，这两者是不同的，路径规划是一个空间概念，给出的是机械臂从起点到终点需要经过的中间位姿；而轨迹规划是一个时空概念，给出的是机械臂位姿随时间的变化。对于相同的路径，用不同的速度通过可以构成不同的轨迹。运动规划最终要进行轨迹规划，可以先进行路径规划，再进行轨迹规划，也可以不进行路径规划，直接进行轨迹规划。

6.1.1　概述

　　如果想把一个多关节机械臂的末端执行器从一种位姿变换到另一种位姿，那么可以通过第 3 章介绍的求解逆运动学方程方法，得到要达到目标位姿的各个关节需要进行的总运动量，但是到达目标位姿所经过的中间位姿是不确定的。由于在很多工作场景中，我们不仅关心起始位姿和目标位姿，对运动过程中的位姿也有要求，如按照直线或圆弧运动等，因此需要通过轨迹规划来确定这些中间位姿。理想的轨迹是物体运动的位置连续，速度也连续，如果速度不连续，那么会有比较大的加速度，关节需要受到比较大的力，也给控制带来一定的难度。

　　轨迹规划可以在笛卡儿空间进行，也可以在关节空间进行。在笛卡儿空间进行的轨迹规划是对末端执行器的直接规划，机械臂沿直线运动示意图如图 6.1 所示。假设末端执行器目前在 A 点，目标是要运动到 B 点，我们希望机械臂能沿着直线运动，那么可以在 A 点和 B 点之间画一条直线，将该直线划分成若干线段得到中间点，并使末端执行器经过所有中间点。要完成这个任务，就要在每个中间点的位置求解逆运动学方程，得到关节变量，通过控制器驱动关节到达这个中间点。当对所有线段完成计算时，机械臂即可沿着直线到达 B 点的位置。

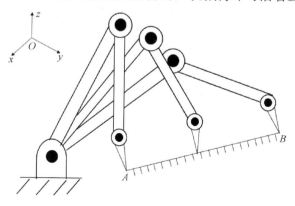

图 6.1　机械臂沿直线运动示意图

可见，在笛卡儿空间进行轨迹规划得到的轨迹比较直观，但是需要对每个中间位姿求解逆运动学方程，计算量非常大。另外通过此方法得到的关节变量有可能会产生突变，出现奇异点，关节变量产生突变示意图如图 6.2 所示。

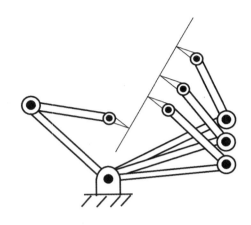

图 6.2 关节变量产生突变示意图

如果在关节空间进行轨迹规划，那么是在已知关节变量的初始位姿和目标位姿的情况下进行的，对每个关节而言，相当于确定了它的起始值和终止值，图 6.3 所示为关节角的起始值和终止值，这是一个 2 自由度机械臂的例子。在起始状态下，两个关节角分别是 α_1 和 β_1；在终止状态下，两个关节角分别为 α_2 和 β_2，通过插值的方法得到每个关节角在中间某个时间点的值是关节空间轨迹规划的主要任务。由于这种轨迹规划的方法不直接面对末端执行器，因此虽然最终末端执行器会达到它的目标状态，但是它中间走过的路径是不可知的。这种方法的优点是不需要进行大量的逆运动学求解，计算量大大减小，也不会出现关节变量产生突变的情况。

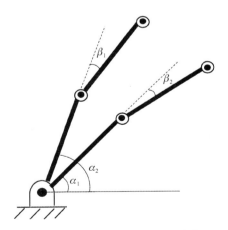

图 6.3 关节角的起始值和终止值

6.1.2 关节空间的轨迹规划

在关节空间进行轨迹规划，算法简单，计算量小，一般不会出现机构奇异性问题，如果对路径没有具体的要求，那么在关节空间进行轨迹规划是一个很好的选择。

在已知初始位姿和目标位姿的情况下，可通过解逆运动学方程获得所有关节的初始关节角和目标关节角，在此我们以单独的一个关节为例进行分析。假设某个关节在起始时刻（$t=0$）对应的关节角是 θ_0，在终止时刻（$t=t_n$）对应的关节角是 θ_n，那么在 $(0,\theta_0)$ 和 (t_n,θ_n) 两点之间需要构造一条光滑的曲线 $\theta(t)$ 来得到该关节的运动轨迹，这是因为光滑曲线可以保证位置和速度的连续性，如图 6.4 所示，依据不同的要求和算法可以得到不同的光滑曲线，按照不同的曲线进行插值，可以得到该关节不同的运动轨迹。

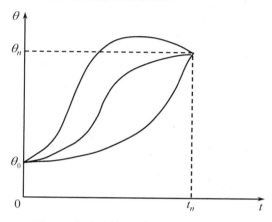

图 6.4　起点和终点之间的多种光滑曲线

1．三次多项式规划

　　三次多项式规划方法比较适用于起点和终点的角速度均为 0 的情况。由于已知起点和终点的关节角和角速度，因此有 4 个约束条件：

$$\theta(0) = \theta_0$$
$$\theta(t_n) = \theta_n$$
$$\dot{\theta}(0) = 0 \tag{6.1}$$
$$\dot{\theta}(t_n) = 0$$

式（6.1）中，$\dot{\theta}(t)$ 为 t 时刻的角速度。这 4 个约束条件可以唯一确定一个三次多项式，该三次多项式的一般形式为：

$$\theta(t) = a_0 + a_1 t + a_2 t^2 + a_3 t^3 \tag{6.2}$$

　　对式（6.2）求导，可得到角速度的表达式：

$$\dot{\theta}(t) = a_1 + 2a_2 t + 3a_3 t^2 \tag{6.3}$$

　　在该三次多项式中，有 4 个需要确定的量（a_0、a_1、a_2、a_3），为确定它们的值，将式（6.1）中的 4 个约束条件代入式（6.2）和式（6.3），得到：

$$\theta_0 = a_0$$
$$\theta_n = a_0 + a_1 t_n + a_2 t_n^2 + a_3 t_n^3$$
$$0 = a_1 \tag{6.4}$$
$$0 = a_1 + 2a_2 t_n + 3a_3 t_n^2$$

　　解式组可得：

$$a_0 = \theta_0$$
$$a_1 = 0$$
$$a_2 = \frac{3}{t_n^2}(\theta_n - \theta_0) \tag{6.5}$$
$$a_3 = -\frac{2}{t_n^3}(\theta_n - \theta_0)$$

通过此三次多项式，可以得到从 0 时刻到 t_n 时刻每个时间点的关节角和角速度。通过此方法得到的轨迹在起始时刻和终止时刻的角速度均为 0。

2. 设定途经点的三次多项式规划

前面介绍的三次多项式规划方法适用于只有一个目标点的情况，且起点和终点速度均为 0，对中间经过的路径和速度均没有要求。而很多时候，我们还需要增加一些途经点，这样把从起点到终点的路径分成几个小的区间，在每个区间都有一个起点和终点，如果这些起点和终点的速度均为 0，那么该问题就退化成前面介绍的三次多项式规划问题。对于这种情形，相当于每过一个途经点，速度都降为 0，随后启动向下一个途经点的运动，这显然不符合真实的情形。现在来讨论更一般的情况，即区间起点和终点速度不为 0 的情况，那么式（6.1）中的 4 个约束条件变为：

$$\theta(0) = \theta_0$$
$$\theta(t_n) = \theta_n$$
$$\dot{\theta}(0) = \dot{\theta}_0 \tag{6.6}$$
$$\dot{\theta}(t_n) = \dot{\theta}_n$$

将式（6.6）中的 4 个约束代入式（6.2）和式（6.3），可得到：

$$\theta_0 = a_0$$
$$\theta_n = a_0 + a_1 t_n + a_2 t_n^2 + a_3 t_n^3$$
$$\dot{\theta}_0 = a_1 \tag{6.7}$$
$$\dot{\theta}_n = a_1 + 2a_2 t_n + 3a_3 t_n^2$$

求解式组可得：

$$a_0 = \theta_0$$
$$a_1 = \dot{\theta}_0$$
$$a_2 = \frac{3}{t_n^2}(\theta_n - \theta_0) - \frac{2}{t_n}\dot{\theta}_0 - \frac{1}{t_n}\dot{\theta}_n \tag{6.8}$$
$$a_3 = -\frac{2}{t_n^3}(\theta_n - \theta_0) + \frac{1}{t_n^2}(\dot{\theta}_0 + \dot{\theta}_n)$$

这种分区间规划的三次多项式方法约束了每一个区间的起点和终点的位置和速度，因此可以做到整个轨迹中的位置和速度连续，但是不能保证加速度连续。例如，假设机械臂从 A 点经 B 点到达 C 点，A 点为起点，C 点为终点，B 点为途经点，已知某关节在 A、C 两点的 $\dot{\theta}$ 均为 0，从 A 点到 B 点是一个加速过程，从 B 点到 C 点是一个减速过程，三次多项式规划的加速度不连续问题示意图如图 6.5 所示，图中展示了该关节的 $\dot{\theta}$ 随 t 变化的曲线，可以看出，其在 B 点速度连续，但是加速度不连续。如果要做到加速度连续，那么需要用到五次多项式规划。

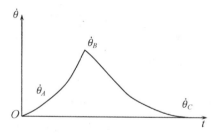

图 6.5　三次多项式规划的加速度不连续问题示意图

3. 五次多项式规划

如果已知一个路径段的起点和终点的关节角、角速度和角加速度，那么可以采用五次多项式进行轨迹的插值。

五次多项式的一般形式为：

$$\theta(t) = a_0 + a_1 t + a_2 t^2 + a_3 t^3 + a_4 t^4 + a_5 t^5 \tag{6.9}$$

对式（6.9）求一次导数和二次导数，可以得到角速度 $\dot{\theta}$ 和角加速度 $\ddot{\theta}$ 的表达式：

$$\dot{\theta}(t) = a_1 + 2a_2 t + 3a_3 t^2 + 4a_4 t^3 + 5a_5 t^4$$
$$\ddot{\theta}(t) = 2a_2 + 6a_3 t + 12a_4 t^2 + 20a_5 t^4 \tag{6.10}$$

在式（6.9）中，有 6 个未知量，要确定该式，需要以下 6 个约束：

$$\begin{aligned}
\theta(0) &= \theta_0 \\
\theta(t_n) &= \theta_n \\
\dot{\theta}(0) &= \dot{\theta}_0 \\
\dot{\theta}(t_n) &= \dot{\theta}_n \\
\ddot{\theta}(0) &= \ddot{\theta}_0 \\
\ddot{\theta}(t_n) &= \ddot{\theta}_n
\end{aligned} \tag{6.11}$$

将这 6 个约束代入式（6.9）和式（6.10），解式组可得：

$$\begin{aligned}
a_0 &= \theta_0 \\
a_1 &= \dot{\theta}_0 \\
a_2 &= \frac{\ddot{\theta}_0}{2} \\
a_3 &= \frac{20\theta_n - 20\theta_0 - \left(8\dot{\theta}_n + 12\dot{\theta}_0\right)t_n - \left(3\ddot{\theta}_0 - \ddot{\theta}_n\right)t_n^2}{2t_n^3} \\
a_4 &= \frac{30\theta_0 - 30\theta_n + \left(14\dot{\theta}_n + 16\dot{\theta}_0\right)t_n + \left(3\ddot{\theta}_0 - 2\ddot{\theta}_n\right)t_n^2}{2t_n^4} \\
a_5 &= \frac{12\theta_n - 12\theta_0 - \left(6\dot{\theta}_n + 6\dot{\theta}_0\right)t_n - \left(\ddot{\theta}_0 - \ddot{\theta}_n\right)t_n^2}{2t_n^5}
\end{aligned} \tag{6.12}$$

由于五次多项式规划中不仅有位置和速度的约束，还有加速度的约束，因此可以做到整个轨迹中的加速度连续。

6.1.3 笛卡儿空间的轨迹规划

如果机械臂执行作业的任务不仅对末端执行器的起点和终点提出要求，而且对中间经过的轨迹也有明确的要求，比如要求从起点沿直线到达终点，那么需要在笛卡儿空间进行轨迹规划。本节主要介绍直线轨迹规划和圆弧轨迹规划，因为这两种轨迹是机械臂空间作业轨迹的重要组成元素，是更复杂的轨迹规划的基础，在实际应用中，机器人的运动轨迹多是直线和圆弧的组合。在此基础上，本节还将会介绍机器人拾放操作常用的门形轨迹规划，涉及 S 型曲线加减速策略、合成运动轨迹规划等。

1. 直线轨迹规划

直线轨迹规划是指机械臂末端执行器的运动轨迹是一条直线，处于直线两端的位姿已知，要确定轨迹各途经点的位姿。图 6.6 所示为直线轨迹规划示意图，图中的 M 点为起点，N 点为终点，在 M 点和 N 点之间画一条直线，在直线上选择若干个插补点作为轨迹的途经点，如果相邻插补点之间的距离足够小，那么可以保证机械臂沿着一条直线运动。这种方法需要在每个插补点上求解逆运动学方程，得到笛卡儿空间的插补点所对应的关节空间坐标，即每个关节的关节角，通过对关节的控制实现在笛卡儿空间的直线运动。求解逆运动学方程和关节空间的轨迹规划在前面已经介绍过了，在此只给出在笛卡儿空间的插补点的求法。

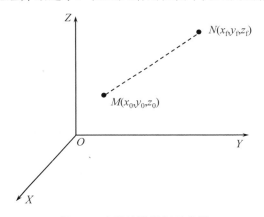

图 6.6　直线轨迹规划示意图

插补可以分为定时插补和定距插补。定时插补是指通过两个相邻的点之间的时间相同，但距离不一定相等；定距插补是指两个相邻的点之间的距离相等，但通过的时间不一定相同，此处介绍定时插补的方法。

已知 M 点和 N 点的空间坐标，可以计算出这两点的空间直线距离：

$$L = \sqrt{\left(x_f - x_0\right)^2 + \left(y_f - y_0\right)^2 + \left(z_f - z_0\right)^2} \tag{6.13}$$

假设已知第 i 个插补点处的坐标为 (x_i, y_i, z_i)，那么经过一个时间 Δt 后，机械臂运动到第 $i+1$ 个插补点。这两个相邻插补点之间的距离 d_i 取决于机械臂不同的运动状态，当机械臂匀速运动时，$d_i = v\Delta t$，其中 v 为该区间的运动速度；当机械臂匀加速运动时，$d_i = v_i \Delta t + \frac{1}{2} a_i \left(\Delta t\right)^2$，其中 v_i 为第 i 个插补点处的速度，a_i 为该区间的加速度。有了 d_i，则可以用下式计算出第 $i+1$ 个插补点的坐标：

$$x_{i+1} = x_i + \frac{x_f - x_0}{L} d_i$$

$$y_{i+1} = y_i + \frac{y_f - y_0}{L} d_i \qquad (6.14)$$

$$z_{i+1} = z_i + \frac{z_f - z_0}{L} d_i$$

根据式（6.14）可以推出各个插补点的坐标，完成在笛卡儿空间的轨迹规划。

2. 圆弧轨迹规划

在笛卡儿空间中，三个不共线的空间点可以确定一个圆弧。圆弧轨迹规划是指机械臂末端执行器的运动轨迹是一段圆弧，在已知圆弧起点、终点和一个途经点位姿的情况下，插补出其他途经点的位姿。与直线轨迹规划相似，若相邻插补点之间的距离足够小，则可以保证末端执行器的运动精度。

圆弧轨迹的插补过程相对于直线轨迹的插补过程要复杂一些，需要先在圆弧所在平面上建立一个新的坐标系，得到该坐标系相对于基坐标系的转换矩阵，在新的坐标系中计算出各个插补点的坐标，通过坐标变换，得到插补点在基坐标系中的坐标，即可完成圆弧轨迹的规划。

如图 6.7 所示，假设圆弧轨迹的起点为 $P_1(x_1, y_1, z_1)$，途径点为 $P_2(x_2, y_2, z_2)$，终点为 $P_3(x_3, y_3, z_3)$。这三点不共线，可以唯一确定一个圆弧。确定圆弧的圆心和半径方法如下。

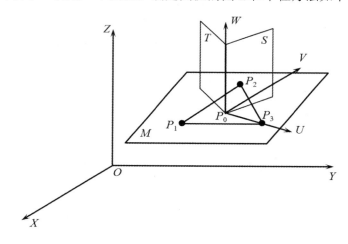

图 6.7　圆弧轨迹规划示意图

图 6.7 中有三个平面，分别是 P_1、P_2、P_3 三个点所在的平面 M，过 P_1P_2 中点且与 P_1P_2 垂直的平面 T，以及过 P_2P_3 中点且与 P_2P_3 垂直的平面 S，圆心 P_0 则是这三个平面的交点，确定圆心坐标后，P_0 与 P_1、P_2 或 P_3 的距离为圆的半径。下面先分别列出这三个平面的式。

平面 M 过 P_1、P_2、P_3 三个点，其式用行列式的形式表示为：

$$\begin{vmatrix} x & y & z & 1 \\ x_1 & y_1 & z_1 & 1 \\ x_2 & y_2 & z_2 & 1 \\ x_3 & y_3 & z_3 & 1 \end{vmatrix} = 0 \qquad (6.15)$$

将其化为 $A_1 x + B_1 y + C_1 z + D_1 = 0$ 的形式，其中：

$$A_1 = y_1 z_2 - y_1 z_3 - z_1 y_2 + z_1 y_3 + y_2 z_3 - y_3 z_2$$
$$B_1 = -x_1 z_2 + x_1 z_3 + z_1 x_2 - z_1 x_3 - x_2 z_3 + x_3 z_2$$
$$C_1 = x_1 y_2 - x_1 y_3 - y_1 x_2 + y_1 x_3 + x_2 y_3 - x_3 y_2$$
$$D_1 = -x_1 y_2 z_3 + x_1 y_3 z_2 + x_2 y_1 z_3 - x_3 y_1 z_2 - x_2 y_3 z_1 + x_3 y_2 z_1$$

(6.16)

平面 T 上任意一点到 P_1、P_2 的距离相等，因此其式为：

$$\left(x - x_1\right)^2 + \left(y - y_1\right)^2 + \left(z - z_1\right)^2 = \left(x - x_2\right)^2 + \left(y - y_2\right)^2 + \left(z - z_2\right)^2$$

（6.17）

将其整理为 $A_2 x + B_2 y + C_2 z + D_2 = 0$ 的形式，其中：

$$A_2 = x_2 - x_1$$
$$B_2 = y_2 - y_1$$
$$C_2 = z_2 - z_1$$

(6.18)

$$D_2 = \frac{\left(x_2^2 - x_1^2\right) + \left(y_2^2 - y_1^2\right) + \left(z_2^2 - z_1^2\right)}{2}$$

同理，可得到平面 S 的式 $A_3 x + B_3 y + C_3 z + D_3 = 0$，其中：

$$A_3 = x_3 - x_2$$
$$B_3 = y_3 - y_2$$
$$C_3 = z_3 - z_2$$

(6.19)

$$D_3 = \frac{\left(x_3^2 - x_2^2\right) + \left(y_3^2 - y_2^2\right) + \left(z_3^2 - z_2^2\right)}{2}$$

圆心 P_0 位于三个平面的交点上，其坐标 (x_0, y_0, z_0) 满足下式：

$$\begin{bmatrix} A_1 & B_1 & C_1 \\ A_2 & B_2 & C_2 \\ A_3 & B_3 & C_3 \end{bmatrix} \begin{bmatrix} x_0 \\ y_0 \\ z_0 \end{bmatrix} + \begin{bmatrix} D_1 \\ D_2 \\ D_3 \end{bmatrix} = 0$$

(6.20)

解该式可得到 P_0 的坐标：

$$\begin{bmatrix} x_0 \\ y_0 \\ z_0 \end{bmatrix} = -\begin{bmatrix} A_1 & B_1 & C_1 \\ A_2 & B_2 & C_2 \\ A_3 & B_3 & C_3 \end{bmatrix}^{-1} \begin{bmatrix} D_1 \\ D_2 \\ D_3 \end{bmatrix}$$

(6.21)

圆弧半径为：

$$r = \sqrt{\left(x_1 - x_0\right)^2 + \left(y_1 - y_0\right)^2 + \left(z_1 - z_0\right)^2}$$

(6.22)

确定了圆弧的圆心和半径后，可以建立一个新的坐标系 UVW，该坐标系以圆心 P_0 为原点，U 轴和 V 轴均在圆弧平面内，W 轴垂直于圆弧平面。为了与基坐标系 XYZ 进行区分，我们将 UVW 坐标系称为圆弧坐标系，其中 U 轴的方向被定义为 $P_0 P_3$ 连线的方向，因此 U 轴的单位向量为：

$$\boldsymbol{u} = \begin{bmatrix} \dfrac{x_3 - x_0}{r} & \dfrac{y_3 - y_0}{r} & \dfrac{z_3 - z_0}{r} \end{bmatrix}^{\mathrm{T}}$$

(6.23)

W 轴垂直于圆弧平面，即平面 M 的法向量方向，由于法向量的方向数分别为 A_1、B_1、C_1，因此 W 轴的单位向量为：

$$w = \left[\frac{A_1}{\sqrt{A_1^2 + B_1^2 + C_1^2}} \quad \frac{B_1}{\sqrt{A_1^2 + B_1^2 + C_1^2}} \quad \frac{C_1}{\sqrt{A_1^2 + B_1^2 + C_1^2}} \right]^T \qquad (6.24)$$

V 轴的单位向量为 w 和 u 的叉乘：

$$v = w \times u \qquad (6.25)$$

利用向量 u、v、w 和 P_0 点坐标 $p_0 = \begin{bmatrix} x_0 & y_0 & z_0 \end{bmatrix}^T$ 可以建立 UVW 坐标系相对于基坐标系的转换矩阵：

$$T = \begin{bmatrix} R & p_0 \\ 0 & 1 \end{bmatrix} \qquad (6.26)$$

式（6.26）中，$R = \begin{bmatrix} u & v & w \end{bmatrix}$，为旋转矩阵；$p_0$ 为平移向量；R 为正交矩阵，因此 $R^{-1} = R^T$。据此，可以写出 T 的逆矩阵：

$$T^{-1} = \begin{bmatrix} R^T & -R^T p_0 \\ 0 & 1 \end{bmatrix} \qquad (6.27)$$

有了 T^{-1}，可以将 P_1、P_2、P_3 三个点的坐标变换到 UVW 坐标系中：

$$\begin{bmatrix} u_1 \\ v_1 \\ w_1 \\ 1 \end{bmatrix} = T \begin{bmatrix} x_1 \\ y_1 \\ z_1 \\ 1 \end{bmatrix} \quad \begin{bmatrix} u_2 \\ v_2 \\ w_2 \\ 1 \end{bmatrix} = T \begin{bmatrix} x_2 \\ y_2 \\ z_2 \\ 1 \end{bmatrix} \quad \begin{bmatrix} u_3 \\ v_3 \\ w_3 \\ 1 \end{bmatrix} = T \begin{bmatrix} x_3 \\ y_3 \\ z_3 \\ 1 \end{bmatrix} \qquad (6.28)$$

下面的工作便是对圆弧进行插补，得到圆弧上各插补点的坐标。因为在 UVW 坐标系中，圆弧位于 UV 平面内，圆心在坐标原点处，半径已知，圆弧上各点的坐标很容易获得，因此插补工作在 UVW 坐标系中进行会更加方便。插补完成后，利用转换矩阵 T^{-1} 即可将插补点转换到 XYZ 坐标系中。

图 6.8 所示为 UVW 坐标系中圆弧插补的示意图。设圆弧上任意一点 P 与圆心 P_0 的连线和 U 轴的夹角为 θ，那么 P_1、P_2、P_3 对应的 θ 角分别为 θ_1、θ_2 和 θ_3（θ_2、θ_3 未在图中标出），由图 6.8 可知，$\theta_3 = 0$ 或 2π，而 θ_1 和 θ_2 可通过 P_1、P_2 的 U、V 坐标获得。θ_1 的计算公式为：

$$\theta_1 = \begin{cases} \arctan2(u_1, v_1) & \arctan2(u_1, v_1) \geqslant 0 \\ \arctan2(u_1, v_1) + 2\pi & \arctan2(u_1, v_1) < 0 \end{cases} \qquad (6.29)$$

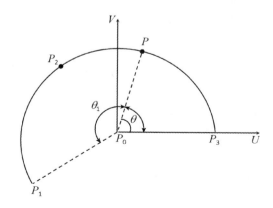

图 6.8　UVW 坐标系中圆弧插补的示意图

arctan2 函数的值介于$[-\pi,\pi]$之间，式（6.29）将θ_1调整到了$[0,2\pi)$之间。θ_2的计算方法与θ_1相同。若$\theta_2<\theta_1$，则圆弧轨迹为顺时针，此时θ_3为0；若$\theta_2>\theta_1$，则圆弧轨迹为逆时针，此时θ_3为2π。图6.8给出的是顺时针的情形。

$\theta=\theta_1$和$\theta=\theta_3$分别对应圆弧轨迹的起点和终点，圆弧轨迹的插补即在θ_1到θ_3之间进行θ角的插补。若采用定时插补，则是在已知t_i时刻θ值的情况下，计算出t_{i+1}时刻的θ值：

$$\theta_{i+1} = \begin{cases} \theta_i + \omega\Delta t & \text{逆时针} \\ \theta_i - \omega\Delta t & \text{顺时针} \end{cases} \tag{6.30}$$

式（6.30）中，ω为角速度。有了插补点对应的θ值，可通过下式计算出插补点在UVW坐标系中的坐标值：

$$\begin{aligned} u_i &= r\cos\theta_i \\ v_i &= r\sin\theta_i \\ w_i &= 0 \end{aligned} \tag{6.31}$$

式（6.31）中，r为圆弧半径。通过式（6.26）中的转换矩阵$\boldsymbol{T}$将其变换到XYZ坐标系中：

$$\begin{bmatrix} x_i \\ y_i \\ z_i \\ 1 \end{bmatrix} = \boldsymbol{T}^{-1} \begin{bmatrix} u_i \\ v_i \\ w_i \\ 1 \end{bmatrix} \tag{6.32}$$

至此，完成了笛卡儿空间的圆弧轨迹规划。需要指出的是，无论是直线轨迹、圆弧轨迹或者其他类型的轨迹，在完成笛卡儿空间的轨迹插补之后，均需要求解逆运动学方程，将笛卡儿空间的轨迹点转换到关节空间中，进而通过对关节的控制达到控制轨迹的目的。

3. 门形轨迹规划

对于机械臂而言，拾放操作是最常用到的工作方式之一。拾放操作轨迹是在笛卡儿空间进行规划的。理论上拾放操作可以采取从抓取点到放置点的直线路径，但在实际应用中，为避开障碍物，通常采取门形路径，把整个路径分成提起、平移、放下3个阶段。门形轨迹如图6.9所示。

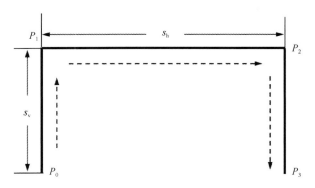

图6.9　门形轨迹

P_0和P_3分别为抓取点和放置点，P_1和P_2为途经点。在工作时，机械臂末端按照图6.9中的虚线箭头方向运动，s_v是避障高度，s_h是水平移动距离。可以看出，该路径由3个直线路径段组成，每个路径段之间要做到顺滑衔接，就要采取一些加减速策略，如常用的T型加减速和 S 型加减速等。

　　T 型加减速是指将整个过程分成 3 段，分别是匀加速段、匀速段、匀减速段。相比 T 型加减速，S 型加减速可以使速度曲线更加平滑，减少电机突然启动时的冲击，使运动更加平稳。S 型加减速将整个过程分成 7 段，分别为加加速段、匀加速段、减加速段、匀速段、加减速段、匀减速段和减减速段。为了方便描述，我们将这 7 段的结束时间点记为 $t_1, t_2, \cdots, t_7$，每一段的持续时间记为 $T_1, T_2, \cdots, T_7$。下式给出了各段的加速度函数表达式：

$$a(t) = \begin{cases} \dfrac{a_m}{T_1} t & 0 \le t < t_1 \\[2mm] a_m & t_1 \le t < t_2 \\[2mm] a_m - \dfrac{a_m}{T_3}(t - t_2) & t_2 \le t < t_3 \\[2mm] 0 & t_3 \le t < t_4 \\[2mm] -\dfrac{a_m}{T_5}(t - t_4) & t_4 \le t < t_5 \\[2mm] -a_m & t_5 \le t < t_6 \\[2mm] -a_m + \dfrac{a_m}{T_7}(t - t_6) & t_6 \le t < t_7 \end{cases} \tag{6.33}$$

式（6.33）中，a_m 为最大加速度。对上式进行积分，可以得到每个阶段的速度 v 随时间的变化；对上式进行两次积分，可以得到每个阶段的位移 s 随时间的变化。图 6.10 所示为 S 型加减速曲线，图中给出了加速度 a、速度 v 和位移 s 随时间的变化曲线。

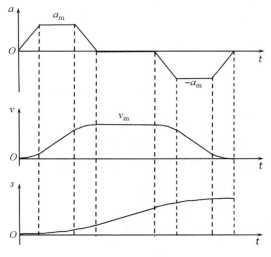

图 6.10　S 型加减速曲线

　　按照上述加减速策略，每个路径段的速度从 0 开始，先加速至 v_m，然后减速至 0，也就是说，每个路径段的始末速度均为 0。这种方法效率较低，在每个路径段，需要先停下来，再开始下一个路径段。另外，图 6.9 给出的路径中，在 P_1 和 P_2 两个拐角处速度的方向会发生突变，容易出现冲击振动。为了提高效率，使操作更加快速、平稳，需要在转角处引入平滑过渡曲线。

　　一种处理方法是在转角处进行竖直运动和水平运动的时间耦合，即在竖直运动的速度还没有降到 0 时，开始水平方向的运动。图 6.11 所示为竖直运动速度和水平运动速度随时间变化的曲线，图中给出了无时间耦合和引入时间耦合后竖直运动（P_0P_1 段）速度 v_y 和水平运动（P_1P_2 段）速度 v_x 随时间变化的曲线。

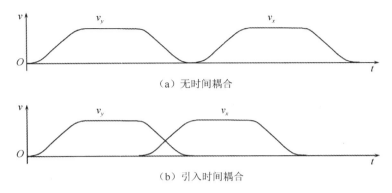

图 6.11　竖直运动速度和水平运动速度随时间变化的曲线

引入时间耦合后，转角处的轨迹由直角变为更加圆滑的曲线，如图 6.12 所示。

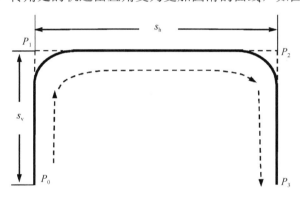

图 6.12　引入时间耦合后的门形轨迹

另一种处理方法是在笛卡儿空间进行路径规划时，将转角处进行圆弧转接处理，如图 6.13 所示。圆弧和直线的连接点称为转接点，一共有 4 处，在图 6.13 中用 P_{T1}、P_{T2}、P_{T3} 和 P_{T4} 表示。这样整个路径被分成了 5 个小路径段，每个路径段为直线或圆弧，可以根据前面讲过的直线和圆弧插补算法进行中间点的插补和轨迹规划。

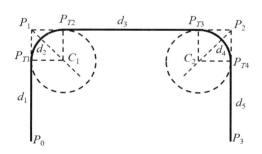

图 6.13　圆弧转接门形轨迹

6.2 机械臂控制

6.2.1 轨迹控制

1. 直流电机控制原理与模型

机械臂是由连杆和关节组成的，对关节的控制是机械臂控制的基础。关节的驱动方式有多种，比如电机驱动、液压驱动等，这里主要介绍电机驱动的关节控制。

图 6.14 所示为直流电机伺服控制示意图，它是一个带有速度反馈和位置反馈的双闭环控制系统，无论是位置控制器还是速度控制器，均将目标值和当前值的差作为控制器的输入值，并通过计算得到输出值，最终通过控制电机带动负载到达目标位置。不同控制器的输入、输出的运算关系不同，如常用的有 P（比例）控制、PD（比例微分）控制、PID（比例积分微分）控制等。

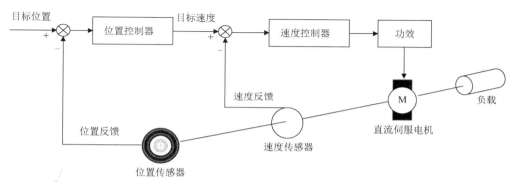

图 6.14 直流电机伺服控制示意图

图 6.14 中最重要的部件是直流电机，它的等效电路如图 6.15 所示。其中，U_a 为加在直流电机上的电压（V），R_a、L_a 分别为电机的等效电阻（Ω）和电感（H），e_a 为反电动势，τ 为电机转轴的输出力矩（N·m），θ_m 表示电机转轴的转角，J_{eff} 表示折合到电机轴上的总的等效转动惯量（kg·m²）。

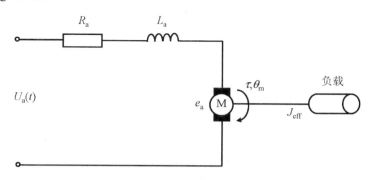

图 6.15 直流电机的等效电路

下面来推导 θ_m 与 U_a 的传递关系。

电机的模型分为电气部分和机械部分。电气部分的模型可以由电压平衡式来描述：

$$U_a(t) = R_a i_a(t) + L_a \frac{\mathrm{d}i_a(t)}{\mathrm{d}t} + e_a(t) \tag{6.34}$$

从机械方面看，电机的转速、加速度与力矩之间的关系可以用力矩平衡式来表示：

$$\tau(t) = J_{\text{eff}} \ddot{\theta}_m + f_{\text{eff}} \dot{\theta}_m \tag{6.35}$$

式（6.35）中，f_{eff} 为黏性摩擦系数。电气部分和机械部分的耦合体现在两个方面，一是电流 $i_a(t)$ 和力矩 $\tau(t)$ 的关系，电流越大，产生的力矩就越大，二者成正比：

$$\tau(t) = k_a i_a(t) \tag{6.36}$$

二是电机反电动势和转速 $\dot{\theta}_m(t)$ 之间的关系，二者也成正比，转速越大，反电动势越大：

$$e_a = k_b \dot{\theta}_m(t) \tag{6.37}$$

对式（6.34）～式（6.37）进行拉普拉斯变换得：

$$\begin{cases} I_a(s) = \dfrac{U_a(s) - E_a(s)}{R_a + sL_a} \\[2mm] T(s) = s^2 J_{\text{eff}} \theta_m(s) + s f_{\text{eff}} \theta_m(s) \\[2mm] T(s) = k_a I_a(s) \\[2mm] E_a(s) = s k_b \theta_m(s) \end{cases} \tag{6.38}$$

整理可得 U_a 和 θ_m 之间的传递函数：

$$\frac{\theta_m(s)}{U_a(s)} = \frac{k_a}{s\left[s^2 J_{\text{eff}} L_a + \left(L_a f_{\text{eff}} + R_a J_{\text{eff}} \right) s + R_a f_{\text{eff}} + k_a k_b \right]} \tag{6.39}$$

驱动电机的电感一般很小，可以忽略上式中的 L_a，简化为：

$$\frac{\theta_m(s)}{U_a(s)} = \frac{k_a}{s\left[s R_a J_{\text{eff}} + R_a f_{\text{eff}} + k_a k_b \right]} \tag{6.40}$$

2. 关节控制

电机通过传动部件将力矩输出到机械臂的关节，带动连杆进行转动，以达到控制机械臂位姿的目的。图 6.16 所示为电机传动示意图，其中 J_b、J_m、J_L 分别为电机定子、转轴和负载的转动惯量，f_m 和 f_L 分别为电机转轴和负载转动的摩擦系数，τ_m 和 τ_L 分别为电机转轴和负载转轴的力矩。n 为传动比，它的定义为：

$$n = \frac{Z_m}{Z_L} \tag{6.41}$$

式（6.41）中，Z_m 和 Z_L 为减速器齿轮的齿数。

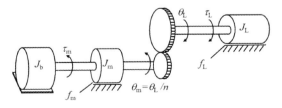

图 6.16　电机传动示意图

有了传动比，就可以得到负载的转角和电机转轴转角之间的关系：

$$\theta_{\mathrm{m}} = \frac{\theta_{\mathrm{L}}}{n} \tag{6.42}$$

负载的转动惯量 J_{L} 和摩擦系数 f_{L} 折合到电机转轴上分别为 $n^2 J_{\mathrm{L}}$ 和 $n^2 f_{\mathrm{L}}$，这样电机转轴总的等效转动惯量和等效摩擦系数可以用下式表示：

$$J_{\mathrm{eff}} = J_{\mathrm{m}} + n^2 J_{\mathrm{L}}$$
$$f_{\mathrm{eff}} = f_{\mathrm{m}} + n^2 f_{\mathrm{L}} \tag{6.43}$$

常见的关节控制系统是带有反馈的闭环伺服控制系统，反馈量一般为位置或速度。图 6.17 所示为位置反馈闭环控制系统框图，图中给出了一个仅带有位置反馈的闭环控制系统，其中，$\theta_{\mathrm{L}}^{\mathrm{d}}(t)$ 为目标关节位置，$\theta_{\mathrm{L}}(t)$ 为实际关节位置，$e(t)$ 为二者之间的差，$U_{\mathrm{a}}(t)$ 为施加到直流电机上的电压。我们据此来推导其传递函数。

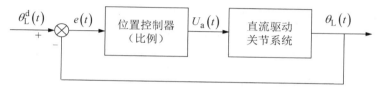

图 6.17　位置反馈闭环控制系统框图

位置控制器采用比例控制，因此 $e(t)$ 和 $U_{\mathrm{a}}(t)$ 之间的关系为：

$$U_{\mathrm{a}}(t) = \frac{k_{\mathrm{p}} e(t)}{n} \tag{6.44}$$

式（6.44）中，k_{p} 为比例控制器的比例系数，n 为传动比。对其进行拉普拉斯变换，可得到位置控制器的传递函数：

$$\frac{U_{\mathrm{a}}(s)}{E(s)} = \frac{k_{\mathrm{p}}}{n} \tag{6.45}$$

要想得到整个系统的传递函数，还必须得到 $U_{\mathrm{a}}(t)$ 和 $\theta_{\mathrm{L}}(t)$ 之间的关系。式（6.40）已经给出了 $\dfrac{\theta_{\mathrm{m}}(s)}{U_{\mathrm{a}}(s)}$ 的关系式，而对式（6.42）进行拉普拉斯变换得：

$$\frac{\theta_{\mathrm{L}}(s)}{\theta_{\mathrm{m}}(s)} = n \tag{6.46}$$

因此得到 U_{a} 和 θ_{L} 的关系：

$$\frac{\theta_{\mathrm{L}}(s)}{U_{\mathrm{a}}(s)} = \frac{n k_{\mathrm{a}}}{s\left(s R_{\mathrm{a}} J_{\mathrm{eff}} + R_{\mathrm{a}} f_{\mathrm{eff}} + k_{\mathrm{a}} k_{\mathrm{b}}\right)} \tag{6.47}$$

结合式（6.45），可以得到系统开环传递函数，即 $E(s)$ 与 $\theta_{\mathrm{L}}(s)$ 之间的传递函数：

$$G(s) = \frac{\theta_{\mathrm{L}}(s)}{E(s)} = \frac{k_{\mathrm{a}} k_{\mathrm{p}}}{s\left(s R_{\mathrm{a}} J_{\mathrm{eff}} + R_{\mathrm{a}} f_{\mathrm{eff}} + k_{\mathrm{a}} k_{\mathrm{b}}\right)} \tag{6.48}$$

由此也可以得到系统闭环的传递函数：

$$\frac{\theta_{\mathrm{L}}(s)}{\theta_{\mathrm{L}}^{\mathrm{d}}(s)} = \frac{G(s)}{1 + G(s)} = \frac{k_{\mathrm{a}} k_{\mathrm{p}} / R_{\mathrm{a}} J_{\mathrm{eff}}}{s^2 + \left(R_{\mathrm{a}} J_{\mathrm{eff}} + k_{\mathrm{a}} k_{\mathrm{p}}\right) s / R_{\mathrm{a}} J_{\mathrm{eff}} + k_{\mathrm{a}} k_{\mathrm{p}} / R_{\mathrm{a}} J_{\mathrm{eff}}} \tag{6.49}$$

可以看出，单个直流电机驱动的比例控制系统是一个二阶系统，当系统参数均为正时，系统是稳定的。

3. 轨迹控制

机械臂轨迹控制是指在期望轨迹已知的情况下，控制机械臂按照预定的轨迹进行运动。在机械臂在低速小负荷运动的情况下，控制系统在设计时可以忽略关节间的耦合，采用单关节位置伺服反馈控制进行操作，每个关节单独控制。

图 6.18 所示为独立关节控制原理图。如果轨迹规划在关节空间进行，那么控制也在关节空间进行，每个关节形成独立的闭环。如果轨迹规划在笛卡儿空间进行，那么需要将在笛卡儿空间得到的末端执行器的轨迹转换到关节空间，得到预期的关节角度，并通过对关节的控制实现对末端执行器的控制。在这个过程中，闭环控制在关节空间进行，笛卡儿空间轨迹向关节空间的转换过程在闭环的外面进行，保证了控制的实时性。

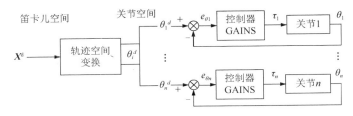

图 6.18　独立关节控制原理图

我们还可以用另一种方法实现笛卡儿空间的轨迹控制，即在笛卡儿空间做闭环，如图 6.19 所示。在该方法中，反馈量不是关节角，而是执行器在笛卡儿空间实际的位姿。通常笛卡儿空间的位姿比较难测量，需要通过解算运动学方程得到。

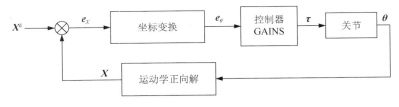

图 6.19　笛卡儿空间轨迹控制

6.2.2　力控制

1. 问题描述

机械臂根据其任务的不同会有不同的控制需求。一些机械臂只对位置和轨迹控制有要求，而有些机械臂在进行作业时，需要控制末端执行器与工件接触时保持一定大小的力。书写机械臂的力控制如图 6.20 所示。书写机械臂的任务是在纸面上画出一定的字形。如果该机械臂只采用位置控制策略，那么显然在纸面不平时会出现一些问题。如果纸面凹下去，那么笔尖接触不到纸面，笔尖悬空，不能完成书写的任务；如果纸面凸起，那么机械臂为了达到目标位置强行推进，会损坏笔头。在这种情形下，如果单纯使用位置控制策略有一定的局限性，那么有必要引入力控制策略，将末端执行器与环境的相互作用考虑在内，使机械臂的运动更加灵活准确。

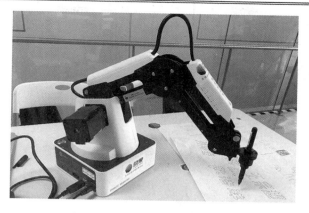

图 6.20 书写机械臂的力控制

机械臂在受到环境约束并与环境接触时，如果环境刚度比较大，那么很小的位移就会产生很大的接触力，容易损坏机械臂和环境。为了实现机械臂与环境接触时的柔顺性，须同时进行力和位置的控制。控制策略分为被动型和主动型。被动柔顺控制是指在机械臂与环境相互作用时，利用一些辅助机构（如弹簧、阻尼等）吸收和储存能量，从而达到柔顺控制的目的。被动柔顺控制有很多不足，如不能克服机械臂高刚度和高柔顺性之间的矛盾，无法使机械臂本身对力做出反应等。为了克服这些不足，主动柔顺控制应运而生。主动柔顺控制是目前柔顺控制的主要研究方向，也称力控制。

由于力控制要求机械臂对接触力有感知和控制的能力，因此需要有力传感器的配合。力传感器将检测到的接触力反馈给控制系统，控制系统据此信息和预先制定的控制策略产生控制信号。力控制的策略主要有阻抗控制、力/位混合控制、自适应控制、智能控制等。

2. 质量-弹簧系统的力控制

质量-弹簧系统是一个简化的描述受控物体和环境之间相互作用的模型，如图 6.21 所示。在此模型中，刚性质量块 m 代表受控物体，它与环境之间有一个弹性力的作用，刚度为 k_e，用一个理想弹簧来表示；f_{dist} 代表未知的干扰力，包括摩擦力或机械传动的阻力等；x 为位移；f 为控制力。

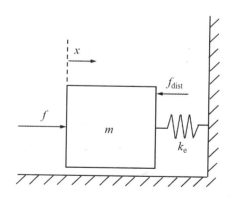

图 6.21 质量-弹簧系统

该系统的力平衡式为：

$$f = m\ddot{x} + k_e x + f_{dist} \tag{6.50}$$

式（6.50）中，$k_e x$ 为环境给 m 的力，记为 f_e：

$$f_e = k_e x \tag{6.51}$$

将式（6.50）用 f_e 表示，则有：

$$f = mk_e^{-1}\ddot{f}_e + f_e + f_{dist} \tag{6.52}$$

设

$$\alpha = mk_e^{-1} \tag{6.53}$$
$$\beta = f_e + f_{dist}$$

可得：

$$f = \alpha\ddot{f}_e + \beta \tag{6.54}$$

采用 PD 控制的思想，可将式（6.54）写成：

$$f = \alpha\left(\ddot{f}_d + k_{vf}\dot{e}_f + k_{pf}e_f\right) + \beta \tag{6.55}$$
$$= mk_e^{-1}\left(\ddot{f}_d + k_{vf}\dot{e}_f + k_{pf}e_f\right) + f_e + f_{dist}$$

式（6.55）中，f_d 为期望的环境力；$e_f = f_d - f_e$ 为期望值与测量值之间的误差；k_{pf} 为比例控制系数；k_{vf} 为微分控制系数。

式（6.55）为质量-弹簧系统的控制律，但在实际系统中，f_{dist} 是一个扰动力，难以预测，因此直接用式（6.55）进行控制并不可行。若直接去掉 f_{dist}，则得到简化的控制律：

$$f = \alpha\left(\ddot{f}_d + k_{vf}\dot{e}_f + k_{pf}e_f\right) + f_e \tag{6.56}$$

使用此简化的控制律，稳态误差为：

$$e_f = \frac{f_{dist}}{\alpha k_{pf}} \tag{6.57}$$

当环境刚度 k_e 比较大时，α 较小，会引入比较大的稳态误差。改进的方法是使用期望力 f_d 取代式（6.55）中的 $f_e + f_{dist}$，得到的控制律为：

$$f = \alpha\left(\ddot{f}_d + k_{vf}\dot{e}_f + k_{pf}e_f\right) + f_d \tag{6.58}$$

该控制律的稳态误差为：

$$e_f = \frac{f_{dist}}{1 + \alpha k_{pf}} \tag{6.59}$$

可见即使 α 比较小，也不会造成太大的稳态误差。

图 6.22 所示为质量-弹簧系统的力控制原理图。

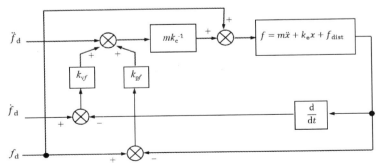

图 6.22　质量-弹簧系统的力控制原理图

3. 力/位置混合控制

力/位置混合控制策略最早由 Raibert 和 Craig 提出。它的基本策略是：在任务笛卡儿空间将位置控制和力控制分解为两个相对独立的子空间，通过雅克比矩阵将两个子空间转换到关节空间并分配到各个关节的控制器上，从而实现对机械臂的柔顺控制。

要实现任务空间的力控制和位置控制的分解，首先要了解机械臂的受约束情况。机械臂在运动的过程中与环境之间存在自然约束，包括自然位置约束和自然力约束。自然位置约束是指机械臂和环境接触时，环境的几何特性使得机械臂不能到达某些位置；而自然力约束是指在某些方向上不能对机械臂施加力的作用。图 6.20 所示的书写机械臂，在垂直于桌面的方向上，由于书写机械臂不能自由穿过桌面运动，因此有自然位置约束；而在平行于桌面的方向上，如果桌面是光滑的，那么机械臂不能在该方向被施加力的作用，这是自然力约束。要实现力/位置混合控制，就要将任务分解为某些自由度的自然位置控制和另外一些自由度的自然力控制，一般的做法是：

（1）沿着有自然力约束的方向进行机械臂的位置控制。

（2）沿着有自然位置约束的方向进行机械臂的力控制。

任务分解后在任务空间分别进行位置控制和力控制的计算，将计算结果转换到关节空间合并为统一的关节空间力矩，驱动机械臂达到目标状态。图 6.23 所示为力/位置混合控制框图。

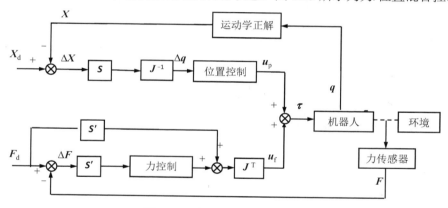

图 6.23　力/位置混合控制框图

图 6.23 中包括两个并列的闭环控制回路，分别是位置闭环控制回路和力闭环控制回路。S 和 S' 为对角阵，对角线上的元素为 1 或 0。S 和 S' 是互补的关系，其中一个对角线上的元素为 1 时，另外一个为 0，这样就可以通过 S 和 S' 在力和位置控制闭环间做切换。X_d 和 F_d 分别为期望的位置和力，F 为力传感器测量的值，均为在任务笛卡儿空间描述的量。q 为关节角，τ 为需要施加在各个关节上的驱动力矩，是在关节空间描述的量。J 为雅克比矩阵，可实现笛卡儿空间和关节空间的转换。

位置控制器和力控制器分别根据位置和力的期望值和当前值的差，输出控制量 u_p 和 u_f，两个控制量共同作用，得到需要施加在机械臂各个关节的驱动力矩，使得机械臂末端既可以在自然位置约束方向上产生一定的压力，又可以在无位置约束方向上到达目标位置。

4. 阻抗控制

阻抗原本是电学中的一个概念。在电路系统中，阻抗是指一个系统两端电压和电流的比值。类比到机械系统中，若给机械系统施加一个力，则会有一个位移。力相当于电压，位移相当于电流，力和位移之间的比值就是一个机械系统的阻抗，也就是说，一个机械系统的阻抗描述的是力和位移之间的动态关系，可用下式来表示：

$$F_e(s) = Z(s)X_e(s) \qquad (6.60)$$

式（6.60）中，F 是力，X 是位移，Z 是阻抗。需要注意的是，由于这个式子描述的是力和位置之间的动态关系，因此需要关注位置和力的变化量，此处用下标 e 来表示。

阻抗控制和力/位置混合控制都是较为常用的主动柔顺控制策略。阻抗控制不是直接控制期望的力和位置，而是通过控制力和位置之间的动态关系来实现柔顺功能，换句话说，阻抗控制的基本思想是通过控制的方法使机械臂达到期望的阻抗值，使机械臂成为具有一定柔性的系统。常用的阻抗模型是将机械臂等效成质量-弹簧-阻尼模型，通过调节惯性、刚度、阻尼等参数使机械臂达到期望的阻抗值。阻抗模型可用以下关系表示：

$$M_d\ddot{X}_e + B_d\dot{X}_e + K_dX_e = F_e \qquad (6.61)$$

式（6.61）中，M_d、B_d 和 K_d 分别为质量、阻尼系数和刚度，代表期望的阻抗模型参数。对其进行拉普拉斯变换，可得到在频域的表达式：

$$(M_ds^2 + B_ds + K_d)X_e = F_e \qquad (6.62)$$

阻抗控制分为基于位置的阻抗控制和基于力的阻抗控制，考虑到传统的机械臂控制多数采用位置控制策略，在此我们以基于位置的阻抗控制讲解其原理。图 6.24 所示为阻抗控制框图。基于位置的阻抗控制由两个控制环组成，内环是位置控制，外环是阻抗控制，因此可以将基于位置的阻抗看作在常规的位置控制的基础上增加了一个阻抗控制。图 6.24 中的下标 d 代表期望值，下标 e 代表偏差或调整量，q 为关节空间坐标。位置控制的输入量是 q 的期望值和实际值的偏差 Δq，输出量是作用在机械臂各关节的扭矩。阻抗控制的输入量是 F_e，它是机械臂末端与环境的接触力的期望值和真实值的偏差；阻抗控制的输出量是 X_e，即位置的调整量。该调整量叠加在参考位置 X_c 上，形成矫正的位置期望值，最终通过位置控制影响机械臂的关节扭矩。

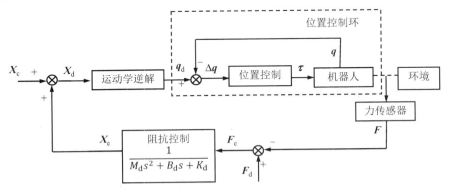

图 6.24　阻抗控制框图

可以看出，当机械臂所受外力 F 和力的期望值 F_d 相等，或者机械臂没有与环境接触时，阻抗控制的输入量 F_e 为 0。由于阻尼的存在，经过一段时间后输出量 X_e 会变为 0，此时，系统相当于没有阻抗控制外环，$X_d = X_c$，机械臂转为纯位置控制模式。当机械臂受力产生偏差时，阻抗控制外环会起作用，通过调整位置期望值使得机械臂的受力最终能够收敛到期望值，达到跟踪受力的目的。

　　在本节中，我们介绍了力控制的概念及几种常用的力控制策略。总体而言，相比于位置控制，力控制的难度更大。一方面，力信号通常是高频信号，要求系统有更高的带宽，容易受到高频噪声和扰动的影响；另一方面，力控制往往与环境有关，环境的不确定性使得环境参数难以获得，这些因素造成力控制的难度增加。目前关于力控制的研究还有许多值得深入探讨的课题。

6.3　视觉伺服控制系统

　　人类之所以能够完成各种精细复杂的动作，是因为手眼的协调配合。服务机器人多数工作在非结构性环境中，工作环境复杂多变，如果想要取代人类完成各项工作，就需要具备手眼协调的功能。

　　手眼协调是一种视觉伺服控制，涉及图像处理、机器人视觉、控制理论、运动学等多个领域。它离不开计算机视觉，但与一般意义上的计算机视觉又有所不同。计算机视觉从图像中识别和获取有用的信息，而视觉伺服控制以视觉信息作为反馈，形成闭环控制系统，其最终目的是完成对机器人的精准控制。

　　与传统机械臂控制系统相比，视觉伺服控制系统集成了视觉传感器的信息，融合了物品识别、位姿检测、机械臂运动规划等多项技术，有助于提高机器人的操作精度和自主性。目前视觉伺服控制系统采用的视觉传感器有单目相机、深度相机、双目相机等。单目相机无法获得三维信息，一般通过移动来获得深度信息，适合工作在比较简单且对深度信息要求不高的场合；深度相机能够获得目标的深度信息，但不能获得目标的图像；双目相机既能获得目标的图像，又能获得深度信息，但软件的复杂度较高。

　　相机安装位置一般有两种，如图 6.25 所示，一种是 eye-to-hand system，相机安装在相对固定的位置，如机械臂基座或机器人头部，能获得大范围视野，称为全局相机；另一种是 eye-in-hand system，相机安装在机械臂末端，称为末端相机。末端相机距离目标较近，不容易出现目标被遮挡的情况，但是它只能观察到目标而不能观察到机械臂本身，需要通过已知的机器人运动学模型求解目标与机器人末端的位置关系。全局相机既能观察到目标，又能观察到机械臂末端，能看到二者的相对位置及相对移动速度，但可能出现目标被机械臂遮挡的情形。这两种相机的安装方式各有优缺点，一般的解决方案是将二者结合，构成多目视觉系统，这样可以观察到不同的视野，得到更为丰富的信息。

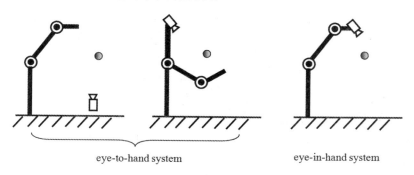

eye-to-hand system　　　　　　　　eye-in-hand system

图 6.25　相机安装位置

所有的控制策略目标都是使误差最小化，但是计算误差的方法各不相同。根据计算误差方法的不同，可以将视觉伺服控制分为基于位置的视觉伺服控制和基于图像的视觉伺服控制，如图 6.26 所示。基于位置的视觉伺服控制是指在三维笛卡儿空间计算误差，该方法的好处是误差量和控制器的输入量均为空间位姿，计算容易实现，但需要对图像进行三维重建，根据图像对位姿进行估计，运动学误差和相机标定误差会影响控制精度，且因为不是对图像直接进行控制，所以容易使目标离开视野范围。基于图像的视觉伺服控制是指在图像空间计算误差，该方法不需要对图像进行三维重建，也不需要对位姿进行估计，对标定误差和运动学误差不敏感，但控制器设计比较困难，需要通过计算图像雅克比矩阵来映射机器人三维运动空间和图像二维空间之间的关系，在跟踪过程中，图像雅克比矩阵可能存在奇异值，使系统不稳定。基于位置的视觉伺服控制和基于图像的视觉伺服控制由于分别在三维空间和二维空间计算误差，因此也称为 3D 视觉伺服控制和 2D 视觉伺服控制，它们各有优势。为了取长补短，人们提出了混合伺服策略，其中比较有代表性的是 2.5D 视觉伺服控制。

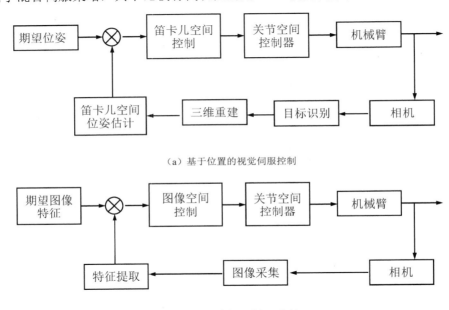

（a）基于位置的视觉伺服控制

（b）基于图像的视觉伺服控制

图 6.26　视觉伺服控制框图

2.5D 视觉伺服控制的概念是由 Ezio Malis 在 1999 年提出的，它运用 2D 伺服控制的一部分自由度，剩下的自由度用其他方法控制。它通过分解单应性矩阵实现旋转和平移的解耦，利用 3D 信息调节旋转误差，利用 2D 信息调节平移误差，其系统框图如图 6.27 所示。2.5D 视觉伺服控制系统通过相机采集目标图像，将目标图像经过图像处理后提取特征点，通过将特征点与期望图像特征进行比对，得到单应性矩阵，并通过分解单应性矩阵得到旋转分量和位置分量。将位置分量与期望位置进行比较，将得到的位置误差作为平移控制律的输入；将旋转分量与期望位姿进行比较，将得到的旋转误差作为平移控制律和旋转控制律的输入。该方法实现了旋转和平移的解耦，从而使得目标在笛卡儿空间和图像空间同时得到控制。此外，2.5D 视觉伺服控制系统的雅克比矩阵不存在奇异值，使得控制系统更加稳定。

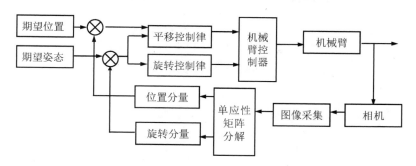

图 6.27　2.5D 视觉伺服控制系统框图

在目前对视觉伺服控制的研究中，还有许多问题没有得到很好的解决，主要的难点有如下 3 个。

（1）图像处理的计算速度不能达到实时控制的要求。

（2）难以建立图像特征与机械臂关节运动之间的关系模型。

（3）难以保证系统在大范围内是稳定的。

由于视觉伺服控制系统为计算机视觉研究的一个重要分支，所涉及的学科众多，因此它的发展也依赖于这些学科的发展，将来在计算机硬件水平大幅提升、更高效的伺服控制策略被提出的基础上，视觉伺服控制系统将在机器人技术中占据越来越重要的位置。

第 7 章　服务机器人视觉系统

服务机器人视觉（Robot Vision）系统是指使服务机器人中具有视觉感知功能的系统，是机器人系统组成的重要部分之一。服务机器人视觉系统的硬件基础是视觉传感器，核心在于算法。本章将介绍常见视觉传感器及其原理、常见计算机视觉算法基础，以及其相关典型应用。

7.1　视觉传感器

视觉传感器是整个机器人视觉系统信息的直接来源，主要由一个或者多个图像传感器组成，有时还要配以光投射器及其他辅助设备。视觉传感器的主要功能是获取足够的机器人视觉系统要处理的原始图像。

视觉传感器最为基础的物理原理就是光电效应，对应的基础元件就是光电二极管，将这些光电二极管和其他图像处理所需的元器件进行阵列式排列，就构成了我们常见的 CCD 芯片或者 CMOS 芯片，这也是市面上最为常见的两种图像传感器芯片。两种芯片各有优劣，但从技术发展趋势来看，因为 CMOS 芯片近年来在面阵相机和线阵相机的两个重要参数（图像速率和噪声等级）方面取得了巨大的进步，所以 CMOS 芯片应该是未来的主流方向。

上述图像传感器获得的图像都是二维图像，是缺乏深度信息的。上述二维传感器与其他成像算法结合，形成了深度视觉传感器，也就是常说的深度相机，又称为 3D 相机。它是能检测出拍摄空间的景深距离的相机，这是其与普通 2D 相机最大的区别。而这个深度信息获取的主流方式有 3 种：结构光（Structured Light）、飞行时间（TOF）、双目立体视觉（Stereo Vision）。

7.1.1　CCD 图像传感器

CCD（Charge Couple Device，电荷耦合器件）图像传感器由一种高感光度的半导体材料制成，能把光线转变成电荷，其先通过模/数转换芯片将模拟信号转换成数字信号，再将其压缩、存储、使用。在结构上，CCD 图像传感器是由一行行紧密排列在硅衬底上的 MOS（金属-氧化物-半导体）电容器阵列构成的。这些 MOS 电容器能够感知光线，并能够存储自身产生的电荷，其矩形排列对应的就是像素点阵列。为满足不同需求，CCD 图像传感器现发展出不同的类型：线型（Line）CCD 图像传感器、行间转移（Interline Transfer）CCD 图像传感器、全帧（Full-Frame）CCD 图像传感器和帧转移（Frame-Transfer）CCD 图像传感器。

1. 线型 CCD 图像传感器

线型 CCD 图像传感器有且仅有一行像素。如果想要获得某物体的一幅二维图像，线型 CCD 图像传感器需要从物体表面扫描过去。显而易见的是这种成像方式是非常慢的，而且需要使用步进马达等装置实现平行移动扫描，这样就增加了成像系统的复杂性，影响成像的精度。线型 CCD 图像传感器常在平板扫描仪上被用到，也在需要循迹导航的机器人中被用到。

图 7.1 所示为线型 CCD 图像传感器在循迹小车中的应用及其实物图。

图 7.1　线型 CCD 图像传感器在循迹小车中的应用及其实物图

2. 行间转移 CCD 图像传感器

行间转移 CCD 图像传感器中的每个像素都包含感光元件和存储电荷的寄存器。行间转移 CCD 图像传感器的结构示意图如图 7.2 所示，有效像素（Active Pixel）用来进行光电耦合；垂直移位寄存器（Vertical Shift Register）用来存储电荷；存储的电荷可以在相邻垂直移位寄存器之间快速移动，电荷被一行行地移到底部的转移寄存器（Transfer Register）上，从而实现阵列像素值的串行输出。

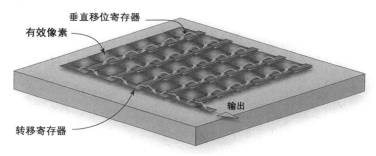

图 7.2　行间转移 CCD 图像传感器的结构示意图

行间转移 CCD 图像传感器的优点是在曝光后即可将电荷存储在寄存器中，实现较快的连续曝光拍摄。因为行间转移 CCD 图像传感器的感光部分和电荷存储部分不在同一列，所以避免了拖尾现象。但由于存储器占据一定的感光面积，致使动态范围有所牺牲，因此对通过视觉传感器实现高精度测量或者定位有一定的影响。

3. 全帧 CCD 图像传感器

全帧 CCD 图像传感器的整个传感器表面都是感光的（填充系数高达 100%）。全帧 CCD 图像传感器的结构示意图如图 7.3 所示，全帧 CCD 图像传感器没有垂直移位寄存器，它的感光单元也是它的电荷寄存器，同列像素的电荷是通过相邻的像素依次传输到水平寄存器中，按行实现串行输出的。

正因为全帧 CCD 图像传感器把所有的像素都用于感光区域，所以当有电荷传输发生时，这些像素将被用于处理电荷传输而不能继续捕捉新的影像。在像素电荷传输过程中，如果传感器再次接收到光线，那么会影响成像，表现为影像上的光点。由于无法在电子技术上限制这种现象的发生，一般数码相机会采用机械关闭快门的方式来隔离镜头射入的光线。采用全帧 CCD 图像传感器的数码相机是唯一必须安装机械快门的类型，这种 CCD 图像传感器的感光方式限制了它的连续拍摄功能。全帧 CCD 图像传感器一般被用在顶级的数码相机上，以便获得很高的影像密度（细节），同样，此类型的 CCD 图像传感器是实现最大亮度灵敏度的理想选择。全帧 CCD 图像传感器经常用于科学和天文研究，以便长时间检测最小量的光。

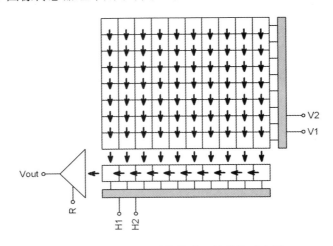

图 7.3　全帧 CCD 图像传感器的结构示意图

4. 帧转移 CCD 图像传感器

帧转移 CCD 图像传感器的结构比较特殊，它的结构示意图如图 7.4 所示，它的上半部分是由光电耦合器件构成的感光区，它的下半部分由被遮光的水平 CCD 存储队列构成。

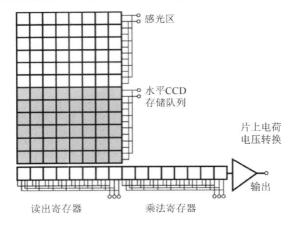

图 7.4　帧转移 CCD 图像传感器的结构示意图

帧转移 CCD 图像传感器类似于全帧 CCD 图像传感器，只是它将用于电荷存储的区域整体放在感光区的下方，当一个感光像素获得它们的电荷时，它会迅速地把电荷转移到电荷存储队列上。值得注意的是，在读取并行存储阵列的时间段内，感光阵列正忙于为下一个图像帧积累电荷。该体系结构的主要优点在于无须快门或者同步选通信号，从而可以提高设备速度和加快帧速率。帧转移 CCD 图像传感器也有缺点，包括图像"拖尾"，这是因为感光和电荷存储是同时发生的；帧转移设备的生产成本更高，需要更多的硅面积，从而导致其具有较低的图像分辨率和较高的成本。

7.1.2　CMOS 图像传感器

CMOS（Complementary Metal-Oxide-Semiconductor，互补型金属氧化物半导体）图像传感器是指利用 CMOS 技术制造出来的图像传感器。图 7.5 所示为 CMOS 图像传感器的总体结构。CMOS 图像传感器通常由像素阵列、行选择垂直扫描仪、水平扫描仪/列缓冲器、控制&时序逻辑、A/D 转换器、数字输出接口、模拟输出接口等部分组成，这几部分通常被集成在同一块硅片上。

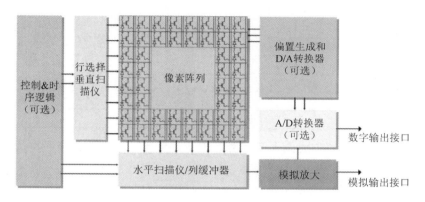

图 7.5　CMOS 图像传感器的总体结构

CMOS 图像传感器的像素阵列即图像传感器的像素单元。图 7.6 所示为经典 CMOS 3T 有源像素传感器，它由一个光电二极管和三个晶体管（M1、M2、M3）构成，光电二极管感受光线产生电荷，晶体管 M2 将电荷转化为电压并放大，晶体管 M1 可以进行该像素的重置。可以用集成在此芯片上的行列选择器选通晶体管 M3，选择接通特定的行列，从而读取到特定位置的像素值，经过集成的 A/D 转换，通过总线输出像素数据。

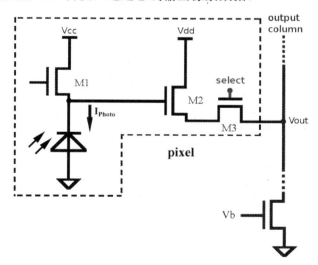

图 7.6　经典 CMOS 3T 有源像素传感器

总体来说，CMOS 图像传感器在各方面的优势越来越明显，这也是当今 CMOS 图像传感器成为主流的原因。CCD 图像传感器与 CMOS 图像传感器的性能参数对比如表 7.1 所示。

表 7.1　CCD 图像传感器与 CMOS 图像传感器的性能参数对比

性 能 参 数	图像传感器类型	
	CCD 图像传感器	CMOS 图像传感器
灵敏度	高	低
分辨率	高	低
成像速度	慢	快
噪声	小	大
光晕	有	无
电源	多电极	单一电极
集成性	低，需要外接器件	单片高度集成
系统功耗	高（1）	低（1/10～1/100）
电路结构	复杂	简单
抗辐射性能	弱	强
模块体积	大	小

下面从灵敏度、分辨率、成像速度、噪声 4 个方面展开介绍。

1. 灵敏度

CCD 图像传感器的灵敏度比 CMOS 图像传感器的灵敏度高。在相同像素尺寸下，由于 CMOS 图像传感器的每个像素至少集成了一个感光二极管、一个放大器和一个 A/D 转换电路，因此导致其像素感光区域面积的占比偏低，从而影响了其光灵敏度。后期随着在 CMOS 结构上的改善设计，将感光二极管放在传感器表面，而将其他部件放在传感器下方，这样大大地提高了 CMOS 图像传感器的光灵敏度。

2. 分辨率

CMOS 图像传感器的每个像素都比 CCD 图像传感器的像素复杂，其像素尺寸很难达到 CCD 图像传感器的水平，因此，当我们比较相同尺寸的 CCD 图像传感器与 CMOS 图像传感器时，CCD 图像传感器的分辨率通常会高于 CMOS 图像传感器的水平。

3. 成像速度

CCD 图像传感器需要在同步时钟的控制下以行为单位一位一位地输出信息，速度较慢；而 CMOS 图像传感器在采集光信号的同时可以取出电信号，还能处理各个单元的图像信息，其成像速度比 CCD 图像传感器快很多。

4. 噪声

CCD 技术发展较早，比较成熟，采用 PN 结或二氧化硅（SiO_2）隔离层隔离噪声，CCD 图像传感器的成像质量相对于 CMOS 图像传感器有一定优势。由于 CMOS 图像传感器的集成度高，各元件、电路之间的距离很近，干扰比较严重，因此噪声对图像质量的影响很大。近年来，CMOS 电路消噪技术的不断发展为生产高密度、优质的 CMOS 图像传感器提供了良好的条件。

7.1.3　结构光深度相机

结构光成像示意图如图 7.7 所示。结构光深度相机的主要硬件有投射仪和相机，其基本原理是通过投射仪主动投射具有一定结构特征的光线（结构光）到被投射物体上，通过一个或者多个相机拍摄被投射物体的图像，该图像数据被送至计算单元，经过一定的算法计算可以获取被投射物体的位置和深度信息，从而实现 3D 重建。常用的结构光有条纹结构光、编码结构光、散斑结构光。图 7.7 中投射的结构光即条纹结构光，相机拍摄到的球体图像显示的条纹是发生了畸变的，这些畸变隐藏着球体的位置和深度信息。

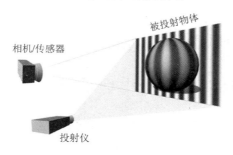

图 7.7　结构光成像示意图

结构光深度相机的优点：技术成熟，功耗小，成本低，主动投影，适合弱光照使用，近距离（1m 内）精度较高，毫米级。

结构光深度相机的缺点：远距离精度差；随着距离的拉长，投影图案变大，精度也随之变差；室外强光照不宜使用，强光容易干扰投影光。

结构光深度相机的代表性产品有 Kinect1.0、Xtion PRO、RealSense 等。

7.1.4　TOF 深度相机

TOF 法是通过测量光飞行的时间计算距离的，其原理与前面章节提到的激光雷达测距原理一样，就是先通过给目标连续发射激光脉冲，然后用传感器接收反射回来的光线，并测量所需时间，这样即可计算出距离。TOF 法根据对发射光调制方法/方式的不同，一般可以分为两种：脉冲调制（Pulsed Modulation）和连续波调制（Continuous Wave Modulation）。脉冲调制需要用高精度时钟进行测量，且需要高频、高强度激光，使用范围较小；而连续波调制即相位偏移法，可实现时间测量。

基于脉冲调制和连续波调制的 TOF 深度相机原理示意图如图 7.8 所示。

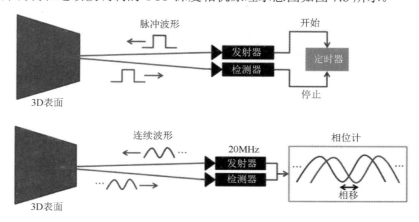

图 7.8　基于脉冲调制和连续波调制的 TOF 深度相机原理示意图

TOF 深度相机的优点：测量距离较远，输出直接数据；不像结构光深度相机那样需要特定算法计算；相比于结构技术的静态场景，TOF 深度相机更适合动态场景。

TOF 深度相机的缺点：因为其对时间测量设备要求高，所以其精度难以达到毫米级，这点比不上结构光深度相机的近距离（<1m）应用，限制了其在近距离、高精度领域的应用；易受外界光影响，在室外强光照环境中基本不能使用。

TOF 深度相机的代表性产品有 Kinect2.0、Basler、Terabee 等。

7.1.5　双目深度相机

双目立体视觉的基本原理是利用两个不同位置的相机获取同一个物体的图像，通过计算两幅图像之间的差异（也称视差）来获取物体三维几何信息。

图 7.9 所示为双目深度相机测量深度的原理示意图，假设左相机和右相机的坐标系分别为 $O_1-X_cY_{c1}Z_{c1}$ 和 $O_2-X_cY_{c2}Z_{c2}$，左相机和右相机中心的连线 O_1O_2 的距离为基线距离 b，相机焦距为 f，同时观测空间物体的同一个特征点 P，特征点 P 在世界坐标系下的坐标为 (X_w,Y_w,Z_w)，在左相机和右相机的成像面上所形成的像的坐标分别为 $P_1(u_1,v_1)$ 和 $P_2(u_2,v_2)$，若左相机和右相机的成像面在同一个平面内，即 $v_1=v_r=v$，则由三角几何关系有：

$$\begin{cases} u_1 = fX_w/Z_w \\ u_r = f(X_w-b)/Z_w \\ v = fY_w/Z_w \end{cases}$$

假设视差 $\text{Disparity}=u_1-u_r$，根据上式，则特征点 P 的空间坐标可以表示为：

$$\begin{cases} X_w = \dfrac{bu_1}{\text{Disparity}} \\ Y_w = \dfrac{bv}{\text{Disparity}} \\ Z_w = \dfrac{bf}{\text{Disparity}} \end{cases}$$

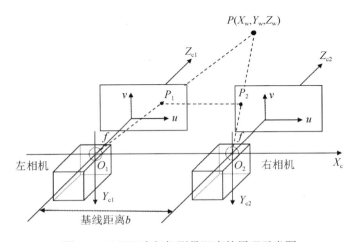

图 7.9　双目深度相机测量深度的原理示意图

对于任意一个空间点，只要其在左相机和右相机的成像面上能够正确匹配相对应的点，就可以根据视差原理确定该点的三维坐标。双目深度相机的优点在于其不需要使用结构光、TOF 的发射器和接收器，硬件成本低；其可以在自然光下测量，适用于室内外各大场景。而双目深度相机的缺点是在纯色或低差异的背景下，视觉匹配算法的视觉特征提取与匹配较为困难，无法保障准确性。

到此，三种深度相机基本介绍完毕，相关对比如表 7.2 所示。

表 7.2　三种不同类型深度相机的对比

特　　征	深度相机的类型		
	双目深度相机	结构光深度相机	TOF 深度相机
基础原理	双目匹配，三角测量	激光散斑编码	反射时差
分辨率	中高	中	低
精度	中	中高	中
帧率	低	中	高
抗光照（原理角度）	高	低	中
硬件成本	低	中	高
算法开发难度	高	中	低
内外参标定	必须	必须	无

7.1.6　红外相机

红外相机（Infrared Camera）是一种能够通过接收红外辐射信号来成像的相机，可以拍摄到人眼看不到的红外图像。红外相机通常使用红外感应器件作为传感器，可以感知并接收物体散发出的红外辐射信号，并将其转化为可见图像或热图像，从而实现红外成像。红外相机包括红外摄像机和红外摄像头两种。红外摄像机通常利用主动红外成像技术，需要主动投射红外线（波长为 780～1000nm）进行成像；而红外摄像头则利用被动红外成像技术，利用物体自身发出的红外线（8000～12000nm）进行成像。图 7.10 所示为被动红外成像与主动红外成像示意图。

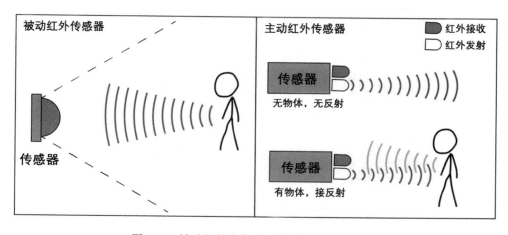

图 7.10　被动红外成像与主动红外成像示意图

总的来说，红外摄像机与红外摄像头的区别在于波长范围和工作原理的不一致。红外摄像机的光谱响应范围属于近红外，在拍摄时主动发射红外线，利用特制的"红外灯"主动产生红外辐射，发出红外线去照射物体，利用成像元件（CCD 或 CMOS）去感受周围环境反射回来的红外线，从而实现夜视功能。

红外摄像头的光谱响应范围属于中长波，需要捕捉目标自动发出的红外辐射热量，被动接收物体发出的红外能量。一般通过专用红外镜头的镜片选择性地过滤掉绝大多数光线，仅允许较小取值范围的远红外线通过并照射到传感器表面，由这些微弱的远红外线产生的光电效应来计算像素点对应目标的温度。这就是我们通常说的红外热成像仪，一般也称热像仪。图 7.11（a）所示为红外摄像机成像图，图 7.11（b）所示为红外摄像头成像图。

（a）红外摄像机成像图　　　　　　　　　　　（b）红外摄像头成像图

图 7.11　红外摄像机成像图与红外摄像头成像图

彩色图

7.2　计算机视觉算法基础

计算机视觉以机器人对视觉信号的采集、处理为基础，前面章节提到的硬件主要集中在对视觉信号的采集，而对视觉信号的处理主要是通过软件算法来实现的。这里的视觉信号一般就是图像，而对图像信息的处理方面的研究早就有了，针对其在各个特定方向的用途，也早有研究人员开发出各种各样的工具包、库文件。本节首先从图像的基本处理入手，将介绍最为常见的 OpenCV（Open Source Computer Vision Library，计算机视觉库）及其常用的操作，然后在此基础上介绍在计算机视觉方面使用较为广泛的算法基础——卷积神经网络。

7.2.1　OpenCV

图像作为计算机视觉要处理的对象，是我们首先要弄清楚的，一幅存在计算机中的图像到底是什么样的？我们以一个彩色广州塔夜景图（见图 7.12）为例进行讲解。众所周知，彩色可以用三原色来表示，也就是说，一个彩色色彩可以用 R、G、B 三个数值来表示，不同的搭配比例构成了不同的颜色。而一幅彩色图像有 3 层，分别是 R、G、B 层。而彩色图像的每个像素位置就是一个（R,G,B）数值。本质上，彩色图像是一个深度为 3 的三维数组/矩阵，黑白图像则为深度为 1 的单通道数组。

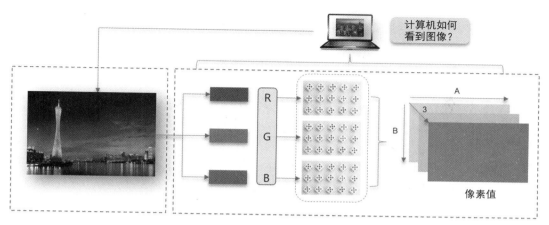

图 7.12　计算机中的图像

1. OpenCV 简介

OpenCV 轻量高效，由一系列 C 函数和少量 C++类构成，同时提供了 Python、Ruby、MATLAB 等语言的接口，实现了图像处理和计算机视觉方面的很多通用算法。OpenCV 现在已经发展到 4.7.0 版本，其包含了很多模块。OpenCV 包含的主要模块如图 7.13 所示。

彩色图

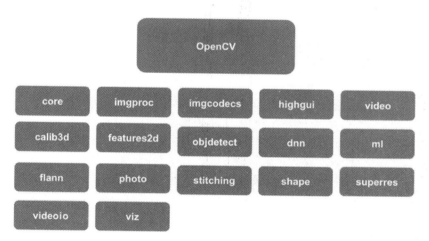

图 7.13　OpenCV 包含的主要模块

在 OpenCV 包含的主要模块中，最基础的模块有三个：core、highgui 和 imgproc。core 模块实现了最核心的数据结构及其基本运算，如绘图函数、数组操作相关函数、与 OpenGL 的互操作等。highgui 模块实现了视频与图像的读取、显示、存储等。imgproc 模块实现了图像处理的基础方法，包括图像滤波、图像的几何变换、平滑、阈值分割、形态学处理、边缘检测、目标检测、运动分析和对象跟踪等。

接下来对其他常用模块进行简单的介绍。

（1）imgcodecs：该模块负责图像文件读写，如图像读取与保存。

（2）video：该模块用于视频分析，如运动估计、背景分离等。

（3）videoio：该模块负责视频读写，如主要视频文件的读取和写入。

（4）dnn：该模块主要用于深度学习推理部署，不支持模型训练。

（5）features2d：该模块主要用于特征点处理，如特征点检测与匹配等。

（6）flann：FLANN 为快速最近邻算法（Fast Library for Approximate Nearest Neighbors）的缩写，该模块包含快速近似最近邻搜索和聚类等功能。

（7）ml：该模块为机器学习模块，包含常见的机器学习算法，如支持向量机和随机森林等。

（8）objdetect：该模块主要用于图像目标检测，如 Haar 特征检测等。

（9）photo：该模块主要负责照片处理，如照片修复和去噪等。

（10）stitching：该模块负责图像拼接，功能包括图像特征点寻找与匹配等图像拼接技术。

OpenCV 在视觉算法领域的功能很强大，其中一个重要原因是 OpenCV 一直在积极更新最新的算法，包括那些具有专利的算法（如 SURF）和一些不稳定的算法。为了更好地管理这些算法，OpenCV 将它们放在 opencv_contrib 代码库中。随着相关技术的发展，对于那些已经稳定的算法，它们会被移到 OpenCV 的主仓库代码中，读者需要谨慎地使用 opencv_contrib，因为不同版本的函数可能存在差异。对 opencv_contrib 拓展库相关信息感兴趣的读者可以自行查阅资料。

2. OpenCV 基础操作

OpenCV 能完成以下加载、显示、调整、处理图像等基本操作，在此我们以 Python 作为编程语言展示。

```
import cv2 as cv                                    #导入 cv2 模块
image = cv.imread("F:/picture/lena.png")            #读取 lena 图像
cv.namedWindow("image")                             #创建一个 image 的窗口
cv.imshow("image", image)                           #显示原始图像
print(image.shape)                                  #输出图像大小
cv.imshow(cv.resize(image,(1024,960)))  #显示原图尺寸变化为 1024 像素×960 像素大小后的图像
img_gray = cv.cvtColor(image,cv.COLOR_RGB2GRAY)     #对图像进行灰度化处理
cv.imshow("image", img_gray)                        #显示灰度图像
cv.imwrite('gray.jpg',img_gray)                     #将灰度图像存为 gary.jpg
cv.waitKey()                                        #默认为 0，无限等待任意按键
cv.destroyAllWindows()                              #释放所有窗口
```

上述代码使用到了 OpenCV 对图像的基本操作，感兴趣的读者可以直接在网络上查询相关函数的使用方法。这些基本的图像处理操作只是计算机视觉应用的最初步骤，后面更多的是对图像进行大量的计算，以及分析图像数据后面的信息来实现特定功能。这些计算方法被统称为算法，而算法的发展也随着神经网络的发展得到了长足的进步，其中卷积神经网络是其根本。接下来，我们就卷积神经网络进行简单讲解。

7.2.2　卷积神经网络

人工神经网络（Artificial Neural Network，ANN）简称神经网络（Neural Network，NN）或类神经网络，是一种模仿生物神经网络的结构和功能的数学模型或计算模型，用于对函数进行估计或近似。人工神经网络的最为基础的结构是人工神经元结构。人工神经元模型如图 7.14 所示。

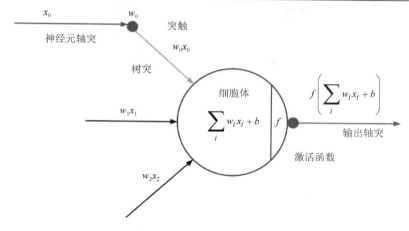

图 7.14　人工神经元模型

下面介绍两个基础概念。

输入权值：是指接收多个输入$(x_0, x_1, x_2, \cdots, x_n)$时，每个输入需要乘以的数值$(w_0, w_1, w_2, \cdots, w_n)$，此外还有一个偏置值 b。

激活函数：是综合所有输入后进行运算的法则，是一种非线性函数，图 7.15 所示为常见的激活函数，其中使用较多的是 Sigmoid 函数、ReLU 函数、tanh 函数。

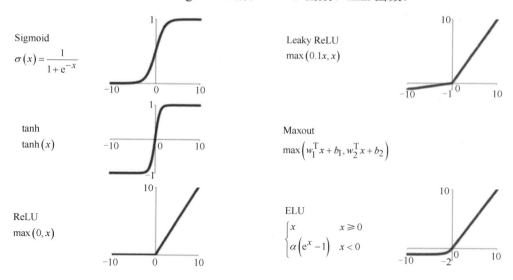

图 7.15　常见的激活函数

神经网络由大量的人工神经元联结而成。联结的方式不一样，导致有很多不一样的网络结构，其中层状结构最为常见。人工神经网络的基本结构如图 7.16 所示，该人工神经网络主要包括输入层、隐含层和输出层。

人工神经网络中最广泛的是 BP（Back Propagation，反向传播）神经网络，最著名的就是卷积神经网络（Convolutional Neural Network，CNN）。

卷积神经网络是指将每一层的神经元功能化，将中间的隐含层功能化为卷积层、采样层、全连接层等，这些层构成类似传统的层状深度神经网络，是深度神经网络的改进。图 7.17 所示为卷积神经网络的示意图。此类型网络的关键在于通过卷积层的卷积操作，将可能的潜在特征提取出来，并根据这些特征，实现事物识别、分类，甚至预测等。

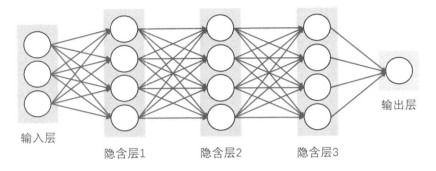

图 7.16   人工神经网络的基本结构

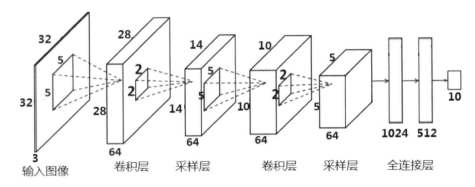

图 7.17   卷积神经网络的示意图

卷积计算是卷积神经网络的核心，接下来我们将以图像的卷积计算为例，使读者了解卷积计算的过程及理解卷积计算的意义。图像在计算机中是以数组形式存储的，卷积计算利用卷积核针对图像数组进行运算得到卷积结果。其中，卷积核如同滤波器，过滤出需要的特征，卷积结果就是按照卷积核提取出来的特征。在图 7.17 中，5×5 大小的图像数组与 3×3 大小的卷积核数组进行运算，其计算方式是对应位置数值相乘再求和，以得到卷积结果。图 7.18 所示为图像数组的卷积计算过程，如果需要对整个图像数组进行卷积计算，那么只需要将卷积核按照一定规律进行滑动计算，最终输出卷积结果（数组），其第一个值的计算过程为：$1×0+0×1+1×0+0×1+1×0+1×1+1×0+1×1+0×0=2$。

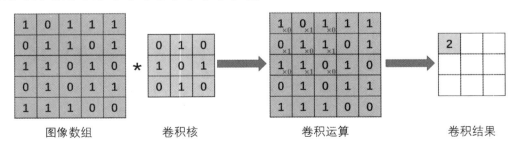

图 7.18   图像数组的卷积计算过程

为了更好地理解卷积操作的目的——提取特征，我们对同一幅图像进行了不同卷积核的卷积操作，其效果如图 7.19 所示。

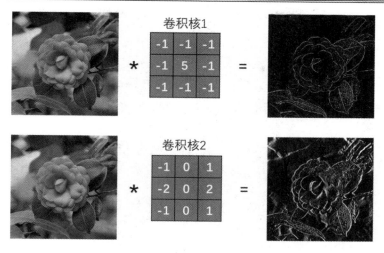

图 7.19 图像卷积操作后的效果图

从图 7.19 中我们可以明显感觉到上下两个卷积核都能够将图像的边沿特征进行部分提取，对部分色彩特征进行抑制。但是卷积核 1 与卷积核 2 分别卷积后的结果差异还是非常明显的，说明不同的卷积核对同一幅图像的特征提取与抑制是有所侧重的。也就是说，卷积核的选取对特征提取有着重要影响。

7.3 典型应用

计算机视觉在服务机器人领域的应用主要体现在用摄像头充当机器人的眼睛，对看到的物体进行检测和识别。如分拣机器人需要能够准确识别到目标物体，进行物体的分拣作业；农业采摘机器人需要通过目标检测准确识别目标物体的位置，进行采摘作业等。在实际应用中，机器人的目标检测与识别极大地增强了机器人的能力，图 7.20 所示为基于计算机视觉的目标物分拣。

图 7.20 基于计算机视觉的目标物分拣

机器人的物体检测与识别过程如下。首先通过视觉传感器获取图像，然后对图像信息进行特征提取，使得机器人能够自主判断图像中是否存在某一种类别的物体并输出其概率值或置信度。运用目标检测辨认不同类别的目标如图 7.21 所示，机器人能够从图中识别出其中有遥控器、杯子、书籍等物体，并在图像中框选出来，并输出其置信度。

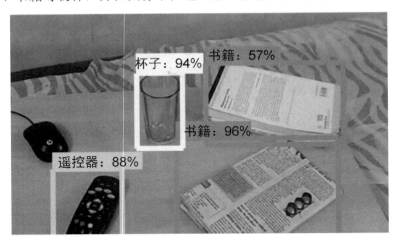

图 7.21　运用目标检测辨认不同类别的目标

7.3.1　目标检测

目标检测是指利用算法来识别图像或视频中出现的特定目标，如人、车、动物、建筑物等。目标检测作为服务机器人视觉的重要功能之一，已广泛应用于物品识别、分拣，人脸识别与表情分析，人体检测及安全监控与预警等领域。目标检测的主要内容包括目标定位和目标分类。目标定位是指在图像中确定目标物体的位置和大小，通常使用边界框（bounding box）来描述；目标分类是指确定目标物体的类别，即将其分为预先定义好的一些类别中的一个类别。

近年来，目标检测已经成为计算机视觉中的一个重要任务，并得到了广泛的研究和应用。通常，目标检测算法可以分为两类。第一类是传统目标检测算法，这类算法通常使用手工设计的特征来表示图像，使用分类器对目标物体进行分类和定位，代表算法有 HOG 和 SIFT 等。第二类是基于深度学习的目标检测算法，这类算法使用卷积神经网络等深度学习模型来自动提取图像特征，并使用分类器进行目标分类和定位，代表算法有 RCNN、Fast R-CNN、Faster R-CNN 和 YOLO 等。

1. 传统目标检测算法

传统目标检测算法的核心步骤通常包括以下几个。首先，对输入图像进行预处理，如图像增强和尺度归一化等。其次，使用手工设计的特征提取算法来获取图像的特征表示，如 HOG 或 SIFT 等。再次，使用分类器对提取的特征进行分类和定位，通常采用 SVM（Support Vector Machines，支持向量机）或 Ada Boost（Adaptive Boosting，自适应增强）等分类器。最后，根据分类器输出的结果对目标物体进行位置和类别的识别。这些步骤通常需要对算法进行多次调试和优化，以获得较高的检测精度和速度。图 7.22 所示为传统目标检测算法流程示意图。

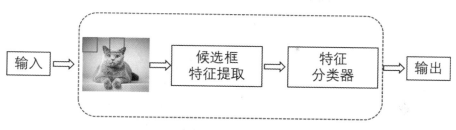

图 7.22　传统目标检测算法流程示意图

传统目标检测算法中常用的图像特征有颜色特征、形状特征、梯度特征和模式特征 4 种。上述特征对应有各种特征提取的算法，由于各种算法的适用范围和特点不一致（见表 7.3），实际应用中常将多种特征提取算法进行融合，融合算法的目的是提高目标检测算法的准确性和健壮性。

表 7.3　传统目标检测算法总结

序　号	方法类别	典型算法	优　势	局　限　性
1	颜色特征	RGB、HSV、Color names	受形变和遮挡影响较小	光照、阴影较为敏感
2	形状特征	Harris、FAST	图像旋转、光线变化、噪声、视点变换均不明显	计算复杂、尺度变化敏感
3	梯度特征	SIFT、HOG、DPM	图像缩放、旋转及光照和仿射不变性	描述子大、计算量大
4	模式特征	Gabor、LBP、Haar	光照变化、旋转均不敏感	对遮挡物敏感

传统目标检测算法主流的分类器有 SVM、Ada Boost 和 Random Forest（随机森林）等。SVM 是一种常见的二分类模型，它通过学习一个超平面来对数据进行分类，适用于小数据集的分类问题，能够处理高维度特征，但需要手动调整许多参数（如核函数、惩罚因子等），训练速度慢，需要对数据进行归一化处理。Ada Boost 是一种集成学习方法，它通过对弱分类器进行加权，形成一个强分类器来提高分类性能，适用于处理二分类问题，能够处理大规模的特征，但容易受到噪声的影响。Random Forest 是一种集成学习方法，通过随机选择训练集和特征子集构建多个决策树来进行分类，能够处理高维度和大规模的特征，不容易受到过拟合的影响，但是需要大量的训练数据。在实际应用中，需要根据具体问题的特点和数据情况选择合适的分类器。

传统目标检测算法在很长一段时间内都是主流，但是其依赖于人工特征设计，需要耗费大量时间和经验，同时其泛化能力也较差，难以处理复杂场景下的目标检测任务。这些缺点在处理大规模数据和复杂场景的任务时越发凸显。相比之下，基于深度学习的目标检测算法可以自动地学习数据的特征表示，避免了手动设计特征的过程，使得模型具有更好的泛化能力，可以应对更加复杂的场景。此外，基于深度学习的目标检测算法的训练和推理过程可以利用 GPU 等硬件进行加速，大幅提高了效率。

2. 基于深度学习的目标检测算法

基于深度学习的目标检测算法的发展历程可以追溯到 2012 年，当时 Hinton 等人提出了深度卷积神经网络模型，并在 ImageNet 数据集上取得了惊人的成绩。之后，在研究人员不断探索和优化深度学习模型的基础上，发展出了许多基于深度学习的目标检测算法，如 R-CNN、

Fast R-CNN、Faster R-CNN、YOLO、SSD 等。这些算法在目标检测任务上取得了很好的效果，并且不断被应用于实际场景中，成了目前的主流。

目标检测领域的应用也有较为深度的发展，其按照实现方式分为如下 3 种。

（1）基于候选区域的目标检测算法是目标检测领域的一类重要算法，其中最具代表性的有 R-CNN、Fast R-CNN 及 Faster R-CNN 等。这类算法首先通过算法提取候选框，其次通过深度特征对候选框中的目标进行分类，再次对候选区域进行位置回归，最后定位目标并输出分类结果。Fast R-CNN 利用自适应尺度池化优化网络结构，相较于 R-CNN 提高了准确率。Faster R-CNN 以构建区域建议网络（RPN）代替了选择性搜索方法，减少了算法的时间开销。

（2）基于回归的目标检测算法有 YOLO（You Only Look Once）系列和 SSD（Single Shot Multibox Detector）等。其中最先被提出的是 YOLO 算法：预测时省略了通过滑窗选择候选区域的步骤，直接将整幅图像输入网络中，通过深度神经网络进行一次前向传播，在使用非极大值抑制后，直接输出识别对象。SSD 则引入多尺度的金字塔结构特征层组融合不同卷积层的特征图，对目标进行分类和定位，其特征表征能力更强，检测精度更高。原始的 YOLO 算法检测精度不高，随后诞生了 YOLOv2、YOLOv3、YOLOv4、YOLOv5 等一系列的改进算法，目的是进一步实现检测精度与速度的平衡。YOLO 系列算法的优点在于其出色的检测效率，但正是由于省略了通过滑窗选择候选区域的步骤，该类算法的精度低于基于候选区域的目标检测算法，且对于画面中的小目标，也更容易出现漏检的情况。大量研究人员对其进行了改进，通过数据增强、融合特征、引入残差网络、改变网络参数等方式将其升级为效果不错的变体，并将其应用于多目标检测、车辆障碍检测、遥感图像检测和目标跟踪等场景。

（3）基于增强学习的目标检测算法 Q-learning 可以不断地对候选区域边框进行调整，并增设一定的奖励机制，其先判断抓取框的大小变化及上下左右移动是否有效，再进行识别，最后输出结果。这种算法的优点是场景适应性很强且灵活。由于要进行主动搜索和多次边框的调整，因此算法的计算比较耗时，实时性较差，在实际应用中较少见。

随着深度学习在目标检测领域的大规模应用，目标检测技术的精度和速度得到迅速提高，已被广泛应用于人脸识别、人体识别、文字识别、物体识别等领域。接下来就人脸识别、行人检测和手势识别的基本流程进行简单的讲解。

7.3.2　人脸识别

人脸识别是目标识别的一个重要应用，其基本步骤可分为两步，第一步为人脸检测，第二步为识别。人脸检测是指在图像中找出人脸位置并框出来；识别是指将找到的人脸进行准确的识别，包括人脸对齐、人脸特征提取、相似性度量与验证等。在实际场景中，面部特征、光照、亮度、遮挡、分辨率、噪声和相机畸变等多方面因素的影响，使人脸检测更具挑战性。本节将针对人脸识别的整体流程做简单的阐述，并展示一个具体应用案例。

1．人脸检测

人脸检测是人脸识别的第一步，人脸检测算法的目标是找出图像中所有的人脸对应的位置，输出人脸外接矩形框在视频帧中的坐标，可能还包括姿态如倾斜角度等信息。图 7.23 所示为人脸检测效果图。

图 7.23　人脸检测效果图

　　常见的人脸检测过程基本是一个"扫描"加"判别"的过程,即算法先在图像范围内扫描,再逐个判定候选区域是否为人脸。而经典人脸检测算法流程是用大量的人脸和非人脸样本图像进行训练,得到一个两分类分类器,也称人脸检测模板。这个分类器接受固定大小的输入图像,判断这个输入图像是否为人脸。经典人脸检测算法流程图如图 7.24 所示。

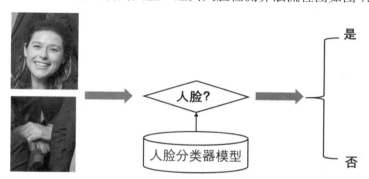

图 7.24　经典人脸检测算法流程图

　　人脸检测算法的发展经历了 3 个阶段:早期算法、Ada Boost 算法、深度学习。早期的人脸检测算法使用了模板匹配技术,即用一个人脸模板图像与被检测图像中的各个位置进行匹配,确定这个位置处是否有人脸。Ada Boost 算法是一种迭代算法,其核心思想是针对同一个训练集训练不同的分类器(弱分类器),把这些弱分类器集合起来,构成一个更强的最终分类器(强分类器)。Ada Boost 算法本身是通过改变数据分布来实现的,它根据每次训练集中每个样本的分类是否正确,以及上次的总体分类的准确率,来确定每个样本的权值。将修改过权值的新数据集送给下层分类器进行训练,将每次得到的分类器融合起来作为最后的决策分类器。深度学习在人脸检测领域主要集中在卷积神经网络的人脸检测研究方面,如基于级联卷积神经网络的人脸检测(Cascade CNN)、基于多任务卷积神经网络的人脸检测(MTCNN)等,在很大程度上提高了人脸检测的健壮性。

　　2.　人脸对齐

　　人脸对齐是指在人脸区域先进行关键点定位,再进行人脸矫正。其输出结果为一个矫正的人脸图像,可用于人脸验证、表情识别、姿态估计等。图 7.25 所示为人脸对齐流程图。人脸对齐在人脸表情有变化，头部有姿势变化时仍能够精确定位人脸的主要位置（嘴巴、鼻子、眼睛及眉毛）。

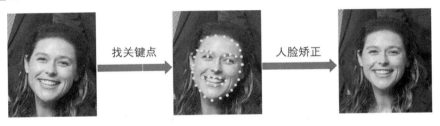

图 7.25　人脸对齐流程图

人脸对齐传统的主要算法有 ASM（Active Shape Model）算法、AAM（Active Appearance Model）算法、CLM（Constrained Local Model）算法、Cascaded Regression 算法。而在实际应用中人脸的不同尺度、遮挡、光照、复杂表情等对人脸对齐提出较大的挑战，但这个问题本质上可以分为如下 3 个子问题。

（1）如何对人脸表观图像（输入）建模？

（2）如何对人脸形状（输出）建模？

（3）如何建立人脸表观图像（模型）与人脸形状（模型）的关联？

这也是以往研究离不开的 3 个主要方面。随着深度学习算法的发展，香港中文大学唐晓鸥教授的课题组在 2013 年的 IEEE 国际计算机视觉与模式识别会议（CVPR2013）上提出 3 级卷积神经网络 DCNN 来实现人脸对齐的方法，首次将 CNN 应用在人脸关键点检测上。此后，基于深度学习卷积神经网络的算法得到广泛研究，最新发表的算法有 PFLD（A Practical Facial Landmark Detector）算法，LAB（Look at Boundary: A Boundary-Aware Face Alignment Algorithm）算法。

3. 人脸特征提取

人脸特征提取（Face Feature Extraction）是指将一幅人脸图像转化为一串固定长度的数值的过程（见图 7.26），这个数值串称为人脸特征（Face Feature），具有表征这个人脸特点的能力。人脸特征提取过程输入的是一个人脸图像和人脸五官关键点坐标，输出的是人脸相应的一个数值串（特征向量）。人脸特征提取算法通常会先根据人脸五官关键点坐标将人脸对齐到预定模式，然后进行特征计算，得到这个人脸的特征向量。

图 7.26　人脸特征提取

4. 相似性度量与验证

相似性度量即综合评定两个事物之间相近程度的一种度量。两个事物越接近，它们的相似性度量也就越大，而两个事物越疏远，它们的相似性度量也就越小。人脸比对（Face Compare）使用的相似性度量算法种类有很多，常用的有欧氏距离、余弦距离等算法。人脸比对算法输入的通常是两个人脸特征向量（注：人脸特征向量由人脸特征提取算法获得），输出的是两个特征之间的相似度。人脸验证、人脸识别、人脸检索都是在人脸比对的基础上加一些策略来实现的。相对于提取人脸特征过程，单次的人脸比对耗时极短，几乎可以忽略。基于人脸比对可以衍生出人脸验证、人脸识别、人脸检索、人脸聚类等算法。人脸比对过程如图 7.27 所示，图中将人脸检测阶段扫描到的人脸与数据库中的 Kate 人脸进行相似性度量，来判断是否为 Kate，右侧的相似度为人脸比对输出的结果。

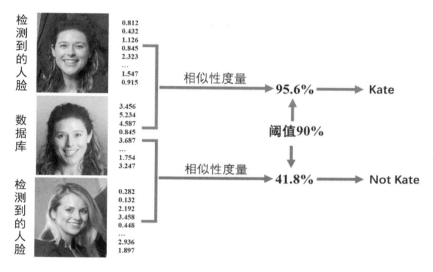

图 7.27　人脸比对过程

7.3.3　行人检测

行人检测（Pedestrian Detection）是指找出图像或视频帧中的所有行人，包括位置和大小，一般用矩形框表示，是典型的目标检测问题。行人检测如图 7.28 所示。行人检测技术有很强的实用价值，它可以与行人跟踪、行人重识别等技术结合，应用于汽车无人驾驶系统、智能机器人、智能视频监控、人体行为分析、客流统计系统、智能交通等领域。

图 7.28　行人检测

行人检测是计算机视觉领域中的一个具有挑战性的课题，由于人体具有柔性，因此会有各种姿态和形状，其外观受穿着、姿态、视角等的影响非常大。同时，遮挡、光照、背景等因素也会在一定程度上增加检测难度，导致许多目标检测算法在应用到行人检测领域时的效果并不理想。目前主流的行人检测算法主要分为基于全局特征的算法、基于人体部位的算法和基于立体视觉的算法。基于全局特征的算法通常将一个行人作为一个整体，采用全局特征进行检测，比如使用 Haar-like 特征、HOG 特征或者 CNN 特征等。其中，HOG 特征在行人检测领域应用最为广泛，人们通过计算梯度方向直方图并将其进行归一化，从而提取行人的纹理特征。

基于人体部位的算法则是基于人体的局部特征（比如头部、躯干、手臂等部位）进行检测的算法，将各个部位的检测结果进行组合可以得到最终的行人检测结果。其中，基于人体姿态估计的算法能够更好地考虑人体姿态和关节约束信息，提高行人检测的准确度。基于立体视觉的检测算法是将行人检测问题转化为三维点云数据处理问题的。这类算法通常使用多个相机拍摄同一个场景的图像，并通过对图像进行立体匹配来重构三维点云数据，采用基于点云的行人检测算法来实现行人检测。

7.3.4　手势识别

手势作为一种信息传递方式，是通过手部特定形态或动作实现信息传递的，在人机交互中，手势指令、虚拟现实的交互、手语翻译等场景较为常见。图 7.29 所示为手势控制在虚拟现实设备中的应用，图中展现了基于使用者的手势动作进行交互的场景。

图 7.29　手势控制在虚拟现实设备中的应用

手势识别是人机交互领域的一个研究热点。根据一个手势是发生在某一时刻还是一个时间段，手势识别可以分为两大类：静态手势识别和动态手势识别。图 7.30 所示为部分静态与动态手势示意图。静态手势识别的研究对象是某个时间点上的手势图像，其识别结果与图像中手部的外观特征，如位置、轮廓、纹理有关；动态手势识别的研究对象是连续时间段内的图像序列，其识别结果与图像中手部的外观特征及序列中描述手部运动轨迹的时序特征有关。相比于静态手势，动态手势种类更多，表达能力更强，更具有实用性。

手势识别的本质是将手势信息传递给机器人，并能够使机器人正确理解。手势作为一个时空信号，常用两种方式（见图 7.31）获得：一种方式是通过戴在手上的数据手套来实现手势的时空信息获取，通过有线或无线的方式将时空信息传递给机器人，机器人根据算法进行辨识；另一种方式是基于视觉的方式，不需要手部与计算机有任何接触，只需要普通的相机就可以直接捕获手势的 RGB 模态数据。后来推出的 Kinect 相机可以同时捕获手势的 RGB 数据和 Depth 数据，与基于数据手套的方式相比，基于视觉的方式更加方便快捷，能够满足操作者更多的应用需求，成为机器人手势识别的首选方式。

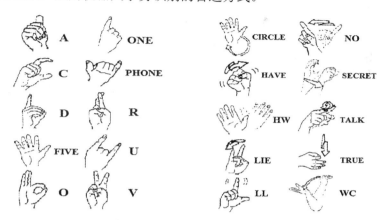

图 7.30　部分静态与动态手势示意图

图 7.31　手势识别的两种方式

基于视觉的手势识别通常分为 3 个步骤：首先，输入的图像经手势检测与分割，实现手势的分离与定位；然后，根据需求选择手势模型进行手势分析，并依据模型提取手势参数；最后，根据手势参数选择合适的算法，进行手势识别。基于视觉的手势识别流程如图 7.32 所示。

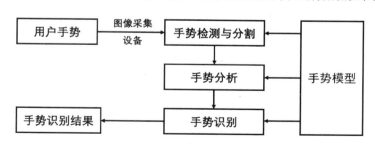

图 7.32　基于视觉的手势识别流程

1. 手势检测与分割

手势检测是识别图像或视频中是否存在手势的过程，其主要目标是确定图像中手势的位置。这个过程侧重于检测手势的存在和大致位置，为后续处理提供感兴趣的区域。手势分割是将图像中的手势与背景进行有效分离的过程。这个过程侧重于定义手势的确切边界，以提供更详细和更精确的手势信息。从图 7.33（a）到图 7.33（b）实现了手势检测，从图 7.33（b）到图 7.33（c）实现了手势分割。

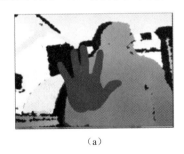　　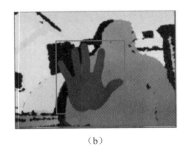　　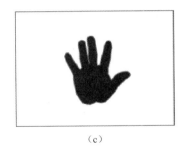

（a）　　　　　　　　　　　　　（b）　　　　　　　　　　　　（c）

图 7.33　基于图像的手势检测与分割

2．手势分析

手势分析是核心环节。在进行手势分析时，需要根据手势的静态或动态性质选择合适的手势模型。对于静态手势识别，可以采用基于形状、结构、边界、图像特征向量、区域直方图特征或基于深度学习的模型等。而对于动态手势识别，模型主要建立在图像变化或运动轨迹的基础上。在手势分析过程中，为了描述手势的特征，需要提取一系列手势参数，如手指数量、手势方向、速度、加速度等。这些特征参数有助于确定手势的含义，并作为输入传递给手势识别算法。通过综合考虑各种算法和特征，结合深度学习技术的发展，我们可以提高手势识别的精度和健壮性，为未来的手势识别技术开辟更广阔的应用前景。因此，手势分析作为关键步骤，需要综合各种技术和特征选择，以实现更准确和更可靠的手势识别。

3．手势识别

手势识别是一个旨在解读输入图像中手势含义的过程，这个过程依赖于手势模型和手势参数。为了实现手势识别，可以采用多种算法，包括基于规则的算法、基于统计学习的算法和基于深度学习的算法等。这些算法的核心任务是将输入手势与预先定义的手势类别进行匹配。为了实现这种匹配，通常需要将手势的特征与预存的手势库进行比较，进而明确手势的具体含义。这样的逻辑框架有助于我们更精准、更清晰地理解手势识别的工作机制和流程。

第 8 章　服务机器人语音系统

服务机器人语音系统指的是服务机器人具有的类似于人类的语音交互能力的系统，机器人语音交互的第一步就是拾音，机器人要有一个耳朵，因为听不到声音就不会有反馈，更谈不上交互了，而麦克风就相当于机器人的耳朵，扬声器就是机器人的发声系统。该系统的关键在于语音的识别，基础硬件是麦克风和扬声器。而基于语音交互的结构和框架构建则是根据实际需求进行设计的。图 8.1 所示为语音交互基本流程。

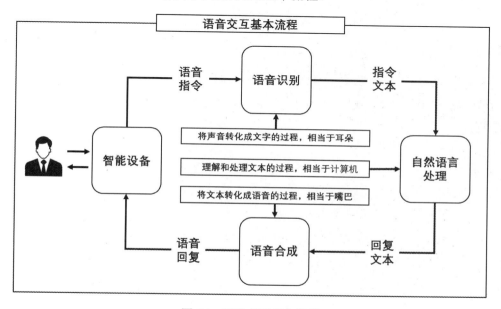

图 8.1　语音交互基本流程

语音交互系统，首先是通过麦克风（智能设备）拾音、再经语音识别和自然语言处理，理解语音含义，计算机分析语义后，将通过语音合成生成音频，经扬声器（智能设备）输出音频，完成交互。

8.1　麦克风阵列

麦克风阵列是由多个麦克风组成的一种声音采集系统。通过将多个麦克风放置在不同位置并以特定方式排列，可以利用阵列信号处理技术来提高声音信号的质量和准确性。麦克风阵列可以通过对不同位置的麦克风采集到的声音信号进行处理，实现信号增强、抑制噪声和回声等效果。

麦克风阵列在语音系统中只是完成了音频信号的采集和前期信号的处理，想要完成语音识别，还需要云端算法，如语音识别、自然语言处理、语音合成算法的支持，最终构成一套完整的语音系统。常见的语音系统如图 8.2 所示。

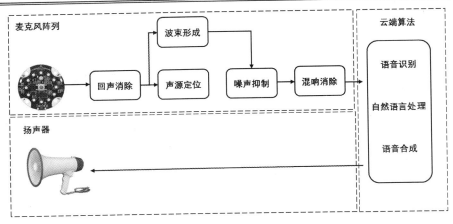

图 8.2　常见的语音系统

8.1.1　麦克风阵列的分类

对于麦克风阵列，通常以其布局的形状来进行区分，参考点线面体知识，可以将麦克风阵列分为线性阵列、平面阵列、立体阵列。麦克风阵列的分类如图 8.3 所示。当然也有根据形状进行的分类，如一字、十字、平面、螺旋、球形及无规则阵列等。

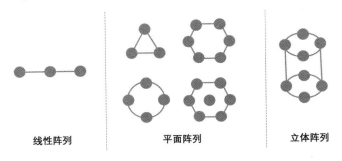

| 线性阵列 | 平面阵列 | 立体阵列 |

图 8.3　麦克风阵列的分类

线性阵列通常由 2～3 个麦克风组成，目前许多中高端手机和耳机都采用的是双麦克风降噪技术，也有一些智能音箱采用这种技术。线性阵列最大的优势是成本低，相对于多麦克风方案，功耗也更低。然而，它的降噪效果有限，对于远场交互的效果并不理想。

平面阵列具有多种不同的组合形式，包括 4 麦阵列、6 麦阵列、4+1 麦阵列、6+1 麦阵列，甚至还有 8+1 麦阵列。平面阵列常见于智能音箱和语音交互机器人上，可以实现平面 360°等效试音。麦克风的数量越多，空间划分精细度越高，远场交互的识别效果也越好。当然，由于平面阵列需要更高的功率，设计也更加复杂。

立体阵列通常是球形或圆柱形的，能够实现真正的全空间 360°无损拾音，解决了平面阵列高俯仰角信号响应差的问题，是 3 种阵列类型中效果最好的。因此，立体阵列的成本最高，通常应用于专业领域。

8.1.2　麦克风阵列的作用

前面从硬件的角度介绍了麦克风阵列的分类，接下来结合麦克风阵列前端算法介绍麦克风阵列的作用。

1. 声源定位

人类可以通过耳朵来初步确定声源的位置和距离，这就是所谓的声源定位。机器人采用的声源定位技术是指利用多个麦克风在环境的不同位置点对声音信号进行测量，由于声音信号到达各个麦克风的时间有不同程度的延迟，因此利用算法对测量到的声音信号进行处理，以获得声源点相对于麦克风的方向（包括方位角、俯仰角）和距离等。麦克风阵列实现声源定位的技术最为常见的为基于时间差的声源定位技术和基于相位差的声源定位技术。

基于时间差的声源定位技术是指利用声波在不同麦克风之间传播所需的时间差来计算声源位置。声波到达各个麦克风的时间因距离不同而有所不同，通过比较麦克风接收到的信号的时间差可以确定声源的位置，常采用互相关算法或广义互相关算法来计算时间差，但这两种算法对周期性声源信号不适用。如图 8.4 所示，S 点是声源位置，根据麦克风 M1 和 M3 之间的时间差，我们可以画出虚线的双曲线，M1 和 M3 是双曲线的两个焦点（双曲线的性质之一：双曲线上的点到两个焦点的距离之差为常数）。同样地，我们根据 M2 和 M3 之间的时间差可以画出实线双曲线，两条曲线的交点即声源 S 的位置。使用这种方法需要确保麦克风阵列的布局合理，以使声波到达麦克风的时间差能够被准确测量。

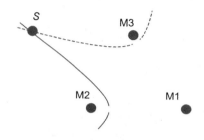

图 8.4　基于时间差的声源定位技术示意图

基于相位差的声源定位技术是通过测量不同麦克风接收到的信号的相位差来确定声源的位置的。当声波到达不同麦克风时，它们会在麦克风上产生相位差。通过测量这些相位差，可以计算出声源的位置。这种方法对麦克风阵列的布局要求不太高，但需要准确测量相位差，因此需要高精度的测量设备和算法。

除了上述两种声源定位技术，还有一些其他的技术，如基于波束形成、基于协方差矩阵和基于信号特征等的声源定位技术，也可将各种技术结合在一起使用，如将基于相位差与基于波束形成的技术相结合，具体来说，相位差可以用于粗略的声源定位，计算出声源的大致方向和位置，根据声源方向和位置，通过波束形成技术可调整各个麦克风的增益和相位，形成一个指向性的波束，将阵列灵敏度和指向性聚焦于声源的方向，提高语音信号的清晰度和增强抑制噪声的效果。因此，将两者相结合，可以充分发挥两种技术的优势，提高声源定位的准确性和稳定性。

2. 噪声抑制/人声增强

在现实应用中，语音信息中往往夹杂着噪声，常见的有环境噪声和人声干扰，而这些噪声的存在会直接影响后期对语音信息的处理与理解。麦克风阵列通过波束形成技术（在麦克风阵列中，通过将多个麦克风分布在不同的位置，并对每个麦克风采集到的信号进行加权、延迟等处理，以形成一个特定方向的波束），只接收来自特定方向的声音信号，从而抑制来自其他方向的声音信号。麦克风阵列噪声抑制示意图如图 8.5 所示。

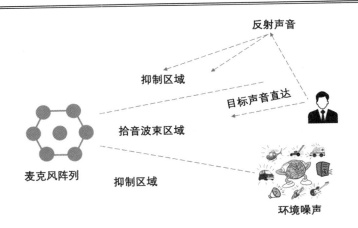

图 8.5 麦克风阵列噪声抑制示意图

具体来说，波束形成技术主要包括两种方法：基于延迟的波束形成方法和基于自适应滤波的波束形成方法。基于延迟的波束形成方法也称固定波束形成方法，是一种简单且常用的波束形成方法。它通过对每个麦克风采集到的信号进行不同程度的延迟，使得在特定方向上的信号相互加强，而在其他方向上的信号相互抵消，从而形成一个对特定方向敏感的波束。而基于自适应滤波的波束形成方法通过对多个麦克风采集到的信号进行自适应滤波，以增强特定方向的信号，抑制其他方向的信号。

3. 回声消除

回声是指声波在传播时遇到障碍物反射后返回原来的发射源，并在发射源发射声音一段时间之后被听到的现象。具体时间的长短取决于回声的强度和延迟距离，延迟距离指的是声波从发射源到障碍物反射点并返回发射源的距离。通常情况下，当回声的延迟时间超过 50ms 时，人类可以清晰地感知到回声的存在。回声在语音通信和音频处理中被视为噪声，如果不对回声进行特殊处理，那么机器人可能会自问自答或拾音错误，因为机器人可能会识别自己发出的声音。为了解决这个问题，可以使用回声消除技术，将机器人自己发出的声音消除掉。

回声消除的基本思路：首先结合麦克风阵列中每个麦克风的声音信号和麦克风之间的距离和位置等信息，计算出从麦克风阵列到目标声源的声音传播路径，并预测该路径上可能发生回声的时间和幅度。接下来，将这些预测的回声信号与从麦克风阵列接收到的信号进行比较，计算出回声信号的时间延迟和幅度，最终通过数字信号处理技术将回声信号从原始信号中减去，实现回声消除。

4. 混响消除

混响有别于回声，一般指的是 10～50ms 内经过反射、散射、吸收等物理过程后形成的持续时间较长、幅度逐渐衰减的信号。混响同步被拾音器拾取会使得语音信号变得模糊，丢失一些细节信息，从而导致识别错误。例如，公司的会议室常出现混响，混响导致采集的声音信号质量变差，远程会议参与人员听不清楚声音，以及音频会议纪要转文字出错等问题。

在实际应用中，前文提到的波束形成方法是最常用的混响消除方法之一，因为它们可以对不同方向的声源进行拾取，消除其他方向的混响，适用于许多场景，如语音通信、视频会议、语音助手等。另外，基于自适应滤波的方法也是常用的，尤其是在单通道场景下，因为它可以估计信号和噪声的相关性，从而适应性地调整滤波器的参数。深度学习方法在最近几年也得到了广泛应用，通过训练神经网络来实现混响信号和纯净信号之间的映射，从而消除混响。虽然这种方法需要大量的训练数据，但是它可以处理各种复杂场景，并且取得了很好的效果。

8.1.3　麦克风阵列的选择

市面上的麦克风阵列方案确实有很多选择，其中，国内的思必驰科技股份有限公司（以下简称思必驰）、云知声智能科技股份有限公司（以下简称云知声）、科大讯飞股份有限公司（以下简称科大讯飞）和北京声智科技有限公司（以下简称声智科技）等都有从单麦克风到麦克风阵列的全套解决方案，并且在前端算法上也有一定的研究和投入。不过，这些公司并非市场上唯一的选择，国外的品牌也有很多，如美国的声学麦克风制造商 Shure、德国的 Sennheiser、日本的 Yamaha 等。在语音设备整体硬件方面，亚马逊和苹果处于领先地位，而前端算法则是谷歌和微软较为擅长。表 8.1 所示为主流的麦克风阵列供应商分类。

表 8.1　主流的麦克风阵列供应商分类

分　类	供　应　商	特点和应用场景	典　型　产　品
语音交互	云知声、科大讯飞、声智科技	提供从单麦克风到麦克风阵列的全套解决方案及前端算法，适用于智能音箱、语音助手等场景	UniOne、京东叮咚智能音箱、小米 AI 音箱
会议录音	Shure、MXL、Polycom	提供适合会议室或会议室音频录制的麦克风阵列，可以捕捉多个方向的声音，保证声音的清晰度和可懂度	Shure MXA710、MXL AC-404、Polycom HDX 8000
视频会议	Yamaha、ClearOne、Sennheiser	提供适合视频会议的麦克风阵列，支持噪声抑制、回声消除等功能，保证声音清晰	YVC-1000MS、Beamforming Mic Array 2、TeamConnect Ceiling 2
音频采集	Rode、Zoom、Tascam	提供适合音频采集的麦克风阵列，如录音棚用的大型阵列麦克风、手持式录音机等	VideoMic NTG、Zoom H6 Handy Recorder、Tascam DR-44WL
智能手机	Knowles、瑞声科技有限公司（简称瑞声科技）、BSE	提供高性能的麦克风芯片，适用于智能手机、平板电脑等设备，可以捕捉更清晰的声音，支持噪声抑制、回声消除等功能	iPhone、笔记本电脑
汽车语音助手	Akustica、Vesper、Bosch	提供用于汽车语音助手的麦克风阵列，可以捕捉车内声音，支持噪声抑制和回声消除等功能，使语音识别更加精准	本田汽车、奔驰汽车、保时捷汽车

当选择麦克风阵列时，有以下 3 个方面需要考虑。

首先，需要考虑使用场景和产品的 ID 设计。如果产品需要近场交互且追求性价比，那么单麦克风能够满足需求；如果产品用于家庭中的远场交互，那么建议选择 4 麦以上的麦克风阵列，通常有 4+1 和 6+1 两种选择方案；如果产品用于面前的视频音箱等交互场景，那么建议选择 2~4 麦的麦克风阵列；如果条件允许，那么 6 麦的甚至 8 麦的麦克风阵列也可以考虑。另外，产品的 ID 设计也会影响麦克风阵列的选择。

其次，结合产品定位和前端算法进行选择。如果只需要近场收音并仅限于拾音，那么建议使用单麦克风，因为成本低、ID 设计简单；如果想要实现类似通话降噪这种效果，那么 2 麦的麦克风阵列就可以满足需求；如果想要去除大部分噪声，那么建议选择 4 麦或 4 麦以上的麦克风阵列，此外还需要考虑前端降噪算法的能力。一般来说，大厂的算法效果更加可靠。麦克风阵列的硬件和前端算法的效果需要结合语音识别一起评估。对于高端产品，如军工领域和航空航天领域中，可以考虑使用分布式阵列。

最后，参考成本及研发速度进行选择。成本应该根据产品的售价及相关预算来确定。至于研发速度，选择成熟的方案是最快捷的方式。如果 ID 设计不兼容，那么可能需要进行定制，具体取决于需求。

麦克风阵列只是语音识别的一部分，其麦克风布局和数量决定下限，前端算法决定上限。

8.2　自动语音识别

自动语音识别（Automatic Speech Recognition，ASR）技术是将语音信号转换成相应的符号文本的技术。图 8.6 所示为 ASR 基本流程图。

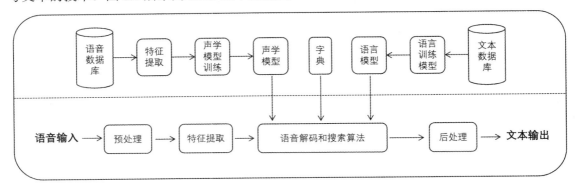

图 8.6　ASR 基本流程图

ASR 系统首先对采集到的音频信号进行预处理，包括去噪、滤波、分帧等操作，以提取有用的语音信号，然后对预处理后的语音信号进行特征提取，通常使用梅尔频率倒谱系数（MFCC）等方法将语音信号从时域转换到频域，从而获得合适的特征向量。声学模型指的是使用已经提取好的特征向量训练好的模型，通常采用高斯混合模型（GMM）或深度神经网络（DNN）等方法建立，以描述不同音素（音频单元）或音节在不同语音环境下出现的概率分布。语言模型则常用 n-gram 语言模型或神经网络语言模型等方法建立，用于根据语音信号中出现的语言特征推断出可能的单词或句子。语音解码和搜索算法作为 ASR 的核心步骤，是根据声学模型、语言模型及字典，使用动态规划等搜索算法进行解码，匹配出最可能的文本表示。最后对识别结果进行后处理，如词性标注、语法分析、语义分析等，以进一步提高 ASR 的准确性和可用性。

ASR 的发展大致可以分为以下 4 个阶段。

1. 经典模式匹配方法

在 20 世纪 50 年代至 20 世纪 80 年代期间，ASR 技术主要采用模式匹配的方法，使用手工设计的特征提取方法和模型进行信号分析和模式匹配。这些方法的缺点是需要手工选择和调整特征提取方法，并且对于不同的语音信号和说话人，需要进行不同的特征提取和模型训练。

2．基于隐马尔可夫模型的方法

从 20 世纪 80 年代到 21 世纪初期，ASR 技术主要采用基于隐马尔可夫模型（Hidden Markov Model，HMM）的方法。这种方法可以对语音信号进行建模，并且可以自动地进行特征选择和模型调整。随着计算机处理能力的提高和大数据的出现，HMM 方法的性能得到了显著提高。

3．深度学习方法

2010 年以来，随着深度学习技术的兴起，ASR 技术开始采用深度学习方法。深度学习方法可以使用神经网络自动地提取特征，并且可以使用端到端的模型进行语音识别，避免了传统方法中的特征选择和模型调整等步骤。同时，深度学习方法可以利用大规模的数据进行训练，提高了模型的准确率。

4．端到端学习方法

近年来，端到端学习方法受到了越来越多的关注。这种方法直接将语音信号作为输入，使用深度学习模型进行特征提取和语音识别，避免了传统方法中的多个步骤。这种方法具有较高的准确性，并且可以降低模型的复杂度。

接下来对 4 个阶段的典型技术方案（MFCC-DTW、GMM-HMM、DNN-HMM、End-to-End）进行讲解。

8.2.1　MFCC-DTW

MFCC-DTW（Mel Frequency Cepstral Coefficients with Dynamic Time Warping，梅尔频率倒谱系数与动态时间规整）是一种基于模板匹配的 ASR 方法，其中 MFCC 算法用于提取语音信号的特征，DTW 算法用于计算测试信号和模板信号之间的相似度。其总体思路是通过 MFCC 特征提取将语音信号转化为固定维度的特征向量，通过 DTW 算法将测试集中的 MFCC 特征向量序列与训练集中的模板序列进行比较，以实现语音识别。该算法的步骤如下。

1．特征提取

在 MFCC-DTW 的 ASR 方法中，特征提取是非常关键的一步。这个过程涉及多个精细的操作环节，它们共同为后续的识别工作提供了准确且有效的数据基础。接下来，我们详细看一下这 5 个环节。

（1）预加重：对原始语音信号进行高通滤波，以减少语音信号在高频区域的衰减。

（2）分帧：将语音信号切分成长度为 20～40ms 的短时帧，通常相邻帧之间会有 50%的重叠。

（3）加窗：对每一帧的信号进行汉明窗处理，以减少频域泄露的影响。

（4）梅尔滤波器组：使每一帧的信号通过一组梅尔滤波器，将信号的频谱转换为梅尔频率。

（5）离散余弦变换（DCT）：对梅尔频率进行 DCT 变换，得到梅尔频率倒谱系数（MFCC）。对于每一帧语音信号，都可以得到一个固定维度的 MFCC 特征向量表示。

2．模式匹配

将 MFCC 特征向量与训练集中的模板进行比较，以实现语音识别。具体来说，可以采用

DTW 算法进行模式匹配。DTW 算法的基本思想是通过动态调整两个序列之间的时间轴，以实现最佳匹配。在 MFCC-DTW 算法中，DTW 算法可以将测试集中的 MFCC 特征向量序列与训练集中的模板序列进行比较，并找到它们之间的最佳匹配路径。匹配过程中需要计算 DTW 距离，即两个序列之间的最小欧氏距离。通过 DTW 算法可以得到最佳匹配路径，从而实现语音识别。

8.2.2　GMM-HMM

GMM-HMM（高斯混合模型和隐马尔可夫模型）是较早期的 ASR 技术。该方法将语音信号视为由许多小的音素组成的序列，并使用 HMM 来为这些音素建模。同时，使用 GMM 来为每个音素的概率分布建模，并通过最大似然估计法来训练这些模型。GMM-HMM 模型框架如图 8.7 所示。

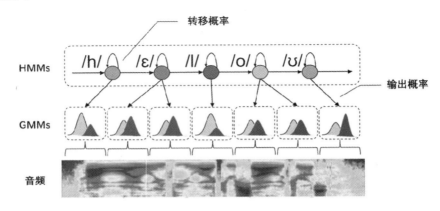

图 8.7　GMM-HMM 模型框架

在语音处理中，一个单词通常由多个音素组成，每个音素可以由一个 HMM 表示，每个 HMM 包含多个状态，其中第一个状态表示音素的起始，最后一个状态表示音素的结束，中间的状态表示音素在时间上的变化过程。不同的语言和语音任务可能需要不同数量的状态来为音素的时序变化建模，汉语的音素一般由 5 个状态组成，英语的音素一般由 3～4 个状态组成。我们以图 8.7 中英文单词"hello"的识别为例，它包含 5 个音素（/h/、/ɛ/、/l/、/o/、/ʊ/），即包含 5 个 HMM，其中音素/ɛ/是由 4 个状态组成的 HMM，中间的 2 个状态均使用 GMM 的概率分布来表示（初始和结束两个状态不需要使用 GMM 表示），而所谓的 GMM 就是多个高斯分布的加权和，它的每一个高斯分布都包含一种声学特征（含时域和频域），音素/ɛ/的完整 HMM 由两个 GMM 在时序上的概率分布组成。

语音识别时，音频信号常被按照时间顺序分割成多个短时段（也称时间步），将当前时间步的特征向量与 HMM 库中所有的 HMM 进行匹配，从而计算出每个模型在当前时间步的后验概率。我们会使用一些算法和策略，比如 Viterbi 算法和语言模型，来从所有匹配的 HMM 中选择最有可能的语音单元序列作为语音识别的结果。

从 MFCC-DTW 算法到 GMM-HMM 算法，最大的变化是从模板匹配到概率建模的转变。MFCC-DTW 算法是一种模板匹配的算法，通过比较测试信号和预先定义的模板来确定匹配程度。相比之下，GMM-HMM 算法是一种概率建模的算法，使用统计模型来描述语音信号的概率分布，同时使用 HMM 来捕捉语音信号中的时序关系。

8.2.3　DNN-HMM

DNN-HMM（深度神经网络–隐马尔可夫模型）是指使用深度神经网络来建模声学特征，同时使用 HMM 来为语音信号中的时序结构建模，从而实现 ASR 技术。图 8.8 所示为 DNN-HMM 模型框架。

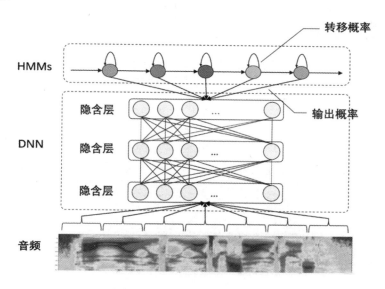

图 8.8　DNN-HMM 模型框架

相较于 GMM-HMM，DNN-HMM 算法的最为突出的变化在于，它使用深度神经网络来替代 GMM 对观测概率进行建模。深度神经网络具有更强的表达能力，能够学习到更为复杂的特征表示。DNN-HMM 算法通常采用有监督的学习方法（如反向传播算法）进行训练。

DNN-HMM 是现代 ASR 系统的主流算法，受到很多研究者的广泛关注，基于 DNN-HMM 发展起来的其他类似方向，有 CNN-HMM、LSTM-HMM 和 Transformer-HMM 等。这些方法各有优势，例如，CNN-HMM 能够同时学习时域和频域特征，并具有更好的时间不变性；LSTM-HMM 能够处理长序列，并具有更好的上下文信息获取能力；Transformer-HMM 能够学习序列之间的全局依赖关系，并具有更好的序列建模能力。

8.2.4　End-to-End

端到端（End-to-End）ASR 方法中，最常用的有 Listen-Attend-Spell（LAS）和 Transformer。它们在许多基准数据集上展现出卓越的性能，广泛应用于实际 ASR 系统。LAS 是一种基于深度学习的序列到序列模型，包括一个编码器（通常是循环神经网络）和一个带有注意力机制的解码器。编码器从输入语音信号中提取特征，解码器则通过注意力机制关注输入序列的不同部分并生成输出文本。LAS 在自动语音转录、语音翻译及智能语音助手等任务中表现优异。而 Transformer 则采用自注意力机制的编码器–解码器结构，摒弃传统循环神经网络和卷积神经网络，通过自注意力和位置编码处理序列信息提高计算效率。总之，LAS 侧重于利用循环神经网络和注意力机制处理序列数据，而 Transformer 通过自注意力和位置编码实现高性能。

大规模预训练模型（如 BERT、GPT 等）在自然语言处理领域取得显著成就，开始影响 ASR 领域。例如，wav2vec 系列模型采用自监督学习预训练方法，从原始音频信号中学习有用表示。将预训练的 wav2vec 模型与端到端 ASR 模型（如 LAS 或 Transformer）结合，可以进一步提高 ASR 性能。

8.3 自然语言处理

自然语言处理（Natural Language Processing，NLP）是计算机科学领域与人工智能领域的一个重要研究方向。它研究能实现人与计算机之间用自然语言进行有效通信的各种理论和方法。NLP 的两大核心任务是：自然语言理解（Natural Language Understanding，NLU）和自然语言生成（Natural Language Generation，NLG）。图 8.9 所示为 NLP 与 NLU 和 NLG 之间的关系。

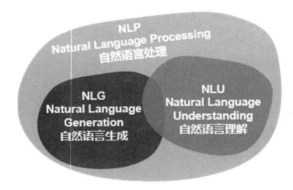

图 8.9　NLP 与 NLU 和 NLG 之间的关系

8.3.1　自然语言理解

NLU 是 NLP 中的一项核心任务，其目标是深入解读和阐明自然语言所蕴含的意义。然而，要实现这个目标，还要面临诸多挑战：自然语言的多样性、歧义性、隐含信息，以及复杂的语义结构都增加了理解的难度。更进一步，句子中的长距离依赖关系也使得全面理解变得更为复杂。应对这些挑战，需要借助强大的模型和方法，以适应语言的不确定性、变化和复杂性，并精确捕捉文本中的深层意义。目前，实现 NLP 的主要方法包括基于规则的方法、基于统计的方法及基于深度学习的方法。这些方法或依赖于预定的人工语法规则，或从标注数据中学习概率模型，或利用神经网络自动提取文本特征，最终目标都是准确理解和解释自然语言的意义。

最早大家通过总结规律来判断自然语言的意图，常见的方法有 CFG、JSGF 等。后来出现了基于统计学的 NLU 方式，常见的方法有 SVM、ME 等。随着深度学习的发展，CNN、RNN、LSTM 都成了最新的"统治者"。到了 2019 年，BERT 和 GPT-2 的表现震惊了业界，它们都用了 Transformer。Transformer 的结构模型如图 8.10 所示。

近年来，深度学习技术在 NLP 领域取得了突破性进展，成了实现 NLU 的主流方法。基于深度学习的方法通常使用神经网络模型，如卷积神经网络（CNNs）、循环神经网络（RNNs）、长短时记忆网络（LSTMs）和 Transformer 等。这些模型可以自动学习文本中的抽象特征表示，并在许多 NLU 任务中表现出优越的性能。其中，预训练的语言模型（如 BERT、GPT 等）通过在大规模无标注文本上进行预训练，进一步提升了 NLU 任务的性能。然而，深度学习方法对计算资源的需求较高，且对训练数据的质量和数量较为敏感。

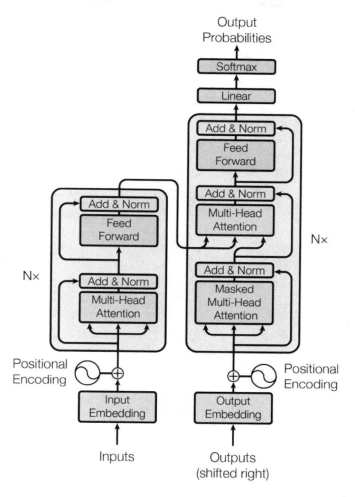

图 8.10　Transformer 的结构模型

近期发布的 GPT-4 被称为未来人工智能时代的重要转折点，它的出现受到了全世界各行各业的极大关注，据 GPT-4 的开发商 OpenAI 介绍，GPT-4 在专业和学术方面已经表现出近似于人类的水平。这也是当今 NLU 最为成功的应用案例。

8.3.2　自然语言生成

NLG 是指通过计算机自动生成自然语言文本的过程，NLG 在 ASR 中的应用主要有两种方式：一种方式是将计算机产生的文本转换成语音输出，即 TTS（Text-to-Speech）技术；另一种方式是将 ASR 和 NLG 相结合，实现人机交互的语音对话。这种方式能够将用户的语音输入转换为计算机可读的文本，再由 NLG 技术将计算机的回应转化为语音输出，从而实现语音对话。NLG 在 ASR 中的应用不仅能够提高人机交互的自然度和效率，还能够为 ASR 技术的发展带来更多的应用场景。实现 NLG 的步骤通常包括如下 5 个。

1. 内容确定

在这个阶段，系统需要确定在生成的文本中表达的信息。这通常涉及从输入数据（如数据库、知识图谱等）中提取关键信息、筛选相关事实和组织这些信息，以满足特定的任务需求。

2. 文本规划

文本规划阶段主要负责组织和结构化在内容确定阶段选定的信息。这包括将信息分成多个段落、句子和子句，确定这些部分之间的逻辑顺序和关系。此外，文本规划还需要确定篇章结构和篇章关系（如因果关系、时间顺序等）。

3. 生成表述

在这个阶段，系统将文本规划阶段生成的结构化表示转换为自然语言句子。这通常涉及词汇选择、词性确定、句子结构生成等过程。此外，生成表述阶段还需要处理语法、拼写和标点等细节问题。

4. 修订

修订阶段主要关注生成的文本中的指代问题，如处理代词、限定词等表达。系统需要根据上下文信息和指代规则确定合适的指代表达，以确保生成的文本具有连贯性和可理解性。

5. 词汇微调与调整

在这个阶段，系统可能需要对生成的句子进行微调和调整，以提高文本的可读性、流畅性和自然性。这可能涉及同义词替换、调整词序、合并子句等操作。

随着深度学习技术的发展，现在很多 NLG 任务使用端到端的神经网络模型（如循环神经网络、Transformer 等）来直接生成自然语言文本，而不需要显式地进行上述步骤。这些模型（如 BERT、GPT 等）在许多 NLG 任务中表现出了优越的性能，但可能在可解释性和可控制性方面面临挑战。

8.4　大型语言模型

大型语言模型（Large Language Model，LLM）指大型的预训练语言模型（如包含数百亿或数千亿个参数），近年来，学术界和业界极大地推进了针对 LLM 的研究，并在该方向取得了显著的进展，图 8.11 所示为最近几年出现的 LLM。如 OpenAI 开发的基于 LLM 的聊天机器人 ChatGPT，一经推出就引发社会的广泛关注。很多公司也推出了类似产品，如华为的盘古、百度的文心一言、科大讯飞的讯飞星火、Meta 的 LLaMa、谷歌的 Bard 等。

LLM 的发展大致可以分为 4 个阶段：SLM（统计语言模型）、NLM（神经语言模型）、PLM（预训练语言模型）、LLM。与前 3 个阶段相比，LLM 最大的特点在于其在解决一系列复杂任务中展现出的"涌现"能力，类似于物理学中的"相变"。这种涌现能力主要体现在上下文学习、指令遵循和逐步推理方面。一个 LLM 的形成需要经过 2 个步骤：预训练+微调，通过在大规模语料库上进行预训练，LLM 具有基本语言理解和生成能力，而针对特定的任务，我们需要进一步微调。其中，预训练的成效主要受到模型架构、数据来源和数据预处理等方面的影响，微调的方法主要包括指令微调和对齐微调。前者旨在增强或解锁 LLM 的能力，而后者旨在将 LLM 的行为与人类的价值观或偏好对齐。关于 LLM 的其他相关知识，请读者自行查阅资料学习。

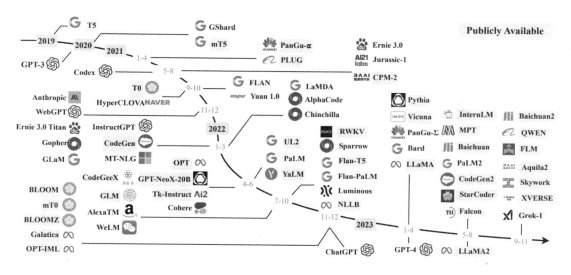

图 8.11　最近几年出现的 LLM

接下来，将就最近广受关注的 ChatGPT 进行简述，并对其在服务机器人领域的可能应用等其他内容进行讨论。

8.4.1　ChatGPT 简介

ChatGPT（Chat Generative Pre-trained Transformer）是美国 OpenAI 研发的一款聊天机器人程序，于 2022 年 11 月 30 日发布，ChatGPT 的界面如图 8.12 所示。

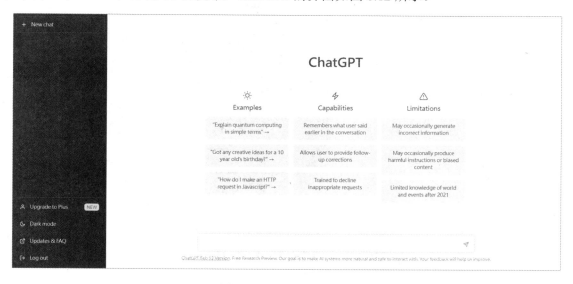

图 8.12　ChatGPT 的界面

ChatGPT 基于 GPT-3.5 架构，其 GPT 模型（见图 8.13）是一种自然语言处理模型，它使用预训练的方式来学习文本数据的统计规律，并可以根据输入的文本生成相应的输出文本。

ChatGPT 在 GPT 模型的基础上进一步优化了生成能力和交互性，可以实现更加智能、自然的文本对话。

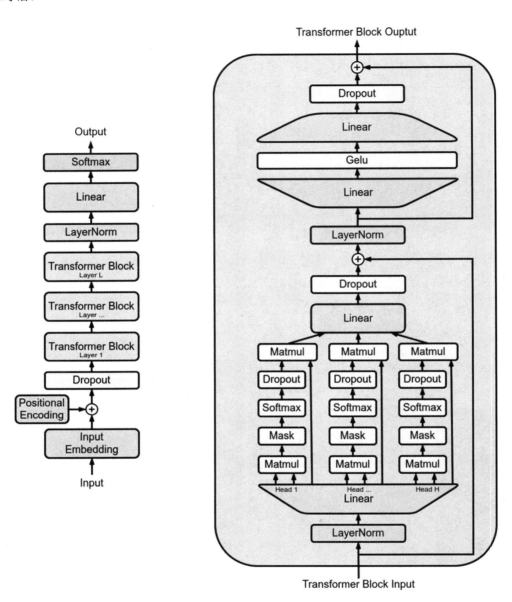

图 8.13 GPT 模型

ChatGPT 的特点在于它可以使用大规模的数据进行预训练，从而获得更加全面和深入的语言理解和生成能力。它还可以根据不同的应用场景进行微调和优化，以实现更加准确和实用的文本生成和对话功能。下面将展示一些体现 ChatGPT 能力的具体实例。

实例 1：理解能力与上下文联系能力，如图 8.14 所示。

实例 2：解决数学问题的能力，如图 8.15 所示。

我现在教你一个规则，任何加法运算，在我的计算体系下，它的结果是它们的乘积，例如 1+1=1，4+2=8。那么3+5=?

根据你教给我的规则，加法运算的结果是它们的乘积。那么，3+5 在这个计算体系下应该是 3*5=15。所以，3+5=15。

你可以根据我刚才的规则，找到一些规律性的东西吗？

当然可以。根据你提供的规则，任何加法运算的结果都等于它们的乘积。我们可以从这个规则中观察到一些有趣的规律：

1. 当一个加数为1时，结果总是等于另一个加数。例如，1+3=3，1+5=5。这是因为任何数乘以1都等于它本身。
2. 当两个加数相等时，结果等于它们的平方。例如，2+2=4（2的平方），3+3=9（3的平方）。
3. 当两个加数中有一个为0时，结果总是为0。例如，0+3=0，0+5=0。这是因为任何数乘以0都等于0。

这些规律是根据你提供的特殊计算体系得出的，与我们通常所了解的加法规律有所不同。

图 8.14　ChatGPT 理解能力与上下文联系能力的体现案例

有若干只鸡和若干只兔同在一个笼子里，从上面数有35个头，从下面数有94只脚。问笼中各有多少只鸡和多少只兔？

我们可以使用代数方法解决这个问题。设鸡的数量为x，兔的数量为y。

根据题目描述，我们有以下两个方程：

1. 头数方程：$x + y = 35$
2. 脚数方程：$2x + 4y = 94$

我们可以先求解头数方程，得到 $y = 35 - x$。然后将这个等式代入脚数方程：

$2x + 4(35 - x) = 94$

化简后得到：

$2x + 140 - 4x = 94$

将式子整理得到：

$2x = 46$

所以 $x = 23$。

现在我们可以求解 y 的值：

$y = 35 - x = 35 - 23 = 12$

所以，笼子里有 23 只鸡和 12 只兔。

是否可以不用方程组的方式解题呢？

当然可以。我们可以使用逻辑推理来解决这个问题。

我们知道鸡有 2 只脚，兔有 4 只脚。假设所有动物都是鸡，那么总共有 $35 \times 2 = 70$ 只脚。现在我们的任务是找到足够的兔子将脚数从 70 增加到 94。

每只兔子比每只鸡多 2 只脚。我们需要增加 $94 - 70 = 24$ 只脚。所以我们需要替换足够的鸡，用兔子来填补这个差距。每只兔子可以提供额外的 2 只脚，因此我们需要替换 $24 / 2 = 12$ 只鸡。

图 8.15　ChatGPT 解决数学问题的体现案例

实例 3：代码编写能力，如图 8.16 所示。

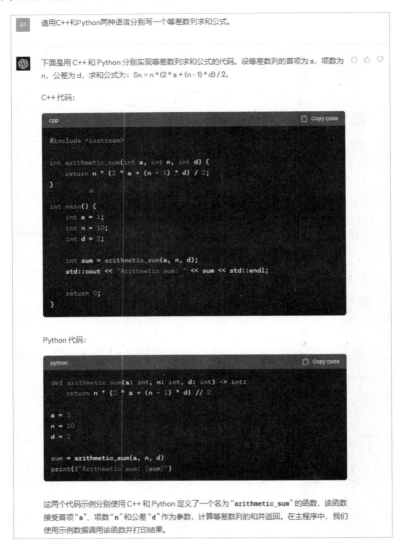

图 8.16　ChatGPT 代码编写能力的体现案例

　　从上面的 ChatGPT 应用实例中，我们可以明显体会到它的强大之处，而这样的强大又是如何得来的呢？这就需要我们了解 ChatGPT 的运行过程。ChatGPT 的运行过程主要包含训练过程和生成过程。训练过程：在训练阶段，ChatGPT 遵循预训练-微调策略。首先，模型在大量无监督数据上进行预训练，学习语言的通用表示和语法结构。在预训练过程中，模型使用自回归方式预测文本中的下一个单词，从而捕捉到上下文中的语义信息。在预训练完成后，模型会通过有监督的微调数据进行调整，以便适应特定的任务需求，如生成对话。生成过程：生成阶段是指 ChatGPT 在接收到用户输入后生成回复的过程。利用训练阶段学到的知识，模型根据输入的上下文信息生成一系列可能的回复。通常，生成过程会采用某种策略（如贪婪搜索、集束搜索或采样）来选择最合适的回复。在生成回复时，模型还可以根据用户提供的参数（如温度、最大长度等）进行调整，以生成不同风格和长度的文本。

ChatGPT 凭借其强大的自然语言处理能力，在许多实际应用中展现了广泛的前景。从基础的语言理解到具体任务的执行，ChatGPT 为服务机器人领域带来了前所未有的机遇。

8.4.2　ChatGPT 服务机器人应用

　　ChatGPT 在服务机器人领域具有广泛的应用潜力。作为一种基于大规模预训练模型的自然语言处理技术，ChatGPT 可以协助服务机器人更好地理解和生成自然语言，为用户提供友好的交互体验。以下是一些可能的应用场景。

　　（1）用户支持：ChatGPT 可以用于用户服务机器人，帮助用户解答问题、解决问题，或提供有关产品和服务的信息。它可以通过自然语言理解和生成技术，有效地处理用户的查询内容，提高用户满意度。

　　（2）语音助手：ChatGPT 可以为智能语音助手提供支持，帮助用户执行各种任务，如发送信息、设置提醒、查询天气等。借助自然语言理解技术，服务机器人可以更好地解析用户指令，提供个性化服务。

　　（3）智能家居控制：结合物联网（IoT）技术，ChatGPT 可以帮助服务机器人控制家居设备，如调整灯光、控制恒温器等。用户可以通过语音命令与机器人进行交互，实现便捷的家居控制。

　　（4）跨语言交流：ChatGPT 可以应用于多语言服务机器人，实现实时翻译功能，帮助用户跨越语言障碍进行沟通。

　　（5）社交陪伴：ChatGPT 可以为服务机器人提供社交陪伴功能，与用户进行有趣的对话、信息分享、话题讨论等。机器人可以根据用户的兴趣和需求进行个性化交流，提高用户的满意度和黏性。

　　（6）辅助教育：ChatGPT 可以用于教育机器人，为学生提供辅导、解答问题、学习资源下载等服务。它可以帮助学生掌握知识，提高学习效率。

　　ChatGPT 在服务机器人领域具有广泛的应用前景。通过不断优化和完善技术，服务机器人将能更好地满足用户需求，提供更智能、更人性化的服务。

8.4.3　ChatGPT 的前景与挑战

　　在最近的一年内，以 ChatGPT 为首的 LLM 取得的极大的发展与进步，如可多模态输入的 GPT-4o，可实现文生视频的 Sora 等。我们相信在可以预见的不久，ChatGPT 等大模型将在服务机器人的更多方面取得重大突破，不仅为人们的生活和工作带来极大的便利，还将推动全社会进步和科技创新。本节将探讨 ChatGPT 在服务机器人领域的未来发展前景、可能的新应用场景以及面临的挑战和解决策略。

　　在新型应用场景的探索方面，随着技术的迅速演进，服务机器人的应用领域将不断扩大，包括但不限于医疗健康、教育培训、零售电商、旅游娱乐等多个重要行业。在医疗领域，服务机器人可以协助医生进行初步诊断、远程看护和患者心理支持等工作，极大地提高医疗服务效率和质量。在教育领域，基于 ChatGPT 的机器人可以提供定制化学习计划和互动式教学，满足不同学生的个性化需求，推动教学方式的创新。此外，在零售和旅游行业，服务机器人能够提供 24 小时无间断的客户服务，包括产品推荐、预订服务、旅行规划等，大幅提升客户体验和满意度。

为了实现更加高效和自然的人机交互，未来的服务机器人将重点研究多模态输入和输出的融合技术。除传统的文本和语音交互外，结合视觉、触觉等感官信息的多模态交互系统将使得服务机器人能够更全面地理解用户的意图和需求。例如，通过分析用户的面部表情、肢体动作和语音语调，机器人可以更准确地识别用户的情感状态和需求，从而提供更加个性化和富有同理心的响应和服务。

在线学习和实时适应机制的引入，将使得服务机器人能够不断从用户交互中学习和进化，及时调整服务策略和内容，以更好地适应用户的需求变化和个性化偏好。这种能力不仅可以提高服务质量和用户满意度，还可以帮助机器人及时发现和纠正潜在的服务问题，保持服务效果的持续优化。

在上下文和情感理解方面，未来的服务机器人将具备更深层次的认知和理解能力，能够准确捕捉并分析对话中的隐含意义、情绪变化和文化差异。这将使得机器人在处理复杂的人际交流场景时更加得心应手，能够提供更加精准、贴心和具有针对性的服务。

同样，服务机器人领域的快速发展同时也带来了一系列技术和伦理挑战，包括如何进一步提高自然语言理解和生成的精准度，支持更多语言和方言，确保实时响应和数据处理的性能，增强模型对复杂上下文和情感的识别和处理能力，解决信息模糊性和不完整性带来的挑战，保障用户数据安全和隐私保护，遵守社会伦理和文化差异，实现与其他智能设备和系统的有效集成等。

综上所述，ChatGPT 等 LLM 的不断发展与进步，将继续引领服务机器人智能服务的创新和发展。通过不断探索新的应用场景、研究和解决技术挑战，未来的服务机器人将以更加智能化、个性化和人性化的方式服务于全人类，为我们的生活和社会带来更多便利和可能性。

第 9 章　服务机器人的应用与发展

9.1　服务机器人概述

　　服务机器人是指用于非制造业、以服务为核心的自主或半自主机器人，服务机器人主要包括个人/家庭用服务机器人和公共服务机器人，服务机器人主要从事清洁、陪护、导览、运输、售货、安保等工作，同时在休闲娱乐、商业服务、医疗、教育等领域应用广泛。

　　服务机器人依托感知能力、运动能力和交互能力三大核心技术能力，实现了高度智能化的服务体验。通过这些关键技术的融合应用，服务机器人能够更准确地感知周围环境，更灵活地执行各种任务，并与人类实现更自然的交互。

　　随着技术和经济社会的不断发展，服务机器人逐步成为人们的刚性需求，且市场愈发广阔，近年来服务机器人发展迅猛，主要驱动因素如下。

　　（1）人口老龄化，劳动力不足。根据联合国《世界人口展望 2022》报告，全球 65 岁及以上的老年人口正在迅速增长。从 2020 年至 2050 年，这个年龄组的人数预计将从 7.06 亿跃增至 16 亿，其在总人口中的比例也将从 9.6% 上升到 16.2%。全球人口的老龄化将带来大量问题，首当其冲的是老年人的社会保障、服务和看护的需求与医疗看护人员不足之间的矛盾，服务机器人将是解决这个冲突的一个良好方案。同样，劳动力价格日趋上涨，且人们越来越不愿意从事类似于清洁、看护、保安等简单重复的工作，这也促使服务机器人市场的不断扩大。

　　（2）居民生活水平不断提高，消费质量明显改善。我国经济持续增长，居民生活水平显著提高，消费习惯也随之升级。随着可支配收入的增加，人们更倾向于购买扫地机、洗碗机等服务机器人，从而省去烦琐的日常劳动，享受更多休闲时光。

　　（3）医疗等服务行业需求量增加。在医疗领域，随着医疗机器人的不断发展，越来越多的医疗服务机构愿意购买如微创手术机器人等的医疗机器人，以提高医院的医疗水平，为患者提供更好的医疗服务，这些医疗机器人使患者和医院均能受益。

　　（4）科技的高速发展。随着机电技术、传感技术、材料技术、人工智能、大数据、云计算、情感识别、脑机接口、元宇宙等领域的发展，服务机器人以更高的更新频率、更低的成本、更丰富和人性化的功能设计，以及安全便捷等特点，促进着整个服务机器人行业的发展。

　　（5）突发全球性事件。如新冠疫情的持续影响，人们对于无人送餐、零距离接触服务等方面有了更为急切的需求；现代战争让无人机等机器人的功能得到更多的探索。这些需求推动着各种新兴的机器人层出不穷。

　　图 9.1 所示为波士顿动力机器人，图中列出了四足机器人 Spot、仿人机器人 Atlas、双足与轮式结合的机器人 Handle 等。Handle 主要应用于物流搬运，Spot 系列则通过搭载摄像头或者机械臂在电力、工地等场景下用于巡检和简单的协作，是很好的场地服务机器人。图 9.2 所示为人形机器人 Tesla Optimus 和 Xiaomi CyberOne。

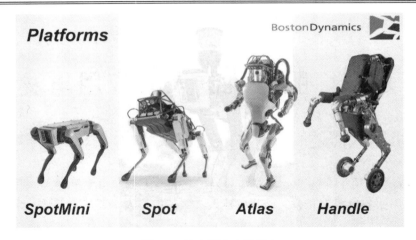

图 9.1   波士顿动力机器人

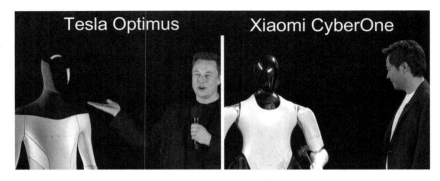

图 9.2   知名人形机器人

接下来，本书将就服务机器人的重点应用领域进行简单的介绍，并进行相关产品的讲解。

9.2   服务机器人应用领域

我国作为世界最大的经济体之一，市场规模巨大，服务机器人市场的发展潜力巨大，我国服务机器人的科研和产业化发展取得了优异的成绩，涌现出众多的服务机器人公司，各种服务机器人可以提供医疗、教育、娱乐、陪护、代步等服务，下面对具有代表性的服务机器人产品进行介绍。

9.2.1   家政服务机器人

家政服务机器人指的是能够代替人完成家政服务工作的机器人，它包括行进装置、感知装置、接收装置、发送装置、控制装置、执行装置、存储装置、交互装置等。感知装置将在家庭居住环境中感知到的信息传送给控制装置，控制装置中的指令执行装置做出响应，并进行防盗监测、安全检查、清洁卫生、物品搬运、家电控制、家庭娱乐、病况监视、儿童教育、报时催醒、家用统计等工作。

最为典型的家政服务机器人是清洁机器人——扫地机器人。图 9.3 所示为市面上常见的扫地机器人，其一般能够实现扫拖一体功能。

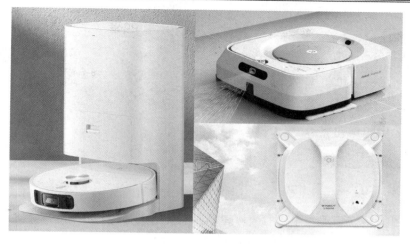

图 9.3　市面上常见的扫地机器人

以米家扫拖机器人为例，其行进装置采用三轮差速方案。米家扫拖机器人的避障系统和作业系统如图 9.4 所示。在感知、建图与导航方面采用激光雷达方案，其可以实现 360° 快速建图和全局导航，并通过 S-Cross AI™超感知立体识别避障系统，在机身正前方设置了双线激光+RGBD 摄像头解决方案，双线激光能够探测前方障碍物的轮廓，实现了三维立体感知，可精准识别且有效避开障碍物。米家扫拖机器人通过 AI 算法识别家庭环境中常见的物体类型，具备了智能避障的能力，相比早期仅使用雷达的方案在避障和导航方面提升巨大。作业系统包括由小型的滚刷和吸尘器构成的扫地模块，以及由内置水箱和拖布构成的拖地装置。为了方便操控，扫拖机器人还具备联网和远程控制的一些功能。

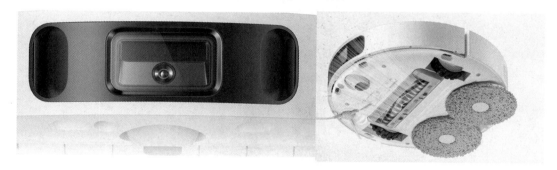

图 9.4　米家扫拖机器人的避障系统和作业系统

9.2.2　娱乐服务机器人

娱乐服务机器人也是通常意义上的消费机器人，主要分为以娱乐为目的的娱乐机器人和以益智学习为目的的可编程机器人。

1. 娱乐机器人

娱乐机器人主要是以娱乐、陪伴为目的的机器人，此类机器人多为桌面级的产品，主要的产品形式类似于智能音箱，具备语音识别、远程控制等功能，例如，昂宝推出的昂居小宝是一款专为老年人打造的智能养老陪伴机器人，可以满足"健康+养老+陪伴"多种老年群体的日常生活刚需。图 9.5 所示为桌面型和小型的陪伴机器人。

图9.5　桌面型和小型的陪伴机器人

除了类似于智能音箱的娱乐机器人，还有人形机器人。图 9.6 所示为优必选阿尔法机器人，该机器人全身有多达 16 个伺服电机，可以完美模拟人类动作。不同于市面上的常规家庭娱乐机器人，优必选阿尔法机器人不以 AI 与对话为产品的研究方向，而是在机器人的拟人动作上下功夫，实现了更多的拟人动作与应用场景，舞蹈、瑜伽、格斗无所不能。拟人的形象及多样的玩法，使其一跃成为家庭育儿机器人中的一匹黑马。同时，除了娱乐功能，该机器人还具有图形化编程的功能，通过机器人憨态可掬的动作将编程内容演示出来，让孩子在游戏的过程中体会到编程的乐趣，并在给家长及小伙伴的演示中获得极大的成就感与满足感。当然，优必选也有带智能音箱功能的人形机器人，如主打教育+娱乐+陪伴的悟空机器人。

图9.6　优必选阿尔法机器人

2．可编程机器人

可编程机器人一般在工业、服务、消费端均有应用，本节主要介绍消费端的可编程机器人。随着 STEM（Science、Technology、Engineering、Mathematics）教育的发展，具有编程接口的智能机器人或可编程模块也逐渐流行起来，如娱乐机器人中也有不少可编程机器人。一般而言，用于少儿编程教学的可编程机器人主要使用图形化编程手段（如 Scratch），更高年级的学生则可以选择使用 Python 作为编程工具。为了满足少儿编程方面的需求，不少公司推出了可编程积木，如乐高 EV3、创客工场的 mBot 系列机器人等。EV3 和 mBot 如图 9.7 所示。

图 9.7　EV3 和 mBot

在机器人方面，针对各个实际的应用场景，有专门的可编程机器人可供选择。图 9.8 所示为昂宝移动机器人底盘，该机器人配置有 40m 的高精度激光雷达，可实现 SLAM 建图、自主导航、自主避障等功能。该机器人使用人工智能自主定位算法，可实现厘米级定位精度；支持自主充电，实现全天不间断工作。开放式移动平台可以使得机器人具有较高的可拓展性及结构对接能力，为用户提供一站式机器人移动平台解决方案，使得用户专注于上层核心业务人机交互的开发与实现。图 9.9 所示为酷 HI™ 微型机械臂，该机械臂具备语音播报、模块抓取等多种功能，预留了 10 个拓展接口，用户可以通过软件编程结合硬件拓展开发多种应用场景，支持二次开发功能，适合不同年龄段的学生使用和控制。图 9.10 所示为 Transbot ROS 履带车（树莓派版），该履带车搭载了 ROS 机器人系统，可实现激光雷达导航避障、深度相机三维建图导航、机械臂 MoveIt!仿真操控，方便学生深入学习 ROS。

图 9.8　昂宝移动机器人底盘

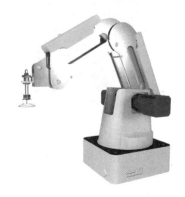

图 9.9　酷 HI™ 微型机械臂

图 9.10　Transbot ROS 履带车（树莓派版）

9.2.3　助老助残机器人

助老助残机器人是面向老年人、残疾人的一种服务机器人，具有助老、助残、娱乐等功能。随着社会上老年人数量的增加，人们对助老助残机器人的需求不断增加，对助老助残机器人的研究也受到了广泛关注。根据不同的功能，助老助残机器人可以分为助行机器人和陪伴机器人等。

1.　助行机器人

行动不便的老年人在行走时，需要借助人力或者器械。有的机器人可以像贴身保镖一样扶着老年人行走；有的机器人是穿戴式的，老年人可以把机器人"穿"在腿上，机器人启动后即可带动老年人的腿部进行运动；有的机器人能够爬楼梯，老年人坐在上面就可以上下楼梯了；有的机器人可以作为常年卧床的老年人的椅床，平常老年人可以把它当床用，如果需要上卫生间或者取东西，那么老年人只需要进行简单操作控制，机器人就变成了可移动的轮椅。图 9.11 所示为助行机器人。

图 9.11　助行机器人

2.　陪伴机器人

除了在身体护理方面，在心理上对老年人进行照顾也是十分需要关注的。老年人普遍比较寂寞，逗老年人开心、给老年人解闷也是助老机器人发展的一个方向。一些机器人的娱乐性非常强，在外形上，机器人采用可爱的小熊猫形象，有它做伴，老年人就像养了一只小宠物一样。图 9.12（a）所示为全屋移动型陪伴机器人，图 9.12（b）所示为桌面型陪伴机器人。

（a）全屋移动型陪伴机器人　　　　　　　　　　　（b）桌面型陪伴机器人

图 9.12　全屋移动型陪伴机器人和桌面型陪伴机器人

9.2.4　物流服务机器人

物流服务机器人属于工业机器人的范畴，是指应用在仓储环节，可通过接受指令或系统预先设置的程序，自动执行货物转移、搬运等操作的机器装置。物流服务机器人作为智慧物流的重要组成部分，顺应了新时代的发展需求，成为物流行业解决高度依赖人工、业务高峰期分拣能力有限等瓶颈问题的突破口。根据应用场景的不同，物流服务机器人可以分为自动引导车、码垛机器人、分拣机器人、自主移动机器人、有轨制导车辆五大类。

1.　自动引导车

自动引导车如图 9.13 所示。自动引导车是一种高性能的智能化物流搬运设备，主要用于货物的搬运和移动。自动引导车可以分为有轨引导车和无轨引导车。有轨引导车需要借助轨道，只能沿着轨道移动。无轨引导车则无须借助轨道，可任意转弯，灵活性及智能化程度更高。自动引导车运用的核心技术包括传感器技术、导航技术、伺服驱动技术、系统集成技术等。

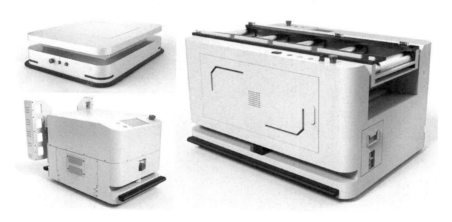

图 9.13　自动引导车

2．码垛机器人

码垛机器人如图 9.14 所示。码垛机器人是一种用来堆叠货品或者执行装箱、出货等物流任务的机器设备。每台码垛机器人都携带独立的机器人控制系统，能够根据不同货物进行不同形状的堆叠。码垛机器人进行搬运重物作业的速度和质量远远高于人工，具有负重高、频率高、灵活性高的优势。按照运动坐标形式分类，码垛机器人可以分为直角坐标式机器人、关节式机器人和极坐标式机器人。

图 9.14　码垛机器人

3．分拣机器人

分拣机器人如图 9.15 所示。分拣机器人是一种可以快速进行货物分拣的机器设备。分拣机器人可以利用图像识别系统分辨物品形状，用机械手抓取物品并将物品放到指定位置，实现货物的快速分拣。分拣机器人运用的技术和核心设备包括传感器技术、物镜技术、图像识别系统和多功能机械手。

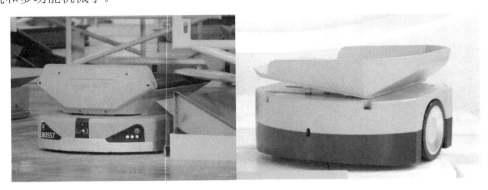

图 9.15　分拣机器人

4．自主移动机器人

自主移动机器人与自动引导车相比具备一定优势，主要体现在如下 3 个方面。

（1）智能化导航能力更强，能够利用相机、内在传感器、扫描仪探测周围环境，规划最优路径。

（2）自主操作灵活性更加优越，通过简单的软件调整即可自由调整运输路线。

（3）经济实用，可以快速部署，初始成本低。

图9.16所示为优必选智能物流机器人，图中的顶升机器人、牵引机器人和辊筒对接机器人均具备自主导航、实时避障和路径规划的能力。

图9.16　优必选智能物流机器人

5. 有轨制导车辆

有轨制导车辆是一种智能仓储设备，可以配合叉车、堆垛机、穿梭母车运行，实现自动化立体仓库存取，适用于密集存储货架区域，具有运行速度快、灵活性强、操作简单等特点。图9.17所示为有轨制导车辆。

图9.17　有轨制导车辆

9.2.5　安防机器人

安防机器人是半自主、自主或者在人类完全控制下协助人类完成安全防护工作的机器人。安防机器人作为机器人行业的一个细分领域，立足于实际生产生活需要，用来实现巡逻监控及灾情预警等，从而减少安全事故的发生，减少人们生命财产损失。传统的安防体系是通过"人防+物防"来实现的。但随着人口老龄化加重、劳动力成本飙升、安保人员流失率高等问题的出现，传统的安防体系已经难以适应现代安防需求，安防机器人产业迎来新的发展契机。安防机器人以可移动终端平台为载体，根据应用场景、使用功能等的不同，依据实际需求自主加载连续图像识别、语音识别、视频传输、污染气体检测、智能报警、导航服务等功能模块，从仿生视觉、听觉、嗅觉等方面对工作场景进行多维度、立体化巡逻检测。

按照服务场所分类，安防机器人可以分为安保服务机器人和安保巡逻机器人；按照服务对象分类，安防机器人可以分为家用安保机器人、专业安保机器人、特种安保机器人。安防机器人广泛应用于电力巡逻、工厂巡逻等领域，适用于机场、仓库、园区、危化企业等场所。

1. 安保服务机器人

安保服务机器人是指用于非工业生产，具备半自主或全自主工作模式，可以在非结构化环境中为人类提供安全防护服务的设备。安保服务机器人具备迎宾导购、产品宣传、自动打印等功能，如自动巡逻、环境检测、异常报警等，实现 24 小时全天候、全方位监控，广泛应用于银行、商业中心、社区、政务中心等场所。图 9.18 所示为由国防科技大学研制的 AnBot 智能安保服务机器人，它实现了低成本自主导航定位技术、智能视频分析技术等一系列关键技术突破。同时，其"安保+服务"的设计理念和"事中处置"的首创功能对提升国家公共安全和反恐防暴能力具有重要意义。它有类似于人脑及耳目的智能系统和传感器等装置，集成了地图同步构建及定位、动态路径规划、深度学习智能大脑、视频智能分析等先进技术，具有自主巡逻、智能监控探测、遥控制暴、声光报警、身份识别、自主充电等多种功能。其续航时间为 8 小时，并且当电量不足时，能自主寻找附近的充电桩进行自主充电。在承担巡逻任务的同时，该机器人还具备媒体播放、智能问询、业务办理等服务功能，如安全知识播放、新产品推广、重要信息提醒、自动天气回答、导航问路和常见业务办理等，为区域内人员提供适时便捷的服务。它还可以借助"天河"超级计算机等建立强大的机器人云服务中心，为公共安全和智慧城市建设提供安全预警分析和大数据服务。

图 9.18　由国防科技大学研制的 AnBot 智能安保服务机器人

2. 安保巡逻机器人

安保巡逻机器人携带红外热像仪和可见光摄像机等检测装置，将画面和数据传输至远端监控系统，主要用于执行各种智能安保服务任务，包括自主巡逻、音/视频监控、环境感知、监控报警等功能。图 9.19 所示为轮式/履带式安防巡逻机器人和应急消防机器人。安防巡逻机器人通过视觉摄像头可以实现人脸/口罩/火源/非法入侵/物体识别的功能，搭载了灭火器可以实现火源扑灭功能。而应急消防机器人主要由控制箱（遥控器）、机器人底盘、车载大流量多功能水炮、车载气体检测、车载视频采集设备、环境侦测设备、声光报警警示及自保设备等组成。应急消防机器人适用于部分火灾现场的火势控制、洗消、降温、环境信息采集等场景，具有防爆、越障能力强、拖曳能力强的特点。

图 9.19　轮式/履带式安防巡逻机器人和应急消防机器人

9.2.6　场地服务机器人

场地服务机器人是在无约束的、无事先计划的、户外及全范围的操作与环境条件下的机器人，也就是"自然"环境中的机器人。场地服务机器人广泛应用于空间探索、矿业、农业场景，对于一些高危环境非常合适，如核污染地区的清理工作和自然灾害下的救援工作等。1983年，三里岛核电站的清理任务就是全部由机器人完成的。本节仅对空间机器人和农业机器人做简单介绍。

1. 空间机器人

空间机器人是用于代替或协助人类在太空中进行科学试验、出舱操作、空间探测等活动的特种机器人。相对于地球环境，太空环境非常恶劣，充满不确定性，如微重力、高真空、强辐射、极限温度、照明差等，宇航员在太空环境中的活动充满危险，空间机器人代替宇航员出舱可以大幅度降低风险和成本，而且在无人的航天科学探索活动中，机器人能有效扩展人类的活动和操控范围。因此，研发功能强大、操作灵活、具备高度智能的空间机器人协助人类探索太空，是助推航天事业发展的一个重要技术领域。按照用途的不同，空间机器人可以分为在轨服务机器人和星球探测机器人两大类。

在轨服务机器人分为舱内/外服务机器人和自由飞行机器人。舱内/外服务机器人一般是指安装或工作于空间站，协助宇航员完成各种任务的机器人系统，最典型的是国际空间站上和安装在航天飞机上的大型机械臂。空间站上的机械臂具有广泛的用途和强大灵活的功能，是最早应用的一类空间机器人，是空间站建设、维护和使用的关键设备，可以完成对接、搬运等任务。图 9.20 所示为中国空间站上的机械臂，该机械臂由三个肩部关节、一个肘部关节、三个腕部关节及两个末端执行机构（位于肩部和腕部，未在图中画出）构成，并搭配视觉系统和触觉系统，展开长度超过 10 米，抓取能力达到 25 吨。

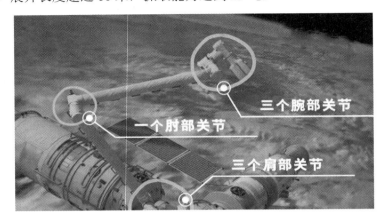

图 9.20　中国空间站上的机械臂

自由飞行机器人一般是指在飞行器上安装机械臂，组成用于空间在轨服务的系统。

星球探测机器人一般是指执行地外星体探测的机器人系统，如月球车、火星车等。图 9.21 所示为"祝融号"火星车。"祝融号"火星车是由国家航天局实施的"天问一号"火星探测任务的火星巡视器部分，是中国首个在地外行星上运行的巡视器。

图 9.21　"祝融号"火星车

2．农业机器人

农业机器人是机器人在农业生产中的应用，是一种可由不同软件控制，以适应各种作业，能感觉并适应作物种类或环境变化，有检测（如视觉等）和演算等人工智能功能的新一代无人自动操作机械。在进入 21 世纪以后，新型多功能农业机器人得到日益广泛的应用，智能化农业机器人也会在广阔的田野上越来越多地代替人工完成各种农活，如施肥、巡检、除草、采摘、分拣等，第二次农业革命将深入发展。区别于工业机器人，农业机器人是一种新型多功能农业机械。农业机器人的广泛应用，改变了传统的农业劳动方式，提高了农民的劳动效率，促进了现代农业的发展。图 9.22 所示为番茄采摘、茶叶采摘、除草和施肥机器人。

图 9.22　番茄采摘、茶叶采摘、除草和施肥机器人

9.2.7　商业服务机器人

商业服务机器人是指面向企业、政府、公益组织而非个人和家庭而设计的，应用于酒店、餐厅、商场、机场等场景的服务机器人，包括商业清洁机器人、终端配送机器人、讲解引导机器人和商业协作机器人等。随着"无接触服务"趋势的发展，医疗场所、交通枢纽等公共重点场所对商业服务机器人的需求也持续增加。

1．商业清洁机器人

商业清洁机器人主要是指应用于大型商场、写字楼、机场、酒店等公共商业场所的智能清洁机器人，能在无人驾驶方式下完成清洁作业。与家庭用途不同，商业清洁机器人一般需要满足清扫、洗地、推尘、地毯清洁、消毒、去油污、洁净抛光等需求，同时需要具有自主乘梯、闸机联动、水电自动补给、垃圾自动倾倒的功能。图 9.23 所示为奂影 S1 和 Scrubber 50 商业清洁机器人。

图 9.23　奂影 S1 和 Scrubber 50 商业清洁机器人

在港口、园区、景区等场景，无人驾驶清扫车是环卫服务产业的"未来之星"，其通过激光雷达及视觉传感器获取道路实时动态，可以在昼夜不同环境中感知、识别并自主规划清扫策略，理论上可以实现 24 小时不间断清扫作业。根据实际测算，一台清扫车的工作量等于相同时间段内 12～15 个人的工作量，这不仅可以极大提高清洁效率，而且可以大大减少人力资源成本。图 9.24 所示为赛特智能 S520 无人驾驶清扫车和 S320 小型无人驾驶清扫车。

图 9.24　赛特智能 S520 无人驾驶清扫车和 S320 小型无人驾驶清扫车

2.　终端配送机器人

无人配送一直是全球机器人企业的热门研发方向，这些企业除了亚马逊，还有以学校、社区为主要落地区域的 KiwiBot、Starship，由大公司牵头但仍处于试验阶段的福特、沃尔玛，以及部分尝试创新的初创配送机器人企业 Refraction AI 等。特别是在新冠疫情全球肆虐、反复发生的特殊时期，无人车作为"无接触"配送方案的重要力量，在各个领域大显身手，并成为校园、社区、园区、写字楼等场景的常态化服务方式。

在国外，室外配送机器人占了极大的比重，如图 9.25 所示的亚马逊 Scout 和 Nuro 的配送机器人，国内如京东、阿里巴巴这样的公司也在开发室外配送机器人，如图 9.26 所示。此类配送机器人一般由储物箱和适用于室外环境的移动底盘构成，结合地图和导航避障技术，可以大大减轻园区配送压力。室外配送机器人与无人驾驶技术的相关度较高。

图 9.25　亚马逊 Scout 和 Nuro 的配送机器人

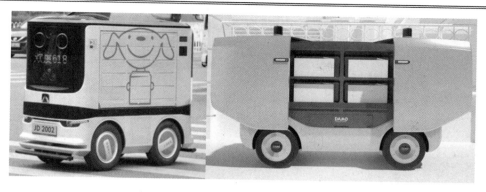

图 9.26　京东配送机器人和阿里小蛮驴

　　室内场景的配送机器人在国内发展迅猛，如九号机器人有限公司的方糖、飞碟和饱饱系列机器人，以及昂宝单仓/双仓派送机器人（见图 9.27）。昂宝单仓/双仓派送机器人主要用于酒店、学校、医院场景的物品派送，高至 **20kg** 的大载重，使其可以运送搭建物品；其具有封闭的储物箱，用户可以通过密码、人脸识别打开储物箱，保证物品的安全；其与昂宝云进行连接，用户可以通过后台实时查看机器人的状态与实现远程呼叫；其搭配 OB 梯控，可以自主乘坐电梯，完成不同楼层间的快递派送任务。

图 9.27　昂宝单仓/双仓派送机器人

3. 讲解引导机器人

　　讲解引导机器人主要负责迎宾接待、宾客引导、语音互动、业务讲解等工作，常用于商场、展览馆、博物馆、政府、学校等场景。与其他机器人不同，此类机器人具有较强的人机交互能力，如语音识别、人机对话等，同时具备一定的移动能力，具备自主避障的功能，在头部通过摄像头可以做一些人脸识别，方便与前方客户打招呼或者招揽顾客。图 9.28 所示为 BUDDY 智能服务机器人和昂小宝迎宾机器人。这两种机器人搭载全栈式多传感器融合的感知系统，配备自适应场景语义的交互知识图谱，可以满足不同场景下的个性化服务需求；支持免唤醒主动问候，具备语音、视觉、动作等多种人机交互形式，使沟通更流畅、更贴心；可以为用户提供迎宾接待、引导讲解、问答咨询、业务促销、品牌宣传等多样化的服务。

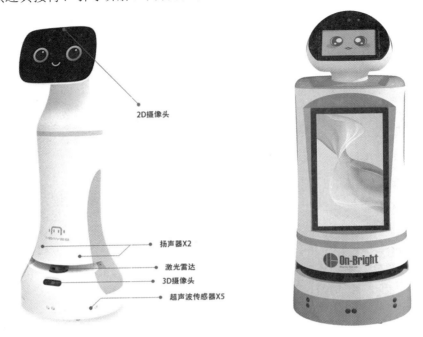

图 9.28　BUDDY 智能服务机器人和昂小宝迎宾机器人

4.　商业协作机器人

大家公认的协作机器人两大鼻祖——优傲和 Rethink Robotics，是较早开展商业协作机器人研制的公司。优傲于 2008 年推出全球首款协作机器人 UR5，UR5 更像是缩小版的工业机械臂，在缩小体积的同时，其有效负载也同比下降，但相应地，其对人体的伤害也同比下降，达到了协助工人安全作业、减小机器人占地面积和降低机器人制作成本，以满足中小企业需求的目的。而 Rethink Robotics 则推出了双臂协作机器人 Baxter。UR5 和 Baxter 协作机器人如图 9.29 所示。

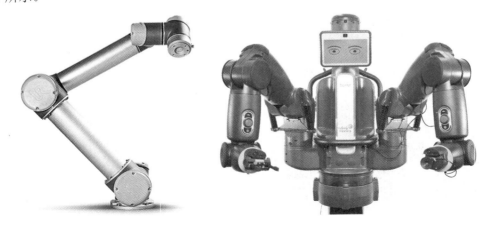

图 9.29　UR5 和 Baxter 协作机器人

当前，商业协作机器人几乎都是以小型机械臂为蓝本，结合不同的应用场景做适配得到的产物。随着互联网技术的发展，商业协作机器人赋能无人自助零售终端的模式正在逐渐推广，在不少商场或者展馆中，经常可以看到商业协作机器人用于新零售的场景。图9.30所示为奶茶/咖啡制作机器人、冰激凌机器人。

图 9.30 奶茶/咖啡制作机器人、冰淇淋机器人

参考文献

[1] MARTINEZ A，FERNANDEZ E.ROS 机器人程序设计[M]. 刘品杰，译. 北京：机械工业出版社，2014.

[2] ANIL MAHTANI，LUIS SANCHEZ，ENRIQUE FERNANDEZ，等. ROS 机器人高效编程[M]. 张瑞雪，刘锦涛，译. 北京：机械工业出版社，2017.

[3] 赵越棋. 机器人实时控制平台研究与实现[D]. 北京：中国科学院大学，2018.

[4] Jason M. 机器人操作系统浅析[M]. 肖军浩，译. 北京：国防工业出版社，2016.

[5] 胡春旭. ROS 机器人开发实践[M]. 北京：机械工业出版社，2018.

[6] 李云天，穆荣军，单永志. 无人系统视觉 SLAM 技术发展现状简析[J]. 控制与决策，2021，36（3）：513-522.

[7] 成怡，肖宏图. 融合改进 A*算法和 Morphin 算法的移动机器人动态路径规划[J]. 智能系统学报，2020，15（3）：546-552.

[8] Santos J M, Portugal D, Rocha R P. An evaluation of 2D SLAM techniques available in Robot Operating System[C]. International Symposium on Safety, Security, and Rescue Robotics. IEEE, 2013.

[9] Kohlbrecher S, Von Stryk O, Meyer J, et al.A flexible and scalable SLAM system with full 3D motion estimation[C]. IEEE International Workshop on Safety Security and Rescue Robotics. 2011. DOI:10.1109/SSRR.2011.6106777.

[10] Roesmann C, Feiten W, Woesch T, et al. Trajectory Modification Considering Dynamic Constraints of Autonomous Robots[C]. Germany Conference on Robotics. 2012.

[11] 蔡自兴，谢斌. 机器人学[M]. 4 版. 北京：清华大学出版社，2022.

[12] 张涛. 机器人概论[M]. 北京：机械工业出版社，2020.

[13] 郭彤颖，安冬. 机器人技术基础与应用[M]. 北京：清华大学出版社，2017.

[14] 谷明信，赵华君，董天平. 服务机器人技术及应用[M]. 成都：西南交通大学出版社，2019.

[15] 熊光明，赵涛，龚建伟，等. 服务机器人发展综述及若干问题探讨[J]. 机床与液压，2007，35（3）：212-215.

[16] 陈万米. 机器人控制技术[M]. 北京：机械工业出版社，2017.

[17] 杨洋，苏鹏，郑昱. 机器人控制理论基础[M]. 北京：机械工业出版社，2021.

[18] M. H. Raibert, J. J. Craig. Hybrid position/force control of manipulators [J]. Journal of Dynamic Systems Measurement and Control, 1981, 103(2):126-133.

[19] N. Hogan. Impedance Control: an Approach to Manipulation: Part I—Theory, Implementation and Applications [J]. Journal of Dynamic Systems Measurement and Control, 1985, 107(1):1-24.

[20] 李正义. 机器人与环境间力/位置控制技术研究与应用[D]. 武汉：华中科技大学，2011.

[21] 张国良. 移动机器人的 SLAM 与 VSLAM 方法[M]. 西安：西安交通大学出版社，2018.

[22] 王明，李华. 基于深度学习的机器人视觉识别技术[J]. 机器人技术与应用，2019，12（5）：23-27.

[23] 张红，赵林度. 服务机器人的现状与未来发展趋势[J]. 机器人技术与应用，2020，13（1）：10-14.

[24] 李斌，刘涛. 移动机器人的路径规划与导航控制研究[M]. 北京：电子工业出版社，2021.

[25] 陈小平，张建伟. 智能机器人的技术发展与应用前景[J]. 中国科技博览，2018，9（12）：44-47.

[26] 王刚，李明. 基于机器学习的机器人智能控制技术研究[J]. 自动化与仪器仪表，2022，14（3）：30-34.

[27] 李红，张强. 服务机器人在医疗领域的应用与发展[J]. 医疗卫生装备，2021，15（6）：18-22.

[28] 张伟，王平. 多机器人协同控制与编队方法研究[M]. 上海：上海科学技术出版社，2023.

[29] 李丽，王晓明. 基于深度学习的机器人视觉识别与定位技术[J]. 计算机工程与应用，2021，57（8）：26-30.

[30] 王明，张华. 基于物联网技术的智能家居机器人设计与实现[J]. 物联网技术，2023，13（4）：10-14.

[31] 李青，王俊成. 基于深度强化学习的机器人决策与控制研究[J]. 控制与决策，2023，38（5）：901-906.

[32] 张红，刘明. 服务机器人在教育行业的应用与发展趋势[J]. 中国教育信息化，2023，25（7）：15-19.

[33] 陈刚，王磊. 基于视觉 SLAM 的移动机器人室内定位与导航[J]. 计算机工程与应用，2023，59（6）：20-24.

[34] 王晓丽，李明. 基于多传感器融合的机器人环境感知与建图技术研究[J]. 传感器与微系统，2023，42（5）：1-4.

[35] 李华，张伟. 基于云计算的机器人远程监控与控制系统设计[J]. 计算机测量与控制，2023，21（5）157-160.

[36] 张强，王明. 基于深度学习的机器人语音识别技术研究[J]. 语音技术与应用，2023，11（3）25-29.

[37] Zhao W X, Zhou K, Li J, et al. A survey of large language models[J]. arXiv preprint arXiv: 2303.18223, 2023.

[38] 李青，陈婷. 服务机器人在酒店业的应用与发展[J]. 旅游与服务研究，2023，15（4）40-44.

[39] 王刚，刘阳. 基于 ROS 的移动机器人开发与实践[M]. 北京：机械工业出版社，2023.

[40] 张伟，李斌. 基于多智能体的机器人协同控制研究[J]. 控制与决策，2023，38（6）1101-1106.

[41] 李丽，王明. 基于计算机视觉的机器人目标检测与跟踪技术研究[J]. 计算机工程与应用，2023，59（7）30-34.

[42] 王俊成，张红. 基于机器学习的机器人路径规划算法研究[J]. 计算机科学与探索，2023，17（5）766-772.

[43] 李明，王刚. 基于深度强化学习的机器人自适应控制研究[J]. 控制与决策，2023，38（7）1201-1206.

[44] 王磊，张伟. 基于传感器融合的机器人室内导航技术研究[J]. 机器人技术与应用，2023，19（4）15-19.

[45] 张红，李青. 服务机器人在医疗行业的应用与挑战[J]. 医疗卫生装备，2023，16（5）25-29.

[46] 陈婷，王俊成. 基于深度学习的机器人情感识别技术研究[J]. 模式识别与人工智能，2023，36（8）761-766.

[47] 王明，李丽. 基于视觉与激光融合的移动机器人 SLAM 技术研究[J]. 计算机工程与应用，2023，59（8）40-44.

[48] 李斌，王刚. 基于神经网络的机器人轨迹规划与控制研究[J]. 控制与决策，2023，38（9）1301-1306.

[49] 塞巴斯蒂安·特龙. 概率机器人[M]. 北京：机械工业出版社，2017.

[50] Jason M. O'Kane. A Gentle Introduction to ROS[M]. Independently published. 2013.

[51] R. Mur-Artal, J. M. M. Montiel and J. D. Tardós, ORB-SLAM: A Versatile and Accurate Monocular SLAM System[C], in IEEE Transactions on Robotics, vol. 31, no. 5, pp. 1147-1163, Oct. 2015, doi: 10.1109/TRO.2015.2463671.

[52] W. Hess, D. Kohler, H. Rapp, and D. Andor, Real-Time Loop Closure in 2D LIDAR SLAM[C], Robotics and Automation (ICRA), 2016 IEEE International Conference on. IEEE, 2016. 1271–1278.

[53] J. J. Craig. 机器人学导论[M]. 北京：机械工业出版社，2006.

[54] S. K. Saha. 机器人学导论[M]. 哈尔滨：哈尔滨工业大学出版社，2017.

[55] 孟刚. 车辆的转向特性与阿克曼转向原理的分析[J]. 机械研究与应用，2007，20（4）：36-38.

[56] S. G. Tzafestas. 移动机器人控制导论[M]. 北京：机械工业出版社，2021.

[57] 任孝平，蔡自兴. 基于阿克曼原理的车式移动机器人运动学建模[J]. 智能系统学报，2009，4（6）：354-357.

[58] 丁猛，张中辉，刘蔚钊. 基于 S 型曲线加减速的机器人圆弧轨迹规划与仿真[J]. 设计与分析，2020，（18），88-90.

[59] 王涛，陈立，郭振武等. 基于圆弧转接和跨段前瞻的拾放操作轨迹规划[J]. 计算机集成制造系统，2019，25（10），2648-2653.

[60] 柳柏杉. 全球智能传感器技术发展研究[J]. 新材料产业，2022，（02）：21-24.

[61] 宋爱国. 机器人触觉传感器发展概述[J]. 测控技术，2020，39（05）：2-8.

[62] 王伟. 基于智能机器人的多传感器信息融合技术[J]. 电子测试，2022，（01）：81-83.

[63] 邢国芬. 工业机器人传感器技术综述[J]. 中国设备工程，2021，（22）：25-26.

[64] 刘海玲. 基于计算机视觉算法的图像处理技术[J]. 计算机与数字工程，2019，47（03）：672-677.

[65] 李延真，石立国，徐志根，等. 移动机器人视觉 SLAM 研究综述[J]. 智能计算机与应用，2022，12（07）：40-45.

[66] 林琳. 机器人双目视觉定位技术研究[D]. 西安电子科技大学，2009.

[67] 李波. 无感人脸识别研究综述[J]. 武汉大学学报（理学版），2023，69（01）：115-126.

[68] 高宗，李少波，陈济楠，等. 基于 YOLO 网络的行人检测方法[J]. 计算机工程，2018，44（05）：215-219+226.

[69] 梁静. 基于深度学习的语音识别研究[D]. 北京邮电大学，2014.

[70] 谢旭康. 基于端到端的语音识别模型研究及系统构建[D]. 江南大学，2022.

[71] 胡钊龙，李栅栅. 语音识别技术在智能语音机器人中的应用[J]. 电子技术与软件工程，2021，（13）：72-73.

[72] 李耕，王梓烁，何相腾，等. 从 ChatGPT 到多模态大模型：现状与未来[J]. 中国科学基金，2023，37（05）：724-734.

[73] 张熙，杨小汕，徐常胜. ChatGPT 及生成式人工智能现状及未来发展方向[J]. 中国科学基金，2023，37（05）：743-750.

[74] 陶永，刘海涛，王田苗，等. 我国服务机器人技术研究进展与产业化发展趋势[J]. 机械工程学报，2022，58（18）：56-74.

[75] 中国电子学会. 中国机器人产业发展报告（2022 年）[R]. 北京：中国电子学会，2022.

参考文献-电子资源

反侵权盗版声明

　　电子工业出版社依法对本作品享有专有出版权。任何未经权利人书面许可，复制、销售或通过信息网络传播本作品的行为；歪曲、篡改、剽窃本作品的行为，均违反《中华人民共和国著作权法》，其行为人应承担相应的民事责任和行政责任，构成犯罪的，将被依法追究刑事责任。

　　为了维护市场秩序，保护权利人的合法权益，我社将依法查处和打击侵权盗版的单位和个人。欢迎社会各界人士积极举报侵权盗版行为，本社将奖励举报有功人员，并保证举报人的信息不被泄露。

举报电话：（010）88254396；（010）88258888

传　　真：（010）88254397

E-mail：dbqq@phei.com.cn

通信地址：北京市万寿路 173 信箱

　　　　　电子工业出版社总编办公室

邮　　编：100036